光盘界面

视频欣赏

案例欣赏

素材下载

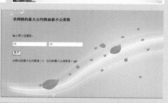

视频文件

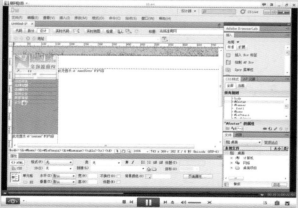

案例欣赏

制作宠物世界相册

宠物狗 | 宠物猫 | 宠物小兔

宠物狗 | 宠物猫 | 宠物小兔

宠物狗 | 宠物猫 | 宠物小兔

户外度假网

求最大公约数

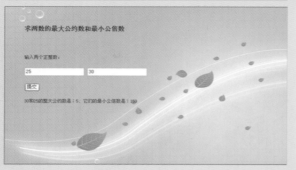

制作搜索引擎网页

制作儿童动画剧场网页

制作联系我们网页

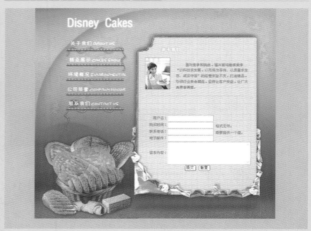

制作西餐菜谱

案例欣赏

制作拼图游戏

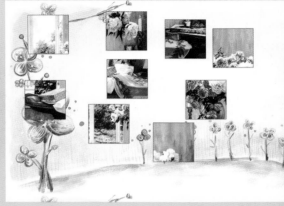

制作鲜花店网页

制作友情链接网页

制作用户注册网页

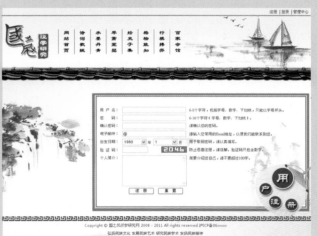

制作问卷调查网页

网页设计与网站组建

标准教程（2013-2015版）

■ 贺小霞 汤莉 等编著

清华大学出版社
北　京

内 容 简 介

网页设计与网站建设是计算机及相关专业的一门必修课程，也是一项实用的技能。本书全面讲述了网站创建、网页制作基本知识、网页制作集成工具使用的方法等内容。通过本书的学习，可使学生掌握构建网站的基本知识，熟悉网页开发平台的使用，能够独立地创建个人网站。本书最后还安排了综合实例内容。配书光盘提供了本书实例素材文件和配音教学视频文件。本书结构编排合理，实例丰富，可以作为高等院校相关专业和社会培训班网页制作教材，也可以作网页设计的自学参考。

图书在版编目（CIP）数据

网页设计与网站组建标准教程：2013—2015 版/贺小霞，汤莉 等编著. —北京：清华大学出版社，2013.7
（清华电脑学堂）

ISBN 978-7-302-31640-4

Ⅰ. ①网… Ⅱ. ①贺… ②汤… Ⅲ. ①网页-设计-教材②网站-建设-教材 Ⅳ. ①TP393.092

中国版本图书馆 CIP 数据核字（2013）第 041014 号

责任编辑：冯志强
封面设计：柳晓春
责任校对：胡伟民
责任印制：何 芊

出版发行：清华大学出版社
  网 址：http://www.tup.com.cn，http://www.wqbook.com
  地 址：北京清华大学学研大厦 A 座   邮 编：100084
  社 总 机：010-62770175   邮 购：010-62786544
  投稿与读者服务：010-62776969，c-service@tup.tsinghua.edu.cn
  质 量 反 馈：010-62772015，zhiliang@tup.tsinghua.edu.cn
印 刷 者：清华大学印刷厂
装 订 者：三河市兴旺装订有限公司
经 销：全国新华书店
开 本：185mm×260mm 印 张：20 插 页：2 字 数：510 千字
版 次：2013 年 7 月第 1 版   印 次：2013 年 7 月第 1 次印刷
印 数：1～4000
定 价：44.50 元

产品编号：049881-01

前　言

目前，Internet 随着计算机技术的普及迅速走近了各企事业单位和千家万户，越来越多的企事业单位和个人开始建设网站，以 Internet 为平台走向世界。网站作为面向世界的窗口，其设计和制作包含多种技术，例如页面设计技术、动画制作技术、CSS 技术、XHTML 技术和 JavaScript 技术等。

本书以 Dreamweaver CS5 为基本工具，详细介绍如何通过 Dreamweaver 设计网站的界面和图形。并且还介绍近年来新型的 ASP 编程技术和以 Access 为主的数据库技术。

本书主要内容：

本书以 Dreamweaver CS5 为蓝本，全面系统地介绍网页设计与网站制作的概念和使用。全书共分为 10 章，各章的内容概括如下。

第 1 章介绍网页的基础知识，包括 W3C 的概念及特点、网页的构成、动态网页、静态网页和 XHTML 内容。

第 2 章介绍如何创建 Web 站点，包括网站的开发流程、IIS 的安装与配置和 Web 站点的创建与测试等内容。

第 3 章介绍文本及图像的插入，包括页面属性的设置、文件和图像的插入等内容。

第 4 章介绍链接与多媒体的应用，包括超级链接、插入 Flash 多媒体、插入音频文件和表格应用等内容。

第 5 章介绍 CSS 的基础知识，包括 CSS 样式表基础、CSS 样式表语法、CSS 选择和 CSS 属性等内容。

第 6 章介绍页面设计的高级应用，包括模板的创建及应用、容器概念及布局方式、框架的概念和应用等内容。

第 7 章介绍网页的交互行为，包括网页行为的概述、APDiv 元素的创建与应用、网页中的各种行为和 JavaScript 语言等内容。

第 8 章介绍网页表单，包括表单的创建，文本、复选框、单选按钮、列表、菜单、按钮和文件域的插入，Spry 表单验证等内容。

第 9 章介绍 ASP 及数据库基础，包括 ASP 概念、ASP 编程基础、ASP 内置对象和数据库基础等内容。

第 10 章介绍新闻网站页面的设计与制作，包括网站设计的构思，网站首页、频道页、专题页和新闻页的设计与制作等内容。

本书特色：

本书结合办公用户的需求，详细介绍网页设计与网站制作的应用知识，具有以下特色。

❑ **丰富实例**　本书每章以实例形式演示网页设计与网站制作的操作应用知识，便于读者模仿学习操作，同时方便教师组织授课。

- ❑ **彩色插图**　本书提供了大量精美的实例，在彩色插图中读者可以感受逼真的实例效果，从而迅速掌握网页设计与网站制作的操作知识。
- ❑ **思考与练习**　扩展练习测试读者对本章所介绍内容的掌握程度；上机练习理论结合实际，引导学生提高上机操作能力。
- ❑ **配书光盘**　本书精心制作了功能完善的配书光盘。在光盘中完整地提供了本书实例效果和大量全程配音视频文件，便于读者学习使用。

适合读者对象：

本书定位于各大中专院校、职业院校和各类培训学校讲授网页设计与网站制作的教材，并适用于不同层次的国家公务员、文秘和各行各业的办公用户的自学参考书。

参与本书编写的除了封面署名人员外，还有王敏、马海军、祁凯、孙江玮、田成军、刘俊杰、赵俊昌、王泽波、张银鹤、刘治国、何方、李海庆、王树兴、朱俊成、康显丽、崔群法、孙岩、倪宝童、王立新、王咏梅、辛爱军、牛小平、贾栓稳、赵元庆、郭磊、杨宁宁、郭晓俊、方宁、王黎、安征、亢凤林、李海峰等人。由于水平有限，疏漏之处在所难免，欢迎读者朋友登录清华大学出版社的网站 www.tup.com.cn 与我们联系，帮助我们改进提高。

目　　录

第 1 章

网页基础

随着互联网的发展和普及，越来越多的个人与企业建立了网站，将互联网技术应用到生产、经营、娱乐等活动中。互联网已经深入千家万户，在潜移默化中影响着各个领域，不断改变着人类的生活方式。

互联网的各种应用，都是基于网站进行的，而网站又是由各种网页组成，还必须通过网页传递信息。网页是浏览器与网站开发人员沟通交流的窗口。合理地进行网页设计，可以使浏览者流连忘返。

本章主要介绍网页基础和 XHTML 等基础知识，以及如何通过 Dreamweaver 建立一个简单的页面。

本章学习要点：

- ➤ 了解 W3C 的概念
- ➤ 掌握网页的构成
- ➤ 了解静态网页与动态网页的区别
- ➤ 了解数据库概念
- ➤ 了解 XHTML 概念
- ➤ 了解 XHTML 语法及标签

1.1 W3C

网页标准化体系简称 W3C，它是由万维网联盟（World Wide Web Consortium）建立的一种规范网页设计的标准集。

基于网页标准化体系，网页的设计者可以通过简单的代码，在多种不同的浏览器平台中显示一个统一的页面。该体系的建立，大为提高了设计人员开发网页的效率，减轻了网页设计工作的复杂性，免去了人们编写兼容性代码的麻烦。

1.1.1 了解 W3C

网页标准化（W3C）是针对网页代码开发提出的一种具体的标准规范。自从世界上第一个网页浏览器 WorldWideWeb 在 1990 年诞生以来，网页代码的编写长期没有一个统一的规范，而是依靠一种只包含少量标签的 HTML（HyperText Markup Language，超文本标记语言）作为基本的编写语言。

1993 年，第一款针对个人用户的网页浏览器 Mosaic 出现，极大地引发了互联网的热潮，受到了很多用户的欢迎。Mosaic 也是第一种支持网页图像的浏览器，在 Mosaic 浏览器中，开发者为 HTML 定义了<img>标签，以方便地显示图像，如图 1-1 所示。

早期的 HTML 语法被定义为松散的规则，因此诞生了众多的版本，既包括 1982 年开发的原始版本，又包括大量增强的版本。版本的混乱使得很多网页只能在某一种特定的浏览器下被正常浏览。为了保证网页在尽可能多的用户浏览器中正常显示，网页设计者必须耗费更多的精力。

1994 年网景公司的 NetScape Navigator 浏览器诞生。几乎与此同时，微软公司通过收购的方式发行了 Internet Explorer 浏览器。自此，网景公司和微软公司在争夺网页浏览

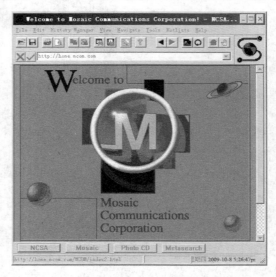

图 1-1   **Mosaic 3.0 for Windows**

器市场时进行了一场为时 3 年的"浏览器大战"。在这场竞争中，双方都为浏览器添加了一些独有的标签。这一举动又造成了大量互不兼容的网页产生，使设计兼容多种浏览器的网页变得非常困难。

1995 年，人们为避免因浏览器竞争而导致的开发困难，提出了建立一种统一的 HTML 标准，以适应所有浏览器平台。这一标准最初被称为 HTML+计划，后被命名为 HTML 2.0。由于缺乏浏览器的支持，HTML 2.0 并未成为实际的标准。

1996 年，刚成立的 W3C 继承了 HTML 2.0 的思路，提出了 HTML 3.0 标准，并根据该标准提供了更多新的特性与功能，加入了很多特定浏览器的元素与属性。1996 年 1 月，W3C 公布了 HTML 3.2 标准，并正式成为大多数网页浏览器支持的标准。自此，网页标

准化开始为绝大多数网页设计者所重视。

随着多媒体技术的发展与个人计算机性能的快速提高，简单的文字与图像已经不能满足用户的需求，因此，W3C 逐渐为网页标准化添加了更多元素。其将 HTML 标准定义为网页标准化结构语言，并增加了网页标准化表现语言——CSS 技术（Cascading Style Sheets，层叠样式表）以及符合 ECMA（ECMA 国际，一个国际信息与电信标准化组织，前身为欧洲电气工业协会）标准的网页标准化行为语言——ECMAScript 脚本语言。

2000 年 1 月，W3C 发布了结合 XML（eXtensible Markup Language，可扩展的标记语言）技术和 HTML 的新标记语言 XHTML（eXtensible HyperText Markup Language，可扩展的超文本标记语言），并将其作为新的网页标准化结构语言。

目前，XHTML 语言已经成为网页编写的首选结构语言，其不仅应用在普通的计算机中，还被广泛应用于智能手机、PDA、机顶盒以及各种数字家电等。由 XHTML 延伸出的多种标准，为各种数字设备所支持。

1.1.2　W3C 的结构

作为整个网页标准化体系的支撑，网页结构语言经历了从传统混合了描述与结构的 HTML 语言到如今结构化的 XHTML 语言，其间发生了巨大的变化。

1．传统 HTML 语言

传统 HTML 结构语言是指基于 HTML 3.2 及之前版本的 HTML 语言。早期的 HTML 语言只能够描述简单的网页结构，包括网页的头部、主体以及段落、列表等。随着人们对网页美观化的要求越来越高，HTML 被人们添加了很多扩展功能。例如，可表示文本的颜色、字体的样式等。

功能的逐渐增多，使得 HTML 成为了一种混合结构性语句与描述性语句的复杂语言。例如，在 HTML 3.2 中，既包含了表示结构的<head>、<title>和<body>等标签，也包含了描述性的<b>、<font>等标签。

大量复杂的描述性标签使得网页更加美观，但同时也导致了网页设计的困难。例如，在进行一个简单的、内容非常少的网页设计时，可以通过 HTML 3.2 中的<font>标签对网页中的文本进行描述，如下。

```
<font size=3 color=blue>这是一段蓝色 3 号文字。</font>
```

然而，在对大量不同样式的文本进行描述时，HTML 3.2 版本就显得力不从心了。网页的设计者不得不在每一句文字上添加<font>标签，并书写大量的代码。这些相同的标签除了给书写造成麻烦以外，还容易发生嵌套错误，给浏览器的解析带来困难，造成网页文档的臃肿。

因此，随着网页信息内容的不断丰富以及互联网的不断发展，传统的 HTML 结构语言已不堪重负，人们迫切需要一种新的、简便的方式来实现网页的模块化，降低网页开发的难度和成本。

2．XHTML 结构语言

XHTML 结构语言是一种基于 HTML 4.01 与 XML 的新结构化语言。其既可以看作是 HTML 4.01 的发展和延伸，又可以看作是 XML 语言的一个子集。

在 XHTML 语言中，摒弃了所有描述性的 HTML 标签，仅保留了结构化的标签，以减小文件内容对结构的影响，同时减少网页设计人员输入代码的工作量。

> **提 示**
>
> 在 XHTML 标准化的文档中，XHTML 只负责表示文档的结构，而文档中内容的描述通常可交给 CSS 样式表来进行。关于样式表的内容，请参考以后相关章节的内容。

W3C 对 XHTML 标签、属性、属性值等内容的书写格式做了严格规范，以提高代码在各种平台下的解析效率。无论是在计算机中，还是在智能手机、PDA 手持计算机、机顶盒等数字设备中，XHTML 文档都可以被方便地浏览和解析。

> **提 示**
>
> 严格的书写规范可以极大地降低代码被浏览器误读的可能性，同时提高文档被判读解析的速度，提高搜索引擎索引网页内容的几率。关于 XHTML 的书写规范，请参考下一章中的内容。

1.1.3 W3C 的表现

网页的标准化不仅需要结构的标准化，还需要表现的标准化。早期的网页完全依靠 HTML 中的描述性标签来实现网页的表现化，设置网页中各种元素的样式。随着 HTML 3.2 被大多数网站停止使用，以及 HTML 4.01 和 XHTML 的不断普及，人们迫切地需要一种新的方式来定义网页中各种元素的样式。

在之前的章节中，已经介绍了 HTML 3.2 在描述大量文本的样式时暴露的问题。为了解决这一问题，人们从面向对象的编程语言中引入了类库的概念，通过在网页标签中添加对类库样式的引用，实现样式描述的可重用性，提高代码的效率。这些类库的集合，就被称作 CSS 层叠样式表（简称 CSS 样式表或 CSS）。

1. CSS 样式表

CSS 样式表是一种列表，其中可以包含多种定义网页标签的样式。每一条 CSS 的样式都包含 3 个部分，其规范写法如下所示。

```
Selector { Property : value }
```

在上面的伪代码中，各关键词的含义如下。

❑ **Selector** 选择器，相当于表格表头的名称。选择器提供了一个对网页标签的接口，供网页标签调用。

❑ **Property** 属性，是描述网页标签的关键词。根据属性的类型，可对网页标签的多种不同属性进行定义。

❑ **value** 属性值，是描述网页标签不同属性的具体值。

在 CSS 中，允许为某一个选择器设置多个属性值，但需要将这些属性以半角分号";"隔开，如下所示。

```
Selector { Property1 : value1 ; Property2 : value }
```

同时，CSS 还允许对同一个选择器的相同属性进行重复描述。由于各种浏览器在解析 CSS 代码时使用逐行解析的方式，因此这种重复描述将以最后一次进行的描述内容为准。例如，一个名为 simpleClass 的类中先描述，所有文本的颜色为红色（#FF0000），然后再描述该类中所有文本的颜色为绿色（#00FF00），如下所示。

```
simpleClass { color : #ff0000 }
simpleClass { color : #00ff00 }
```

在上面的代码中，对 simpleClass 中的内容进行了重复描述，根据逐行解析的规则，最终显示的这些文本颜色将为绿色。用户也可将这两个重复的样式写在同一个选择器中，代码如下所示。

```
simpleClass { color : #ff0000 ; color : #00ff00 }
```

2．CSS 的颜色规范

网页标签的样式包含多种类型，其中，最常见的就是颜色。CSS 允许用户使用多种方式描述网页标签的样式，包括十六进制数值、三原色百分比、三原色比例值和颜色的名称等 4 种方法。

❑ 十六进制数值

十六进制数值是最常用的颜色表示方法，其将颜色拆分为红、绿、蓝三原色的色度，然后通过 6 位十六进制数字表示。其中，前两位表示红色的色度，中间两位表示绿色的色度，后两位表示蓝色的色度，并在十六进制数字前加"#"号以方便识别。

提 示

色度是描述色彩纯度的一种色彩属性，又被称作饱和度或彩度。在纯色中，色度越高则表示其越接近原色。

例如，以十六进制数值分别表示红色、绿色、蓝色和黑色、白色等颜色，见表 1-1。

表 1-1　三原色与黑色、白色的十六进制数值

颜色	十六进制数值	颜色	十六进制数值
红色	#FF0000	黑色	#000000
绿色	#00FF00	白色	#FFFFFF
蓝色	#0000FF		

❑ 三原色百分比

三原色百分比也是一种 CSS 色彩表示方法。在三原色百分比的表示方法中，将三原色的色度转换为百分比值，其中，最大值为 100%，最小值为 0%。例如，表示白色的方法如下。

```
rgb(100%,100%,100%)
```

其中，第一个百分比值表示红色，第二个百分比值表示绿色，第三个百分比值表示蓝色。

❑ 三原色比例值

三原色比例值是将 16 进制的三原色色度转换为 3 个 10 进制数字，然后再进行表示的方法。其中，第一个数字表示红色，第二个数字表示绿色，第三个数字表示蓝色。每

一个比例数值最大值为 255，最小值为 0。例如，表示黄色（#FFFF00），如下所示。

```
rgb(255,255,0)
```

❑ 颜色的英文名称

除了以上几种根据颜色的色度表示色彩的方式以外，CSS 还支持使用 XHTML 允许使用的 16 种颜色英文名称来表示颜色。这 16 种颜色英文名称见表 1-2。

表 1-2　16 种颜色的英文名称表

颜色名	颜色值	英文名称	颜色名	颜色值	英文名称
纯黑	#000000	black	浅灰	#c0c0c0	gray
深蓝	#000080	navy	浅蓝	#0000ff	blue
深绿	#008000	green	浅绿	#00ff00	lime
靛青	#008080	teal	天蓝	#00ffff	aqua
深红	#800000	maroon	大红	#ff0000	red
深紫	#800080	purple	品红	#ff00ff	fuchsia
褐黄	#808000	olive	明黄	#ffff00	yellow
深灰	#808080	gray	白色	#ffffff	white

3. CSS 长度单位

在量度网页中各种对象时，需要使用多种单位，包括绝对单位和相对单位。绝对单位是指网页对象的物理长度单位，而相对单位则是根据显示器分辨率大小、可视区域、对象的父容器大小而定义的单位。CSS 的可用长度单位主要包括以下几种。

❑ **in**　英寸，是在欧美国家使用最广泛的英制绝对长度单位。

❑ **cm**　厘米，国际标准单位制中的基本绝对长度单位。

❑ **mm**　毫米，在科技领域最常用的绝对长度单位。

❑ **pt**　磅，在印刷领域广泛使用的绝对长度单位，也称点，约等于 1/72 英寸。

❑ **pica**　派卡，在印刷领域广泛使用的绝对长度单位，又被缩写为 pc，约等于 1/6 英寸。

❑ **em**　CSS 相对单位，相当于在当前字体大小下大写字母 M 的高度，约等于当前字体大小。

❑ **ex**　CSS 相对单位，相当于在当前字体大小下小写字母 X 的高度，约等于当前字体大小的 1/2。在实际浏览器解析中，1ex 等于 1/2em。

❑ **px**　计算机通用的相对单位，根据屏幕的像素点大小而定义的字体单位。通常在 Windows 操作系统下，1px 等于 1/96 英寸。而在 MAC 操作系统下，1px 等于 1/72 英寸。

❑ **百分比**　百分比也是 CSS 允许使用的相对单位值。其往往根据父容器的相同属性来进行计算。例如，在一个表格中，表格的宽度为 100px，而其单元格宽度为 50px，则可将该单元格的宽度设置为 50%。

提　示

对于没有父容器的网页对象，其百分比单位的参考对象往往为整个网页，即 <body> 标签。

网页设计与网站组建标准教程（2013—2015 版）

1.1.4 W3C 的行为

XHTML 仅仅是一种结构化的语言，即使将其与 CSS 技术结合，也只能制作出静态的、无法进行改变的网页页面。如果需要网页具备交互的行为，还需要为网页引入一种新的概念，即浏览器脚本语言。在 W3C 的网页标准化体系中，网页标准化行为的语言为 ECMAScript 脚本语言，及为 ECMAScript 提供支持的 DOM 模型等。

1. 脚本语言

脚本语言是有别于高级编程语言的一种编程语言，其通常为缩短传统的程序开发过程而创建，具有短小精悍、简单易学等特性，可帮助程序员快速完成程序的编写工作。

脚本语言被应用于多个领域，包括各种工业控制、计算机任务批处理、简单应用程序编写等，也被广泛应用于互联网中。根据应用于互联网的脚本语言解释器位置，可以将其分为服务器端脚本语言和浏览器脚本语言两种。

❑ **服务器端脚本语言**

服务器端脚本语言主要应用于各种动态网页技术，用于编写实现动态网页的网络应用程序。对于网页的浏览者而言，大多数服务器端脚本语言是不可见的，用户只能看到服务器端脚本语言生成的 HTML/XHTML 代码。

服务器端脚本语言必须依赖服务器端的软件执行。常见的服务器端脚本语言包括应用于 ASP 技术的 VBScript、JScript、PHP、JSP、Perl、CFML 等。

❑ **浏览器脚本语言**

浏览器脚本语言区别于服务器端脚本语言，是直接插入到网页中执行的脚本语言。网页的浏览者可以通过浏览器的查看源代码功能，查看所有浏览器脚本语言的代码。

浏览器脚本语言不需要任何服务器端软件支持，任何一种当前流行的浏览器都可以直接解析浏览器脚本语言。目前应用最广泛的浏览器脚本语言包括 JavaScript、JScript 以及 VBScript 等。其中，JavaScript 和 JScript 分别为 NetScape 公司和微软公司开发的 ECMAScript 标准的实例化子集，语法和用法非常类似，因此往往统一被称为 JavaScript 脚本。

2. 标准化的 ECMAScript

ECMAScript 是 W3C 根据 Netscape 公司的 JavaScript 脚本语言制定的、关于网页行为的脚本语言标准。根据该标准制订出了多种脚本语言，包括应用于微软 Internet Explorer 浏览器的 Jscript 和用 Flash 脚本编写的 ActionScript 等。

ECMAScript 具有基于面向对象的方式开发、语句简单、快速响应交互、安全性好和跨平台等优点。目前绝大多数的网站都应用了 ECMAScript 技术。

3. 标准化的文档对象模型

文档对象模型（Document Object Model，DOM）是根据 W3C DOM 规范而定义的一系列文档对象接口。文档对象模型将整个网页文档视为一个主体，文档中包含的每一个标签或内容都被其视为对象，并提供了一系列调用这些对象的方法。

通过文档对象模型，各种浏览器脚本语言可以方便地调用网页中的标签，并实现网页的快速交互。

1.2 初识网页

网页（Web Page）是网站中的一个页面，通常是 HTML 格式（文件扩展名为.html、.htm、.asp、.aspx、.php 或者.jsp 等）。网页通常用图像来提供图画。

1.2.1 网页构成

网页是由各种版块构成的。Internet 中的网页内容各异，然而多数网页都是由一些基本的版块组成的，包括 Logo、导航条、Banner、内容版块、版尾和版权等。

❏ Logo 图标

Logo 是企业或网站的标志，是徽标或者商标的英文说法，起到对徽标拥有公司的识别和推广的作用，通过形象的 Logo 可以让消费者记住公司主体和品牌文化。网络中的 Logo 徽标主要是各个网站用来与其他网站链接的图形标志，代表一个网站或网站的一个版块。例如，新浪网的 Logo 图标，如图 1-2 所示。

图 1-2　Logo 图标

❏ 导航条

导航条是网站的重要组成标签。合理安排的导航条可以帮助浏览者迅速查找需要的信息。例如，新浪网的导航条，如图 1-3 所示。

图 1-3　导航条

❏ Banner

Banner 的中文直译为旗帜、网幅或横幅，意译则为网页中的广告。多数 Banner 都以 JavaScript 技术或 Flash 技术制作，通过一些动画效果，展示更多的内容，并吸引用户观看，如图 1-4 所示。

❏ 内容版块

网页的内容版块通常是网页的主

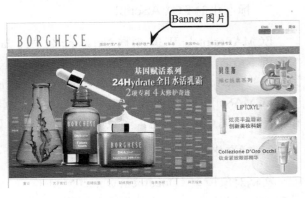

图 1-4　Banner

网页设计与网站组建标准教程（2013—2015 版）

体部分。这一版块可以包含各种文本、图像、动画、超链接等，如图 1-5 所示。

❑ 版尾版块

版尾是网页页面最底端版块，通常放置网站的联系方式、友情链接和版权信息等内容，如图 1-6 所示。

1.2.2 静态网页

网页可以从技术上分为静态网页或者动态网页。静态网页是指网站的网页内容"固定不变"，当用户浏览器通过互联网的 HTTP（Hypertext Transport Protocol）协议向 Web 服务器请求提供网页内容时，服务器仅仅是将原已设计好的静态 HTML 文档传送给用户浏览器，如图 1-7 所示。

随着技术的发展，在 HTML 页面中添加样式表、客户端脚本、Flash 动画、Java Applet 小程序和 ActiveX 控件等，使页面的显示效果更加美观和动画效果。但是，这只不过是视觉动态效果而已，它仍然不具备与客户端进行交互的功能。常见的静态页面以.html 或者.htm 为扩展名，如图 1-8 所示。

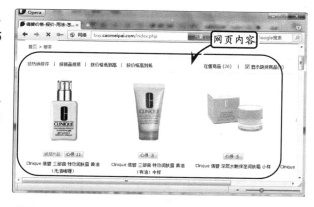

图 1-5　内容版块

图 1-6　版尾版块

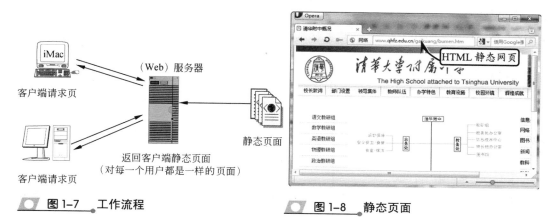

图 1-7　工作流程

图 1-8　静态页面

1.2.3 动态网页

这里说的动态网页，与网页上的各种动画、滚动字幕等视觉上的"动态效果"没有直接关系，动态网页可以是纯文字内容，也可以是包含各种动画的内容，这些只是网页具体内容的表现形式，无论网页是否具有动态效果，采用动态网站技术生成的网页都称为动态网页。

动态网页在于可以根据先前所制定好的程序页面，根据用户的不同请求从而返回其相应的数据。动态页面常见的扩展名有：.asp、.php、.jsp、.cgi 等。

动态网面的优点是效率高、更新快、移植性强，从而快速地达到所见即所得的目的，但是它的优点同样也是它的缺点，其工作流程如图 1-9 所示。

动态页面通常可以通过网站后台管理系统对网站的内容进行更新管理，而前端显示的内容可以随着后台数据更改而改变，如发布新闻、发布公司产品、交流互动、博客、学校网等，如图 1-10 所示。

下面就常见的几种动态网技术来做简单的介绍。

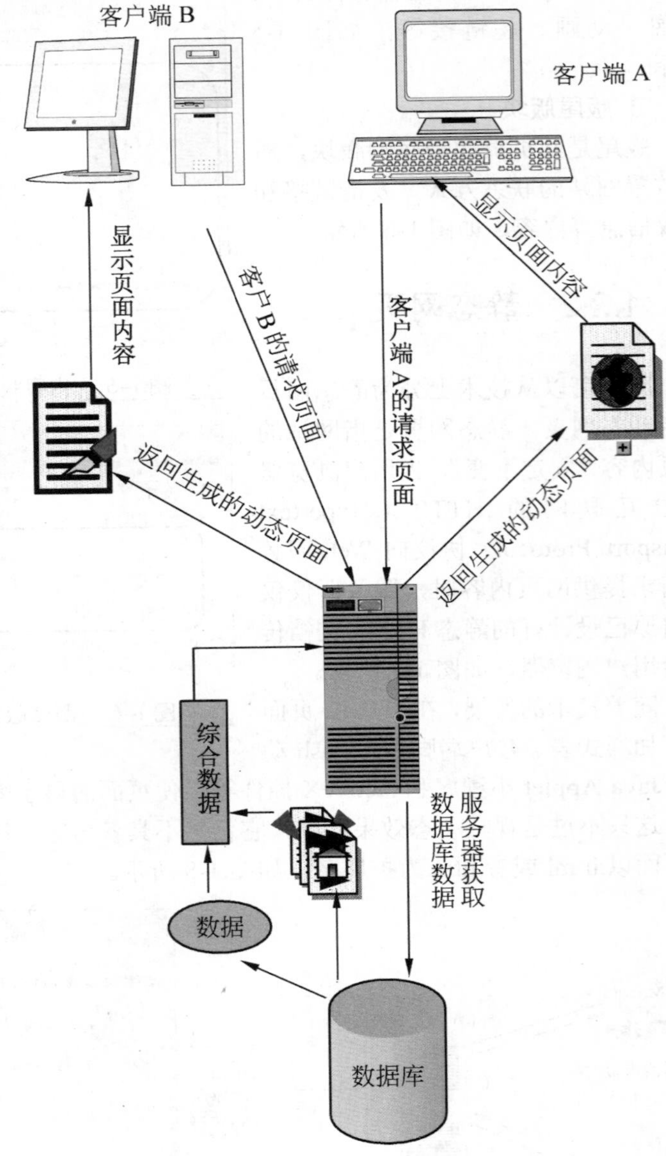

❏ **ASP 技术**

ASP（Active Server Pages，动态服务网页）是微软公司开发的一种由 VBScript 脚本语言或 JavaScript 脚本语言调用 FSO（File System Object，文件系统对象）组件实现的动态网页技术。

ASP 技术必须通过 Windows 的 ODBC 与后台数据库通信，因此只能应用于 Windows 服务器中。ASP 技术的解释器包括两种，即 Windows 9X 系统的 PWS 和 Windows NT 系统的 IIS，如图 1-11 所示。

❏ **ASP.NET 技术**

ASP.NET 是由微软公司开发的 ASP 后续技术，其可由 C#、VB.net、Perl 及 Python

客户端 B

客户端 A

显示页面内容

客户 B 的请求页面

客户端 A 的请求页面

显示页面内容

返回生成的动态页面

返回生成的动态页面

综合数据

数据

数据库数据获取

数据库

图 1-9 工作流程

等编程语言编写，通过调用 System.Web 命名空间实现各种网页信息处理工作。

图 1-10 动态网页

ASP.NET 技术主要应用于 Windows NT 系统中，需要 IIS 及.NET Framework 的支持。通过 Mono 平台，ASP.NET 也可以运行于其他非 Windows 系统中，如图 1-12 所示。

提示

虽然 ASP.NET 程序可以由多种语言开发，但是最适合编写 ASP.NET 程序的语言仍然是 C#语言。

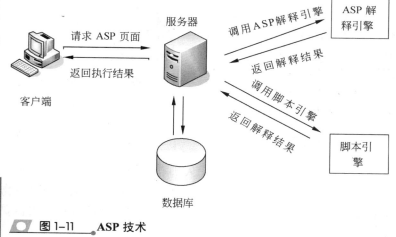

图 1-11 ASP 技术

❏ JSP 技术

JSP（JavaServer Pages，Java 服务网页）是由太阳计算机系统公司开发的，以 Java 编写，动态生成 HTML、XML 或其他格式文档的技术。

JSP 技术可应用于多种平台，包括 Windows、Linux、UNIX 及 Solaris。JSP 技术的特点在于，如果客户端第一次访问 JSP 页面，服务器将现解释源程序的 Java 代码，然后执行页面的内容，因此速度较慢。而如果客户端是第二次访问，则服务器将直接调用 Servlet，无需再对代码进行解析，因此速度较快，如图 1-13 所示。

❏ **PHP 技术**

PHP（Personal Home Page，个人主页）也是一种跨平台的网页后台技术，最早由丹麦人 Rasmus Lerdorf 开发，并由 PHP Group 和开放源代码社群维护，是一种免费的网页脚本语言。

PHP 是一种应用广泛的语言，其多在服务器端执行，通过 PHP 代码产生网页并提供对数据库的读取。

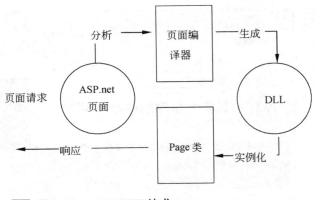

图 1-12　ASP.NET 技术

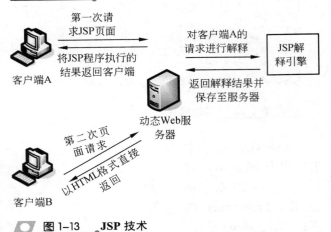

图 1-13　JSP 技术

1.2.4　数据库

数据库是"按照数据结构来组织、存储和管理数据的仓库"。在日常工作中，常常需要把某些相关的数据放进"仓库"，并根据管理的需要进行相应的处理。

大家知道数据库是用于存储数据内容的，而对生活中一个事件或者一类问题，如何将它们存储到数据库中呢？在学习数据库之前，先来了解一下数据库的概念。下面来介绍一下数据库的一些基本概念，有助于更好地了解数据库。

1. 数据与信息

为了了解世界、交流信息，人们需要描述事物。在日常生活中，可以直接用自然语言（如汉语）来描述。如果需要将这些事物记录下来，即将事物变成信息进行存储。而信息是对客观事物属性的反映，也是经过加工处理并对人类客观行为产生影响的数据表现形式。

例如，在计算机中，为了存储和处理这些事物，需要抽象地描述这些事物的特征，而这些特征，正是在数据库中所存储的数据。数据是描述事物的符号记录，描述事物的符号可以是数字，也可以是文字、图形、图像、声音、语言等多种表现形式。

下面以"学生信息表"为例，通过学号、姓名、性别、年龄、系别、专业和年级等内容，来描述学生在校的特征。

（08060126　王海平　男　21　科学与技术　计算机教育　一年级）

在这里的学生记录就是信息。在数据库中，记录与事物的属性是对应的关系，其表现如图 1-14 所示。

特征（属性）→	学号	姓名	性别	年龄	系别	专业	年级
记录（信息）→	08060126	王海平	男	21	科学与技术	计算机教育	一年级

图 1-14　记录信息

可以把数据库理解为存储在一起的相互有联系的数据集合，数据被分门别类、有条不紊地保存。而应用于网站时，则需要注意一些细节问题，即这些特征需要用字母（英文或者拼音）来表示，避免不兼容性问题的发生。例如，对于描述用户注册信息，如图1-15 所示。

ID	User	Pwd	Sex	FaceImg	QQ	Email	Page
2	admin	123	girl	face/girl/2.jpg	34567892	34567892@qq.com	Http:// kb.com

图 1-15　网站中数据存储

其中，每个特征中字母所代表的含义见表 1-3。

表 1-3　字段特征的含义

特　征	含　义
ID	用于自动产生的编号。该编号将从 1 开始进行累加，每条记录加 1
User	代表"用户名"。用于记录用户的名称，可以包含中文或者英文，也称为"昵称"
Pwd	代表"用户密码"。用于记录用户登录时所使用的密码信息
Sex	代表"性别"。记录用户的性别，如"男"或者"女"这里用 girl 或 boy 表示
FaceImg	代表"头像地址"。存储一个图像所在的文件地址
QQ	代表"QQ 号码"。存储用户聊天所使用的 QQ 号码
Email	代表"电子邮箱"。存储用户常用的电子邮箱地址
Page	代表"个人主页"。用于存储用户的个人主页地址

2．数据库（Database，DB）

综上所述，数据库是存储在一起的相关数据的集合，这些数据是结构化的，无有害的或不必要的冗余，并为多种应用服务；数据的存储独立于使用它的程序；对数据库插入新数据，修改和检索原有数据均能按一种公用的和可控制的方式进行。当某个系统中存在结构上完全分开的若干个数据库时，则该系统包含一个"数据库集合"。这是 J.Martin 给数据库下的一个比较完整的定义。

因此，以 Access 数据库为例，可以将这个"数据仓库"以表的形式表现出来。其中，每条记录中存储的内容即所指的信息。例如，在 User 表中，每个注册用户的数据存储到表的情况，如图 1-16 所示。

图 1-16　存储信息

3．数据库管理系统（Database Management System，DBMS）

数据库管理系统是一种操纵和管理数据库的大型软件，是用于建立、使用和维护数据库的。它对数据库进行统一的管理和控制，以保证数据库的安全性和完整性。

用户通过 DBMS 访问数据库中的数据，数据库管理员也通过 DBMS 进行数据库的维护工作。DBMS 提供多种功能，可使多个应用程序和用户用不同的方法在同时或不同时刻去建立、修改和询问数据库。主要包括以下几方面的功能。

❑ **数据定义功能**

DBMS 提供数据定义语言（Data Definition Language，简称 DDL），用户通过它可以方便地对数据库中的数据对象进行定义。例如，在 Access 数据表中，可以定义数据的类型、数据的属性（如字段大小、格式）等，如图 1-17 所示。

❑ **数据操纵功能**

DBMS 还提供数据操纵语言（Data Manipulation Language，简称 DML），用户可以使用 DML 操纵数据，实现对数据库的基本操作，如查询、插入、删除和修改等。例如，在 User 表中，右击任意记录，执行【删除记录】命令，即可删除数据内容，如图 1-18 所示。

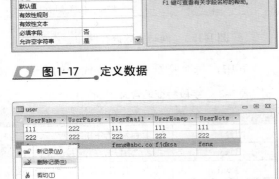

图 1-17　定义数据

图 1-18　删除记录

❑ **数据库的运行管理**

数据库在建立、运用和维护时，由数据库管理系统统一管理、控制，以保证数据的安全性、完整性。

❑ **数据库的建立和维护功能**

它包括数据库初始数据的输入、转换功能；数据库的转储、恢复功能；数据库的管理重组功能和性能监视、分析功能等。这些功能通常是由一些实用程序完成的。

提　示

在网站中，一般完成数据库系统的操作，都需要通过网站编程语句进行。例如，对动态 ASP 网站来说，一般在 ASP 脚本语言中执行 SQL 语句命令即可完成。

4．数据库的作用

在动态网站建设中，数据库发挥着不可替代的作用。它用于存储网站中的信息，可以包含静止的和经常需要更换的内容。通过对数据库中相应部分内容的调整，可以使网站的内容更加灵活，并且对这些信息进行更新和维护也更加方便、快捷。

❑ **新闻系统**

如果要在网站中放置新闻，其更新的频率往往比较大，而通过数据库功能可以快速地发布信息，且很容易存储以前的新闻，便于网站浏览者和管理者查阅，同时也避免了直接修改主要页面，以保持网站的稳定性，如图 1-19 所示。

图 1-19 新闻系统

❑ **产品管理**

　　产品管理是网站数据库的重要应用，如果网站中有大量的产品需要展示和买卖，那么使用数据库可以方便地进行分类，把产品更有条理、更清晰地展示给客户。并且方便日后的维护、检索与储存，如图 1-20 所示。

图 1-20 产品管理

❑ **收集信息**

　　普通的静态页面是无法收集浏览者的信息的，而管理者为了加强网站的营销效果，往往需要搜集大量潜在客户的信息，或者要求来访者成为会员，从而提供更多的服务，如图 1-21 所示。

❑ **搜索功能**

　　如果站内提供有大量的信息而没有搜索功能，浏览者只能依靠清晰的导航系统，而对于一个新手往往要花些时间搜索网页，有时候甚至无法达到目的。此时，提供方便的站内搜索不仅可以使网站结构清晰，而且有利于需求信息的查找，节省浏览者的时间，如图 1-22 所示。

图 1-21　收集信息

图 1-22　搜索信息

❑ BBS 论坛

BBS 对于企业而言，不仅可以增加与访问者的互动，更重要的是可以加强售前、售后服务和增加新产品开发的途径。利用 BBS 可以收集客户反馈信息，对新产品以及企业发展的看法、投诉等等，增强企业与消费者的互动，提高客户服务质量和效率，如图 1-23 所示。

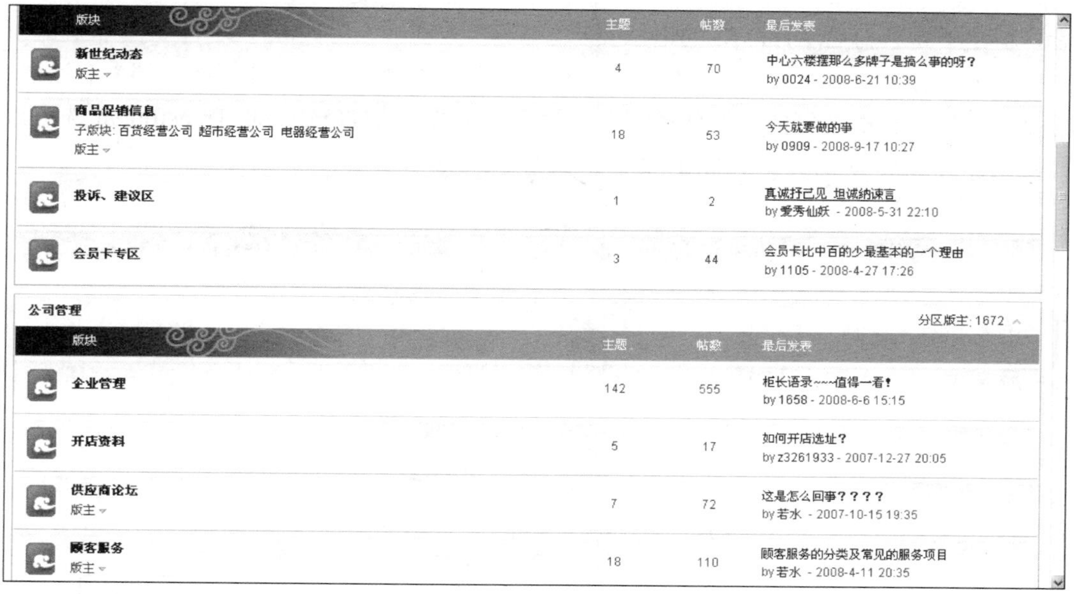

版块	主题	帖数	最后发表
新世纪动态 版主 ∨	4	70	中心六楼摆那么多牌子是搞么事的呀? by 0024 - 2008-6-21 10:39
商品促销信息 子版块: 百货经营公司 超市经营公司 电器经营公司 版主 ∨	18	53	今天就要做的事 by 0909 - 2008-9-17 10:27
投诉、建议区	1	2	真诚抒己见 坦诚纳谏言 by 爱秀仙妖 - 2008-5-31 22:10
会员卡专区	3	44	会员卡比中百的少最基本的一个理由 by 1105 - 2008-4-27 17:26

公司管理 分区版主: 1672

版块	主题	帖数	最后发表
企业管理	142	555	柜长语录~~~值得一看! by 1658 - 2008-6-6 15:15
开店资料	5	17	如何开店选址? by z3261933 - 2007-12-27 20:05
供应商论坛 版主 ∨	7	72	这是怎么回事???? by 若水 - 2007-10-15 19:35
顾客服务 版主 ∨	18	110	顾客服务的分类及常见的服务项目 by 若水 - 2008-4-11 20:35

图 1-23　论坛 BBS

1.3　了解 XHTML

XHTML 是 xtensible HyperText Markup Language（可扩展超文本标识语言）的缩写，由 HTML（Hyper Text Markup Language，超文本标记语言）发展而来的一种 Web 网页设计语言，其目的是基于 XML 的应用。所以，从本质上来说，XHTML 是一个过渡技术，结合了部分 XML 的强大功能和大多数 HTML 的简单特性。

1.3.1　创建 XHTML 文档

与普通的 HTML 文档相比，在 XHTML 文档的第一行中增加了<!DOCTYPE>元素，该元素用来定义网页文档的类型。DOCTYPE 是 Document Type（文档类型）的缩写，用来定义 XHTML 文档的版本，使用时应该注意以下两点。

- ❑ 该元素的名称和属性必须是大写。
- ❑ DTD（例如 xhtml1-transitional.dtd）用于表示文档的类型定义，其包含有文档的规则，网页浏览器会根据预定义的 DTD 来解析网页元素，并显示这些元素所构成的网页。

对于创建标准化的 XHTML 文档，声明 DOCTYPE 是必不可少的关键组成部分。就目前而言，XHTML 1.0 提供了 3 种 DTD 文档类型，并且都可以在 Dreamweaver CS4 中直接创建。

1．过渡型

过渡型 DTD 的 XHTML 文档在书写规则上较为宽松，它允许用户使用 HTML 的元素，但是一定要符合 XHTML 的语法要求。

在 Dreamweaver CS5.5 中，执行【文件】|【新建】命令，打开【新建文档】对话框。然后，在该对话框右侧的【文件类型】下拉列表中选择 XHTML 1.0 Transitional 选项，即可创建过渡型 DTD 的 XHTML 文档，如图 1-24 所示。

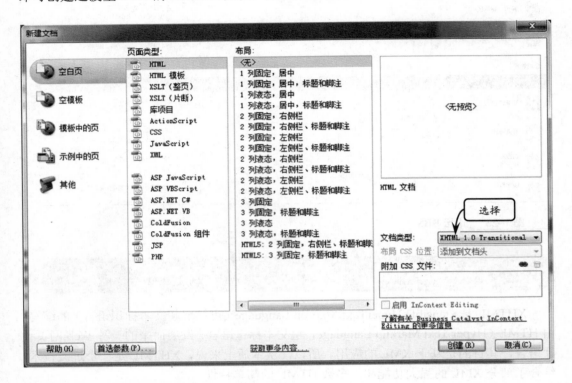

图 1-24　创建过渡型 DTD 的 XHTML 文档

定义过渡型 XHTML 文档的完整代码如下。

```
<!DOCTYPE html PUBLIC "-//W3C//DTD XHTML 1.0 Transitional//EN"
"http://www.w3.org/TR/xhtml1/DTD/xhtml1-transitional.dtd">
```

提　示

对于大多数标准网页设计者来说，过渡型 DTD（XHTML 1.0 Transitional）是比较理想的选择。因为这种 DTD 允许使用描述性的元素和属性，也比较容易通过 W3C 的代码校验。

2．严格型

严格型 DTD 的 XHTML 文档在书写规则上较为严格，它不允许用户使用任何描述性的元素和属性，需要完全按照 XHTML 的标准化规则来设计网页。

创建严格型 DTD 的 XHTML 文档，在【新建文档】对话框的【文档类型】下拉列表中选择 XHTML 1.0 Strict 选项即可，如图 1-25 所示。

网页设计与网站组建标准教程（2013—2015 版）

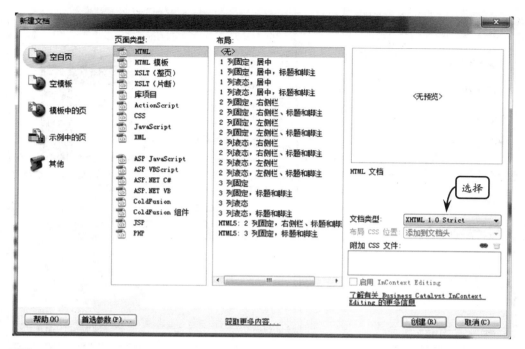

图 1-25 创建严格型 DTD 的 XHTML 文档

定义严格型 XHTML 文档的完整代码如下。

```
<!DOCTYPE html PUBLIC "-//W3C//DTD XHTML 1.0 Strict//EN"
"http://www.w3.org/TR/xhtml1/DTD/xhtml1-strict.dtd">
```

注 意

对于严格型 DTD 的 XHTML 文档来说，网页设计者不能使用任何表现层的标识和属性。

3. 框架型

框架型 DTD 是专门针对框架网页所设计的，也就是说，如果所要设计的网页中包含有框架，那么就需要使用这种类型的 DTD。

创建框架型 DTD 的 XHTML 文档，首先单击【新建文档】对话框中的【示例中的页】按钮，在显示的【示例文件夹】选项列表中选择【框架页】选项。然后，在【示例页】选项列表中选择要创建网页的框架类型，如图 1-26 所示。

定义框架型 XHTML 文档的完整代码如下。

```
<!DOCTYPE html PUBLIC "-//W3C//DTD XHTML 1.0 Frameset//EN" "http:
//www.w3.org/TR/xhtml1/DTD/xhtml1-frameset.dtd">
```

注 意

创建框架网页时，可以在【文档类型】下拉列表中定义 XHTML 的文档类型，该类型将会应用于框架网页中包含的所有子网页。

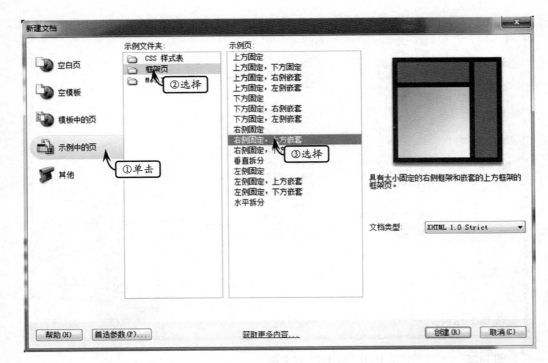

图 1-26　创建框架型 DTD 的 XHTML 文档

1.3.2　XHTML 的基本语法结构

XHTML 是由 XML 语法演化而成的，因此它遵循 XML 的文档规范。在某些浏览器（例如 Internet Explorer 浏览器）中虽然可以正常解析一些错误的代码，但仍然推荐使用规范的语法编写 XHTML 文档。

1. 文档格式规范

在创建 XHTML 文档时，尽量使用规范的文档格式，这样有利于网页浏览器对文档内容的解析，因此，可以大大提高网页的浏览速度。下面介绍一些常见的文档格式规范。

❑ 定义文档的 DTD 类型

在 XHTML 文档的开头应该定义该文档的 DTD 类型，这样可以使网页浏览器根据预定义的 DTD 类型来解析文档中的元素。

过渡型 DTD：

```
<!DOCTYPE html PUBLIC "-//W3C//DTD XHTML 1.0 Transitional//EN"
"http://www.w3.org/TR/xhtml1/DTD/xhtml1-transitional.dtd">
```

严格型 DTD：

```
<!DOCTYPE html PUBLIC "-//W3C//DTD XHTML 1.0 Strict//EN"
"http://www.w3.org/TR/xhtml1/DTD/xhtml1-strict.dtd">
```

框架型 DTD：

```
<!DOCTYPE html PUBLIC "-//W3C//DTD XHTML 1.0 Frameset//EN"
"http://www.w3.org/TR/xhtml1/DTD/xhtml1-frameset.dtd">
```

❑ **声明命名空间**

在 XHTML 文档的根元素<html>中应该定义命名空间，即定义 xmlns 属性，代码如下所示。

```
<html xmlns="http://www.w3.org/1999/xhtml">
```

❑ **区分大小写**

XHTML 对大小写是敏感的。在 XTHML 文档中，使用相同字母大写和小写所定义的元素是不同的。例如，<h>和<H>表示的是不同的元素。

```
<h>这里是小写 h 元素</h>
<H>这里是大写 H 元素</H>
```

提　示

在 XHTML 中，规定要使用小写字母来定义页面中所有的元素和属性，包括 CSS 样式表中的属性等也要使用小写字母。

❑ **不要在注释内容中使用"--"**

"--"只能出现在 XHTML 注释的开头和结束，也就是说，在内容中它们不再有效。例如下面的代码是无效的。

```
<!－注释---------------------------注释-->
在注释中可以用等号（=）或者空格代替内部出现的虚线，如下所示。
<!－注释=================注释-->
```

2．标签语法规范

在 XHTML 语言中，每一种元素都是由一个或一对标签表示。正是由于这些标签，可以为 XHTML 文档添加指定的元素。然而，对于规范严格的 XHTML，在使用这些标签时应该注意以下几点。

❑ **闭合所有标签**

在 HTML 中，通常习惯使用一些独立的标签，例如<p>、<li>等，而不会使用相对应的</p>和</li>标签来关闭它们。但在 XHTML 文档中，这样做是不符合语法规范的。

```
<p>这是一个文字段落。
```

上面的代码中，必须在段落的末尾使用闭合标签将其关闭。

```
<p>这是一个文字段落。</p>
```

XHTML 要求有严谨的结构，所有标签必须闭合。如果是单独不成对的标签，应该在标签的最后添加一个"/"来关闭它。

```
<img weight="600" height="450" alt="马尔代夫" src="/images/pic.jpg" />
```

注 意

有些版本的浏览器不能识别类似
的标记，但在"/"前加个空格就能识别了，所以应写为
。

❑ **所有特殊符号用编码表示**

在 XHTML 中，必须使用编码来表示特殊符号。例如，小于号（<）不是标签的一部分，必须被编码为"&lt;"；大于号（>）也不是标签的一部分，必须被编码为"&gt;"；与号（&）不是实体的一部分，必须被编码为"&amp"。在 HTML 文档中，可以使用下面的代码。

```
<img src="pic.jpg" width="200" height="200" alt="abc & def">
```

但是，在 XHTML 文档中，必须将"&"更改为"&amp"，如下所示。

```
<img src="pic.jpg" width="200" height="200" alt="abc &amp def">
```

❑ **图片标签必须有说明文字**

每一个图片标签都必须有 ALT 说明文字，如下所示。

```
<img width = "1024" height = "768" src = "/images/sky.jpg" alt = "天空">
```

❑ **正确嵌套所有标签**

在 XHTML 中，当标签进行嵌套时，必须按照打开标签的顺序进行关闭。正确嵌套标签的代码示例如下。

```
<i><b>为文字应用斜体和粗体</b></i>
```

错误嵌套标签的代码示例如下。

```
<i><b>为文字应用斜体和粗体</i></b>
```

在 XHTML 文档中，还有一些严格强制执行的嵌套限制，这些限制包括以下几点。

❑ <a>元素中不能包含其他的<a>元素。

❑ <pre>元素中不能包含<object>、<big>、<img>、<small>、<sub>或<sup>元素。

❑ <button>元素中不能包含<input>、<textarea>、<label>、<select>、<button>、<form>、<iframe>、<fieldset>或<isindex>元素。

❑ <label>元素中不能包含其他的<label>元素。

❑ <form>元素中不能包含其他的<form>元素。

3．**属性语法规范**

无论是 HTML 还是 XHTML，每一个元素都具有各自的属性，这些属性可以指定元素的大小、初始值、动作等。在 XHTML 中使用这些属性时，也应该注意相应的语法规范。

❑ **所有标签和属性必须小写**

XHTML 要求所有的标签和属性的名称都必须使用小写。例如：<BODY>必须写成<body> 。大小写夹杂也是不被认可的，通常 Dreamweaver 自动生成的属性名称 onMouseOver 也必须修改成 onmouseover。

```
<img src = "button.jpg" width = "100" height = "25" onmouseover =
"Index()"/>
```

❑ **所有属性都必须被赋值**

在 HTML 中，允许没有属性值的属性存在，例如<td nowrop>。但在 XHTML 中，这种情况是不允许的，它规定每一个属性都必须有一个值。如果属性没有值，则必须使用自身的名称作为值。

```
<td nowrop = "nowrop">
```

❑ **使用 id 属性作为统一的名称**

XHTML 规范废除了 name 属性，而使用 id 属性作为统一的名称。在 IE 4.0 及以下版本中应该保留 name 属性，使用时可以同时使用 name 和 id 属性。

```
<input id = "User" name = "User" width = "200" value = "请输入用户名" />
```

❑ **所有属性必须用引号括起来**

在 HTML 中，可以不需要为属性值加引号，但是在 XHTML 中则必须加引号。例如，定义表格标签<table>的宽度为 100%。

```
<table width = "100%"></table>
```

在某些特殊情况下，需要在属性值中使用双引号（"）或者单引号（'），也就是通常所说的引号的嵌套。这样，如果使用单引号直接输入单引号（'），而使用双引号需要输入 """。

```
<img width = "600" height = "450" src = "/images/pic.jpg" alt = "say&quot;
hello&quot;" />
```

注 意

各属性值的引号不能省略，如果属性值内部需要引号，可以改为单引号进行分界。除此之外，也可以外部用单引号，内部用双引号。

1.3.3 XHTML 常用标签

XHTML 文档具有固定的结构，其中包括定义文档类型、根元素（html）、头部元素（head）和主体元素（body）4 个部分。前面已经介绍了定义文档类型，在本节中将详细介绍 XHTML 文档的根元素、头部元素和主体元素。

1. 根元素

html 是 XHTML 文档中必须使用的元素，用于确定文档的开始和结束，所有的文档内容（包括文档头部和文档主体内容）都要包含在 html 元素之中。html 元素的语法结构如下。

```
<html>文档内容部分</html>
```

命名空间是 html 元素的一个属性,由 xmlns 表示,位于 html 元素的起始标签中,用来定义识别页面标签的网址。其在页面中的相应代码如下所示。

```
<html xmlns="http://www.w3.org/1999/xhtml">
```

但是,即使 XHTML 文档中的 html 元素没有使用此属性,W3C 的验证器也不会报错。这是因为"xmlns = http://www.w3.org/1999/xhtml"是一个固定值,即使没有包含它,此值也会被添加在<html>标签中。

除此之外,html 元素还具有其他属性,其详细介绍如下。

❑ **class**　用于显示元素的类。

❑ **dir**　设置文本的方向。

❑ **id**　标签的唯一字母数字标记符,用这个 ID 来引用此标签。

❑ **lang**　用于声明此文档的国家语言代码。

❑ **xml:lang**　在文档被解释为 XML 文档时保存本元素的基本语言。

2．头部元素

网页头部元素(head)也是 XHTML 文档中必须使用的元素,其作用是定义文档的相关信息,可以包含 title 元素、meta 元素等。head 元素的语法结构如下。

```
<head>头部内容部分</head>
```

profile 是 head 元素的一个可选属性,其可存放包含与此页面有关的元数据的 URL 的列表,元数据将与 meta 标签一起返回。元数据可以包含网页文档的作者、版权、描述、关键字等信息。

在 head 元素中还可以包含 base、link、title 等其他元素,这些元素的详细介绍如下。

❑ **base**

可以指定页面中所有链接的基准 URL。基准 URL 相当于一个根目录,它会自动添加到各个用相对地址定义的链接的 URL 前面,这其中包含<a>、<img>、<link>和<form>标签中的 URL。

```
<base href = "http://127.0.0.1/" target="_blank" />
```

❏ **link**

定义文档与外部资源的关系，最常见的用途就是链接外部的 CSS 样式表。link 元素是空元素，它仅包含属性。在用于样式表时，<link>标签得到了几乎所有浏览器的支持，但是几乎没有浏览器支持其他方面的用途。

```
<link rel="stylesheet" type="text/css" href="theme.css" />
```

注　意

在 HTML 中，<link>标签没有结束标签；在 XHTML 中，<link>标签必须被正确地关闭。

❏ **meta**

用于提供有关页面的元信息，例如针对搜索引擎和更新频度的描述和关键词。<meta>标签中不包含任何内容，该标签的属性定义了与文档相关联的名称/值对。

```
<meta name="keywords" content="网页制作,XHTML 语言,HTML 标签" />
<meta http-equiv="Content-Type" content="text/html; charset=gb2312" />
```

提　示

<meta>标签永远位于 head 元素的内部。元数据总是以名称/值的形式被成对传递的。

❏ **script**

用于定义客户端脚本，例如 JavaScript。script 元素既可以包含脚本语句，也可以通过 src 属性指向外部脚本支持。在 XHTML 1.0 Strict DTD 中，script 元素的 language 属性不被支持。

```
<script type="text/javascript">
document.write("Hello World!");
</script>
<script type="text/javascript" src="time.js"></script>
```

注　意

如果 script 元素内部的代码没有位于某个函数中，那么这些代码会在页面被加载时被立即执行，<frameset> 标签之后的脚本会被忽略。

❏ **style**

定义页面内部的 CSS 样式表。<style>标签的 type 属性是必需的，定义 style 元素的内容，唯一可能的值是"text/css"。

```
<style type="text/css">
p {color:blue};
h1 {color:red};
</style>
```

提　示

<style>标签定义的 CSS 样式表只能应用于本页面，如果想要引用外部的样式文件，需要使用<link>标签。

❑ **title**

定义网页文档的标题。文档标题是显示在浏览器标题栏中的文本。<title>标签是<head>标签中唯一要求包含的元素。

```
<title>标题名称</title>
```

提 示

浏览器会以特殊的方式来使用标题，并且通常把它放置在浏览器的标题栏上。同样，当把文档加入用户的链接列表、收藏夹或者书签列表时，标题将成为该文档链接的默认名称。

3．主体元素

网页主体元素（body）用来定义文档的主体内容，也就是要展示给用户的部分，包括文本、超链接、图片、表格、列表、音频和视频等。在 body 元素中，可以包含所有的页面元素，其语法结构如下所示。

```
<body>文档主体部分</body>
```

在设计页面时，经常需要在 body 元素中定义相关属性，用来控制页面的显示效果。在 HTML 中，body 元素的所有"呈现属性"均不被赞成使用；在 XHTML 1.0 Strict DTD 中，所有"呈现属性"均不被支持。

❑ **bgcolor** 指定文档的背景颜色。不赞成使用，请使用样式取代它。

❑ **background** 指定文档的背景图片。不赞成使用，请使用样式取代它。

❑ **text** 指定文档中文字的颜色。不赞成使用，请使用样式取代它。

❑ **link** 指定文档中链接的颜色。不赞成使用，请使用样式取代它。

❑ **alink** 指定文档中活动链接的颜色。不赞成使用，请使用样式取代它。

❑ **vlink** 指定文档中访问过的链接颜色。不赞成使用，请使用样式取代它。

❑ **topmargin** 设置文档上边的空白大小，单位是像素。不赞成使用，请使用样式取代它。

❑ **leftmargin** 设置文档左边的空白大小，单位是像素。不赞成使用，请使用样式取代它。

❑ **rightmargin** 设置文档右边的空白大小，单位是像素。不赞成使用，请使用样式取代它。

❑ **bottommargin** 设置文档下边的空白大小，单位是像素。不赞成使用，请使用样式取代它。

在<body>标签中，除了可以使用上述的属性外，还可以为其指定事件属性。这些事件属性使页面在触发某一动作时执行指定的脚本或函数，以完成相应任务。<body>标签的事件属性介绍如下。

❑ **onload** 当文档被载入时执行脚本。

❑ **onunload** 当文档被卸下时执行脚本。

❑ **onclick** 当鼠标被单击时执行脚本。

- **ondblclick**　当鼠标被双击时执行脚本。
- **onmousedown**　当鼠标按钮被按下时执行脚本。
- **onmouseup**　当鼠标按钮被松开时执行脚本。
- **onmouseover**　当鼠标指针悬停于某元素之上时执行脚本。
- **onmousemove**　当鼠标指针移动时执行脚本。
- **onmouseout**　当鼠标指针移出某元素时执行脚本。
- **onkeypress**　当键盘被按下后又松开时执行脚本。
- **onkeydown**　当键盘被按下时执行脚本。
- **onkeyup**　当键盘被松开时执行脚本。

定义了以上几个元素后，便构成了一个完整的 XHTML 页面，而且以上所有元素都是 XHTML 页面所必须具有的基本元素。一个简单的 XHTML 页面代码示例如下。

```
<!DOCTYPE html PUBLIC "-//W3C//DTD XHTML 1.0 Transitional//EN"
"http://www.w3.org/TR/xhtml1/DTD/xhtml1-transitional.dtd">
<html xmlns="http://www.w3.org/1999/xhtml">
<head>
<meta http-equiv="Content-Type" content="text/html; charset=utf-8" />
<title>文档标题</title>
</head>
<body >
<!--文档主体内容-->
</body>
</html>
```

1.4　实验指导：创建站点

本地站点是 Dreamweaver 提供的一种组织所有与 Web 站点关联的文档的工具。通过在本地站点中组织文档，可以管理这些文档的内容、维护各文档之间的链接关系等。

操作步骤：

1. 打开 Dreamweaver，执行【站点】|【新建站点】命令，打开【未命名站点 1 的站点定义为】对话框。单击【基本】选项卡，进入站点定义的向导。在该向导中设置站点的名称以及站点的 URL 地址后，单击【下一步】按钮，如图 1-27 所示。

2. 在刷新后的对话框中，选择【是，我想使用服务器技术】选项，并在下拉菜单中选择【ASP VBScript】选项，即可单击【下一步】按钮，如图 1-28 所示。

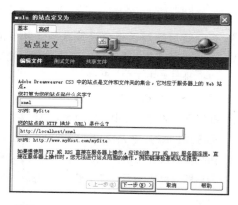

图 1-27　设置站点名称和地址

图 1-28　设置服务器技术

3 在刷新后的对话框中，选择【在本地进行编辑和测试（我的测试服务器是这台计算机）】选项，并将文件存储的位置设置为"F:\XNML\SITE"，单击【下一步】按钮，如图 1-29 所示。

图 1-29　设置测试文件位置

4 在刷新后的对话框中设置本地计算机的 URL 地址，单击【测试 URL】按钮，测试 URL 地址是否可用。当测试成功后，可单击【下一步】按钮，如图 1-30 所示。

5 在接下来的对话框中，如为团队创建网站，可选择【是的，我要使用远程服务器】选项，如为个人设计网站，可选择【否】选项。选择后即可单击【下一步】按钮，如图 1-31 所示。

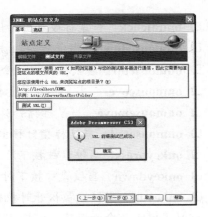

图 1-30　测试 URL 地址

图 1-31　设置远程服务器

6 查看站点的总结对话框，检查设置后，单击【完成】按钮，完成本地站点的创建，如图 1-32 所示。

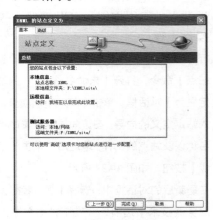

图 1-32　完成创建本地站点

1.5 实验指导：查看网页

在互联网中的网页，通常是通过在 IE 浏览器中输入 URL 地址来查看的。而在本地的网页，则有多种查看方式。通过这些查看方式，可以用不同的软件工具打开网页，进行各种操作。

1. 通过目录浏览

查看网页时，首先要在本地磁盘中找到网页存放的位置，然后对其进行查看，详细介绍如下。

1　找到网页存放位置后，可看到网页一般情况下是由网页文档和文件夹组成的，并且网页中的图片文件存放在文件中，如图 1-33 所示。

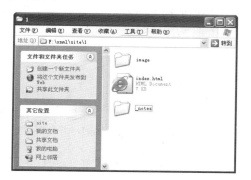

图 1-33　本地磁盘中的网页

2　双击 index.html 文件，打开一个以网页形式显示的 IE 窗口，其中，地址栏中显示的路径是该文件在本地磁盘中的路径，如图 1-34 所示。

图 1-34　以网页形式浏览

2. 查看文档的代码

在修改网页文档时，经常需要通过代码的形式修改文档，这就有可能需要使用到记事本工具。

选择网页文档，右击执行【打开方式】|【记事本】命令，即可通过记事本工具修改网页代码，如图 1-35 所示。

图 1-35　查看网页代码

3. 用 Dreamweaver 查看网页

如果需要使用 Dreamweaver 查看网

页，也可以用目录浏览的方法。其操作方式和查看文档的代码相似。

在目录中选择网页文档，右击执行【打开方式】|【Dreamweaver CS5】命令，即可用 Dreamweaver 打开网页，通过可视化的方式对网页进行编辑，如图 1-36 所示。

图 1-36　用 Dreamweaver 查看

1.6　思考与练习

一、填空题

1. _____是针对网页代码开发提出的一种具体的标准规范。

2. 第一款针对个人用户的网页浏览器是_____。

3. _____是一种基于 HTML 4.01 与 XML 的新结构化语言。它既可以被看作是 HTML 4.01 的发展和延伸，又可以被看作是_____的一个子集。

4. _____是网站中的一个页面，通常是_____格式。

5. 网页版块组成包括_____、_____、_____、内容版块、版尾和版权等。

6. 动态网页的优点是效率高、_____、移植性强。

7. 与普通的 HTML 文档相比，在 XHTML 文档的第一行增加了_____元素，该元素用来定义网页文档的类型。

二、选择题

1. CSS 样式表是一种列表，其中可以包含多种定义_____的样式。

 A. 网页标签
 B. 网页
 C. W3C
 D. HTML

2. 2000 年 1 月，W3C 发布了结合 XML 技术和 HTML 的新标记语言_____，并将其作为新的网页标准化结构语言。

 A. DIV
 B. CSS
 C. XHTML
 D. AVI

3. 数据库是存储在一起的相关数据的_____，这些数据是结构化的，并为多种应用服务。

 A. 目录
 B. 表
 C. 记录
 D. 集合

4. XHTML 是由_____语法简化而成的，因此它遵循 XML 的文档规范。

 A. HTML
 B. XML
 C. CSS
 D. W3C

三、简答题

1. 简单介绍 W3C 的产生。
2. 概述 W3C 的组成。
3. 简单介绍数据库的概念。
4. 简单介绍网页的构成。
5. 简单介绍 XHTML 文档的创建。

第 2 章

创建 Web 站点

在 Internet 中，根据一定规则，将展示特定内容的相关网页集合在一起，就组成了站点。随着网络技术的发展，越来越多的企业组建了自己的站点，并通过站点对外发布产品信息、提供网络服务、收集用户反馈、树立企业形象。除企业外，很多个人也建立了个人的站点，对外展示自我，与天南海北的朋友交流等。

在本章中，将主要介绍网站开发流程、IIS 服务器的安装与配置和 Web 站点的创建及管理等内容。通过本章的学习，帮助用户更好地了解 Web 站点的创建及管理过程。

本章学习要点：

➢ 了解网站的开发过程

➢ 掌握 IIS 的安装过程

➢ 掌握 IIS 的配置

➢ 掌握创建 Web 站点

➢ 掌握测试 Web 站点

2.1 网站开发流程

随着计算机技术的发展，网页的设计以及网站的开发已经越来越像一个系统的软件开发工程，从前期的策划、工程案例的实施到最后的维护和更新，都需要辅以各种专业的知识。了解这些专业知识，可以帮助用户开发出高质量的网站，同时提高网站开发的效率。

2.1.1 网站策划

网站建设是一项由多种专业人员分工协作的工作，因此，在进行网站建设之前，首先应对网站的内容进行策划。

在进行任何商业策划时，都需要以实际的数据作为策划的基础。然后才能根据这些数据进行具体的策划活动。

1．前期调研

在建立网站之前，首先应通过各种调查活动，确定网站的整体规划，并对网站所需要添加的内容进行基本的归纳。

网站策划的调查活动应围绕 3 个主要方面进行，即用户需求调查、竞争对手情况调查以及企业自身情况调查。

❑ **用户需求调查**

用户需求是企业发布网站服务的核心。企业的一切经营行为都应该围绕用户切实的需求来进行。因此，在网站建设之前，了解用户的需求，根据用户需求确定网站服务内容是必须的。

❑ **竞争对手情况调查**

竞争对手是指与企业所服务的用户群体、服务的项目有交集的其他企业。在企业进行网站服务时，了解竞争对手的状态甚至未来的营销策略，将对企业规划网站服务有很大的帮助。

❑ **企业自身情况调查**

"知己知彼，百战不殆"，企业在进行网上商业活动时，除了需要了解对手的情况外，还应了解企业自身的情况，包括企业的实际技术水平、资金状况等信息，根据企业自身情况来确定网站服务的规模和项目，做到"量体裁衣"。

2．网站策划

在调查活动完成后，企业还需要对调查的结果进行数据整合与分析，整理所获得的数据，将数据转换为实际的结果，从而定位网站的内容、划分网站的栏目等。同时，还应根据企业自身的技术状况，确定网站所使用的技术方案。

网站的栏目结构划分标准，应尽量符合大多数人理解的习惯。例如，一个典型的企业网站栏目，通常包括企业的简介、新闻、产品。用户的反馈以及联系方式等。产品栏目还可以再划分子栏目，如图 2-1 所示。

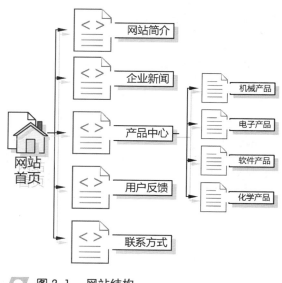

图 2-1　网站结构

2.1.2　网站制作

网站的制作过程主要包括网站的前台界面设计和后台程序开发两个部分。

1．前台界面设计

前台设计工作的作用是设计网站的整体色彩风格，绘制网站所使用的图标、按钮、导航等用户界面元素。同时，还要为网站的页面布局，设计网站的整体效果等。

前台界面是直接面向用户的接口，其设计直接决定了网站页面的界面友好程度，决定用户是否能够获得较好的体验，如图 2-2 所示。

图 2-2　必应

上图为微软公司所开发的必应搜索引擎的界面。相比传统的百度等搜索引擎界面，必应的界面创新地使用了每日更换的精美背景图像，为用户搜索时提供了完美的视觉享受。

除此之外，在必应搜索引擎的页面中，用户可以通过鼠标滑过的方式，查看默认处于隐藏状态的图像介绍信息，使网页的界面更具趣味性。在用户单击右下角的箭头后，还可以更换这些背景图像。

2．页面代码编写

在设计完成网站的界面后，还需要将界面应用到实际的网页中。具体到网站开发中，就是将使用 Photoshop 或 Fireworks 设计的图像转换为网页浏览器可识别的各种代码。

提　示

页面代码编写可使用 Dreamweaver，结合 Photoshop 或 Fireworks 的切片功能，将设计的界面图像展示到网页。

3．后台程序开发

网站的运营以及为用户进行各种服务，依赖于一个运行稳定、高效的后台程序，以及一个结构合理的数据库系统。

后台程序开发的工作，就是根据前台界面的需求，通过程序代码动态地提供各种服务信息。除此之外，还应提供一个简洁的管理界面，为后期网站的维护打下基础。

网站建设的技术发展十分迅速，企业在建设网站时，往往具有多种技术方案可供选择。例如 Windows Server 操作系统+SQL Server 数据库+ASP.NET 技术，或 Linux 操作系统+MySQL 数据库+PHP 技术等。

常用的后台程序开发语言主要包括 ASP、C#、Java、Perl、PHP 等 5 种。其中，C# 语言主要用于微软公司 Windows 服务器系统的 ASP.NET 后台程序中；Java 可用于多种服务器操作系统的 JSP 后台程序中；Perl 可用于多种服务器操作系统的 CGI 以及 fast CGI （CGI 的改编版本）后台程序中；PHP 可用于多种服务器操作系统的 PHP 后台程序中。

2.1.3　网站维护

在完成网站的前台界面设计和后台程序开发后，还应对网站进行测试、发布和维护等工作，进一步地完善网站的内容。

1．网站测试

严格的网站测试可以尽可能地避免网站在运营时出现种种问题。这些测试包括测试网站页面链接的有效性，网站文档的完整性、正确性以及后台程序和数据库的稳定性等项目。

2．网站发布

在完成测试后，即可通过 FTP、SFTP 或 SSH 等文件传输方式，将制作完成的网站上传到服务器中，并开通服务器的网络，使其能够进行各种对外服务。

网站的发布还包括网站的宣传和推广等工作。使用各种搜索引擎优化工具对网站的内容进行优化，可以提高网站被用户检索的几率，提高网站的访问量。对于绝大多数商业网站而言，访问量就是生命线。

3．网站维护

网站的维护是一项长期而艰巨的工作；包括对服务器的软件、硬件维护，系统升级，数据库优化和更新网站内容等。

用户往往不希望访问更新缓慢的网站，因此，网站的内容要不断地更新。定期对网站界面进行改版也是一种维系用户忠诚度的办法。让用户看得到网站的新内容，可以吸引用户继续对网站保持信任和关注。

2.2 安装与配置 IIS 服务器

在建设网站之前，大多数设计者首先应调试本地计算机，将其设置为服务器，使本地计算机可以对外发布网页，以及支持各种动态网页程序。这就需要在本地计算机中安装 Web 发布服务程序，以及为本地计算机设置各种权限。

● 2.2.1 安装 Internet 信息服务

IIS（Internet Information Server，互联网信息服务）是微软公司开发的一款用于服务器对外发布网站的软件。该软件可以实现创建网站、配制和管理对外发布的网站以及实现站点的 ASP 网页程序的支持功能。

在 IIS 的基础上安装 Microsoft .net Framework 后，还可以使其扩展对 ASP.NET 的支持。IIS 是一个非常重要的 Web 发布软件，安装步骤如下。

1 在 Windows 系统中，执行【开始菜单】|【设置】|【控制面板】命令，打开【控制面板】窗口，单击【添加/删除程序】图标，打开【添加/删除程序】对话框，如图 2-3 所示。

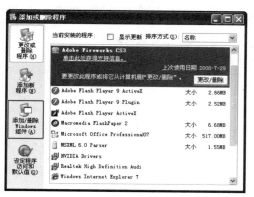

图 2-3 添加/删除 Windows 组件

2 单击对话框左侧的【添加/删除 Windows 组件】图标，打开【Windows 组件向导】对话框，选择【Internet 信息服务】组件，如图 2-4 所示。

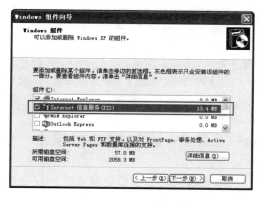

图 2-4 选择 Internet 信息服务

3 单击【详细信息】按钮，在弹出的对话框中选择【Internet 信息服务管理单元】、【公用文件】和【万维网服务】3 个组件，如图 2-5 所示。

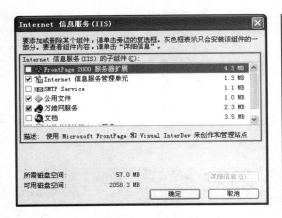

图 2-5 选择 Internet 信息服务组件

4 双击【万维网服务】组件，打开其子组件对话框，选择【万维网服务】子组件，如图 2-6 所示。

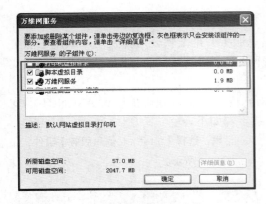

图 2-6 选择【万维网服务】

5 单击【确定】按钮返回【Windows 组件向导】对话框，单击【下一步】按钮，即可安装 IIS，如图 2-7 所示。

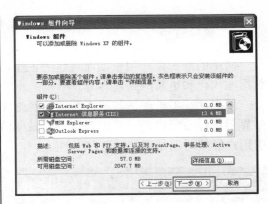

图 2-7 安装 IIS 组件

6 安装好 IIS 后，即可通过右击桌面【我的电脑】图标，执行【管理】命令打开【计算机管理】窗口，通过【服务和应用程序】|【Internet 信息服务】|【网站】|【默认网站】系列目录开始管理 IIS，如图 2-8 所示。

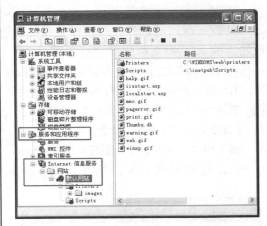

图 2-8 管理默认网站

2.2.2 建立虚拟目录

顾名思义，虚拟目录并非实际存在的目录结构。每个 Internet 服务都可以从多个目录中发布。虚拟目录也是管理网站中文件的目录。

安装好 IIS 服务器之后，可以建立一个目录，并将其设置为 IIS 服务器的虚拟目录，操作步骤如下。

1 打开本地磁盘（F：），创建一个名为 XNML 的文件夹，并在该文件夹中再创建一个名为 site 的文件夹，如图 2-9 所示。

2 打开【计算机管理】程序，在其左侧的目录中右击【默认网站】目录，执行【新建】|【虚拟目录】命令，如图 2-10 所示。

网页设计与网站组建标准教程（2013—2015 版）

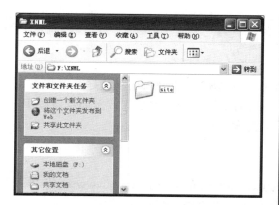

图 2-9　创建虚拟目录所在的文件夹

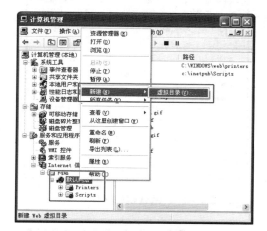

图 2-10　新建虚拟目录

3 打开【虚拟目录创建向导】对话框，单击【下一步】按钮。然后，输入【别名】，如图 2-11 所示。

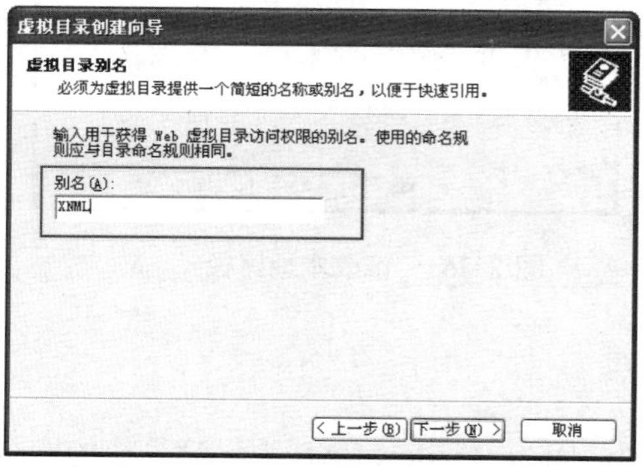

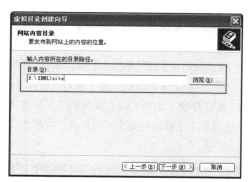

图 2-11　为虚拟目录指定别名

提　示

别名主要指显示在 Internet 信息服务中的一个虚拟目录名称。

4 单击【下一步】按钮，在刷新的对话框中单击【浏览】按钮，在弹出的对话框中指定【网站内容目录】为 "F:\XNML\site"，如图 2-12 所示。

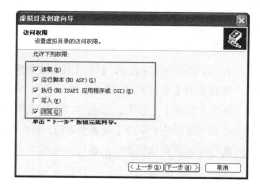

图 2-12　指定虚拟目录的路径

技　巧

将网页直接拷贝到 IIS 的安装目录中，即可直接通过 IE 浏览器访问该网页。

5 单击【下一步】按钮，在复选框中选择需要给与该虚拟目录的相应权限，如图 2-13 所示。

图 2-13　设置虚拟目录的权限

6 单击【下一步】按钮，对话框出现 "已成功完成虚拟目录创建向导" 后即可单击【完成】按钮，完成虚拟目录的创建。

2.2.3 配置 IIS 服务

安装好 IIS 服务后，Windows XP 系统即可支持 ASP 动态网页交互程序。但如果想让 IIS 服务以及 ASP 程序安全、稳定地运行，还需要进行一系列配置。例如，修改 IIS 的 Web 发布目录，以及开启 Windows 防火墙对外发布权限等。

1. 修改 IIS 的 Web 发布目录

在默认情况下，IIS 的 Web 发布目录存放于 Windows 的 "C:\Inetpub\wwwroot" 目录中。为保证系统盘的安全性，首先应将其转移到其他磁盘中。操作步骤如下。

1️⃣ 在桌面右击【我的电脑】图标，执行【管理】命令，打开【计算机管理】窗口，打开【计算机管理（本地）】|【服务和应用程序】|【网站】|【默认网站】系列目录，如图 2-14 所示。

图 2-14 计算机管理

2️⃣ 右击【默认网站】目录，执行【属性】命令。在弹出的【默认网站 属性】对话框中，选择【主目录】选项卡，如图 2-15 所示。

3️⃣ 在该选项卡中，单击【浏览】按钮，将本地路径修改为其他磁盘中的路径，如图 2-16 所示。

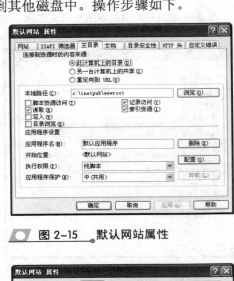

图 2-15 默认网站属性

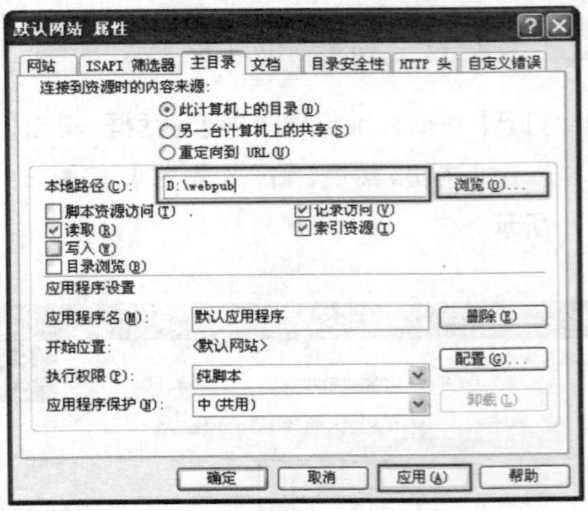

图 2-16 修改本地路径

2. 打开 Windows 防火墙端口

仅安装 IIS 服务是无法对外发布 Web 服务的，因为 Windows XP 为保障系统的安全性，用系统内置的防火墙关闭了所有可能发生危险的端口，其中包括 IIS 服务使用的 80 端口。为使 Web 正常发布，还需要将该端口打开。操作步骤如下。

1 在【开始菜单】执行【控制面板】命令，打开【控制面板】窗口，并单击【安全中心】图标，如图 2-17 所示。

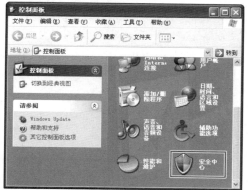

图 2-17　安全中心

2 打开【Windows 安全中心】对话框，单击【Windows 防火墙】图标，如图 2-18 所示。

图 2-18　Windows 安全中心

3 打开【Windows 防火墙】对话框，选择【例外】选项卡，在选项卡中单击【添加端口】按钮，如图 2-19 所示。

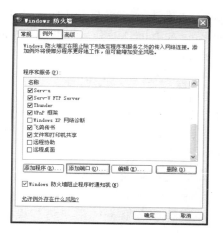

图 2-19　添加开放的端口

4 在弹出的【添加端口】对话框中，输入【名称】为"Web 对外发布"，并输入【端口号】为"80"，单击【确定】按钮，如图 2-20 所示。

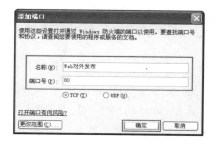

图 2-20　设置例外名称和端口号

5 返回【Windows 防火墙】对话框后，即可单击【确定】按钮，完成对外端口开放的设置。

2.3　创建 Web 站点

用户通常是在本地计算机上创建 Web 页、对 Web 页进行修改和美化。完成这些工作后再将 Web 页上传到 Web 服务器中。

在用户修改 Web 的过程中，可以随时在保存文件后将文件传输至服务器中以对站点进行维护。

2.3.1　了解 Web 站点

Web 站点是网站服务器中一组具有共享属性（如相关主题、类似的设计或服务于共同目的）的链接文档和资源。具备 Web 站点管理功能的软件有很多，例如 Dreamweaver、FrontPage 和 InterDev 等。本书将着重介绍 Dreamweaver 的站点管理功能。

在 Dreamweaver 中，"站点"的含义是指属于某个 Web 站点的文档在本地或远程服务器中的存储位置。使用 Dreamweaver 可以组织和管理 Web 站点中所有的 Web 文档。

Dreamweaver 可以将用户的站点上传到 Web 服务器中，并对站点中的文档进行跟踪和维护。当需要对文档进行修改时，Dreamweaver 可以方便地在本地修改并将文档上传。

组成 Dreamweaver 站点的主要是 3 大部分（目录），其具体区别主要取决于开发环境和所开发的 Web 站点类型。

❏ **本地根目录**

存储正在编辑修改中的文件。此目录通常存储在本地计算机中，当然，也可以将其存储在远程服务器上。如果将其设置于远程服务器上，则每次对文件进行修改后，Dreamweaver 都会将文件上传至远程服务器。

❏ **远程目录**

存储用于测试、制作和协作等用途的文件。远程目录通常位于运行 Web 服务器的计算机中。同样，该目录也可以存储至本地计算机中。

❏ **测试服务器目录**

测试服务器目录是 Dreamweaver 用来处理动态页的目录。

2.3.2 创建 Web 站点

要定义 Dreamweaver 的站点，需要先为其创建一个本地目录。如需要向 Web 服务器传输文件或开发 Web 应用程序，则必须添加远程站点和测试服务器信息。

1 打开 Dreamweaver，执行【站点】|【新建站点】命令，在弹出的【未命名站点 2 的站点定义为】对话框中，输入站点名称，如图 2-21 所示。

图 2-22 所示。

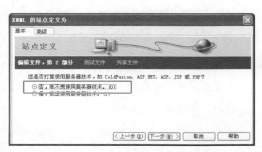

图 2-22 设置是否使用服务器技术

> **提 示**
>
> 如用户需要使用各种服务器技术，可选择【是，我想使用服务器技术】选项，并在之后的选项中选择服务器技术的语言。

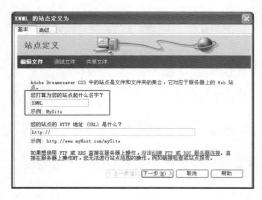

图 2-21 输入站点名称

2 单击【下一步】按钮，在刷新的对话框中选择【否，我不想使用服务器技术】选项，如

3 单击【下一步】按钮，选择【编辑我的计算机上的本地副本，完成后再上传到服务器（推荐）】单选按钮，并在【您将把文件存储

网页设计与网站组建标准教程（2013—2015版）

在计算机上的什么位置？】文本框中，修改当前需要存放文件的目录，如图 2-23 所示。

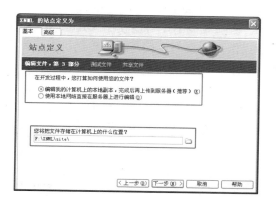

图 2-23 设置编辑方式与目录位置

4　单击【下一步】按钮，在刷新的对话框中设置连接远程服务器的方法，并修改站点的根目录，如图 2-24 所示。

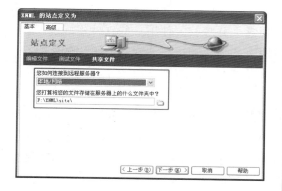

图 2-24 设置连接远程服务器方式

5　单击【下一步】按钮，选择【否，不启用存回和取出】单选按钮，如图 2-25 所示。

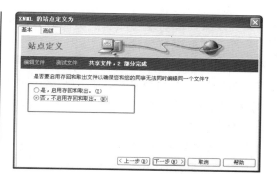

图 2-25 设置存回和取出

提　示

存回和取出是 Dreamweaver 的一项特殊功能。当多个用户编辑同一个网站时，存回和取出选项可以保证不会出现几个用户重复编辑一个网页的情况。

6　单击【下一步】按钮，即可浏览之前的各项设置情况，如发现有设置错误的，可以单击【上一步】按钮返回修改。如确信无误，则可以单击【完成】按钮，结束站点设置，如图 2-26 所示。

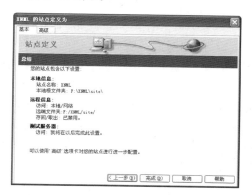

图 2-26 完成站点设置

2.3.3　常用站点测试技巧

站点中的网页文档应确保可以在目标浏览器中正常显示和工作，没有失效的链接，页面下载也不会占用太长时间。

在 Dreamweaver 中，可以测试如下项目，以使站点的页面可以为访问者提供完善的服务。

❑ **确保页面可正常显示**

站点的访问者使用的操作系统、浏览器通常五花八门，作为网页的设计者，有必要在站点发布前即对站点所有的页面进行测试。

并非每种浏览器都支持 CSS 样式表、层、Active 控件、JavaScript 脚本和框架等技术。例如，比较流行的 Firefox 浏览器就根本不支持 Active 控件和 CSS 2.0 标准。

为使站点中的网页在这些浏览器中可以正常、清晰地显示，可以使用 Dreamweaver "检查浏览器" 行为，自动为不符合要求的浏览器提供页面重新定向，将其转到可以正常显示的页面中。

❑ **支持不同的浏览器和平台**

各种不同的浏览器对网页的解析是不同的。在设计好网页后，应针对不同的浏览器编写 CSS 样式的 hack 代码，以保证网页的布局和字体大小等属性在不同浏览器中都可以正常显示。

❑ **检查失效链接**

在设计网页过程中，很容易由于工作的疏忽造成链接的文件位置变化，导致链接失效。在站点发布前应将站点内各网页的超链接全面检查一次，以防止出现失效链接。

设计网页时，如使用到外部的链接，则应经常检查外部链接是否存在。如外部链接不存在，则应及时编辑修改网页。

在检查失效链接时，可以使用 Dreamweaver 自带的【检查站点范围的链接】工具，提高工作效率。

❑ **控制页面文件大小**

使用图像处理软件制作的切片网页，代码通常十分臃肿。使用一些软件生成的代码同样如此。因此在设计完成网页后，应坚持将网页的代码阅读一遍，删除无用的注释语句。首页页面文件应尽量控制在 70 kB 以内，以提高打开的速度。

❑ **控制网页各版块**

在某些浏览器上，对于由大型表格或层布局的页面，可能在加载完整个表格或层之前什么都不显示，这就容易增加访问者等待的时间。因此在设计网页时，应考虑将大型表格或层分为几部分，以做到先载入一部分给访问者浏览，在访问者浏览的同时继续载入其他部分。或者，在页面顶部添加一些动画导航条和 Banner，引开访问者的注意力，防止访问者因等待时间过长而关闭页面。

❑ **图像失效的补救方法**

在网页设计中，应避免在表格或其他网页布局元素（层、框架、嵌入帧）中直接插入图像。因为直接插入图像，如图像失效，则会在页面中产生红叉，影响网页整体观感。且很多设计者在插入图像后便不再为布局元素设置大小，如果图像失效，容易导致网页变形。

比较好的方法是用 CSS 设置网页布局元素的宽与高，然后将要插入的图像设为网页布局元素的背景。如果图像失效，仅会显示为空白。

❑ **检查标题和标签**

当网页设计者设计大量页面时，很容易因工作疏忽而忘记修改页面的标题。因此在整站测试时，应注意检查每个页面的标题是否为默认的 "无标题文档"。

网页通常都是由大量表格或层进行布局的，因此在网页的修改过程中，很容易产生空标签和冗余的标签，甚至缺失的标签。这些标签或许不会影响到页面是否可以打开，但都会影响页面的打开速度。

在 Dreamweaver 中，插入的表格每单元格都会自动插入一个空格符 " "。在测试整站时，应设置单元格的高度，并将这些空格符删除。

2.3.4 验证网页语法错误

验证当前页内容，其主要步骤是验证当前文档是否有标签或语法的错误，操作步骤如下。

1 打开网站的网页文档，执行【文件】|【验证】|【标记】命令，如图 2-27 所示。

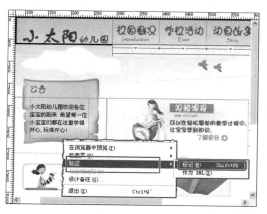

图 2-27 验证标记

2 Dreamweaver 将自行验证整个网页中的标签与语法错误，并在弹出的【结果】面板中显示错误信息，如图 2-28 所示。

3 还可以单击【文档】工具栏中的【验证标记】按钮 ，执行【验证当前文档】命令，同样可以实现对网页中的标签与语法错误的检测，如图 2-29 所示。

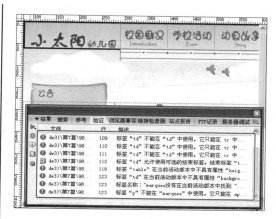

图 2-28 验证显示的结果

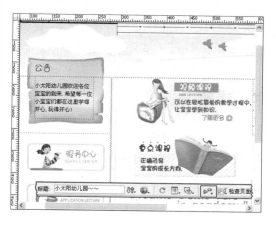

图 2-29 验证标记按钮

2.3.5 检查站点链接

对于大型网站而言，通常拥有几十个甚至上百个页面，设计者在设计网页时，很可能因疏忽而导致链接错误或遗漏。因此,在设计好网页后,应使用 Dreamweaver 中的【链接检查器】检查站点内各网页的内链及外链是否有效。

1 在【结果】面板中,选择【链接检查器】选项卡,单击【检查链接】按钮 ▶,执行【检查整个当前本地站点的链接】命令,如图 2-30 所示。

来,如图 2-32 所示。

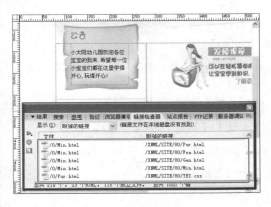

图 2-31 显示检查结果

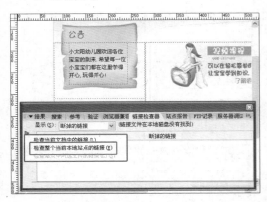

图 2-30 检查整个站点链接

注 意

如只需检查当前文档的链接,可以在单击【检查链接】按钮 ▶ 后,执行【检查当前文档中的链接】命令。

2 如果站点中有文本的链接出现问题,将统一显示在结果的列表中,如图 2-31 所示。

注 意

"检查链接"功能主要用于搜索孤立的文件和断开的链接。该功能可以搜索打开的文件、本地站点的某一部分或者整个本地站点。

3 在显示的结果中,会将错误链接的代码以及所涉及的对象在页面中的位置分别显示出

图 2-32 显示错误的内容

注 意

【显示】列表中,可以选择【断掉的链接】、【外部链接】或者【孤立文件】选项。通过选择不同的列表,可以显示各种失效的链接。

2.4 实验指导:制作"通知"页面

Dreamweaver 支持所见即所得的设计方式。例如,可以通过输入文本,制作一些简单的网页。本例将使用 Dreamweaver 的这个功能,制作一个通知页面,如图 2-33 所示。

网页设计与网站组建标准教程 (2013—2015 版)

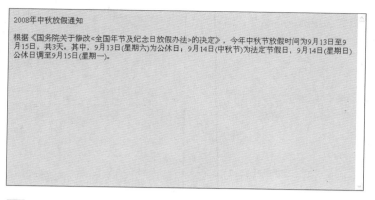

2008年中秋放假通知

根据《国务院关于修改<全国年节及纪念日放假办法>的决定》，今年中秋节放假时间为9月13日至9月15日，共3天。其中，9月13日(星期六)为公休日；9月14日(中秋节)为法定节假日，9月14日(星期日)公休日调至9月15日(星期一)。

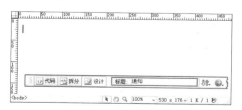 图 2-33　"通知"页面预览效果

操作步骤:

1 打开 Dreamweaver CS3，执行【文件】|【新建】命令，在弹出的对话框中设置参数，并单击【创建】按钮，创建空白文档，如图2-34 所示。

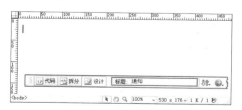 图 2-34　创建空白文档

2 在【文档】工具栏的【标题】文本框中输入文本"通知"，为该网页设置标题，按 Ctrl+S 组合键，将文档保存为 index.html，如图2-35 所示。

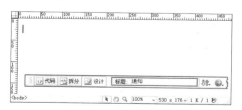 图 2-35　设置网页标题

3 在【属性】面板中，单击【页面属性】按钮，如图 2-36 所示。

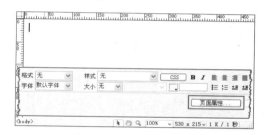

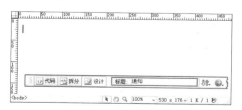 图 2-36　单击页面属性

4 在弹出的【页面属性】对话框中，设置【背景颜色】为 "#AAD5FF"，然后，单击【确定】按钮，如图 2-37 所示。

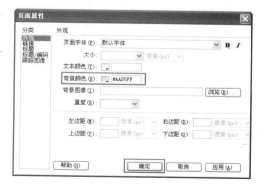

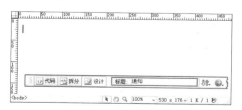 图 2-37　设置背景颜色

5 将光标放置在文档空白区域，输入文本，如图 2-38 所示。

6 按 Ctrl+S 组合键保存文档，单击【文档】工具栏中的【在浏览器中浏览/调试】按钮

，执行【预览在 IEplore】命令，即可浏
览网页，如图 2-39 所示。

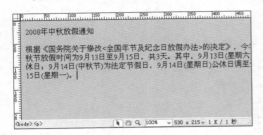

图 2-38 输入文本

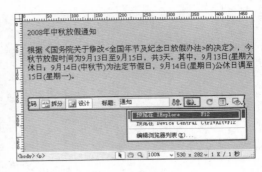

图 2-39 浏览网页

2.5 实验指导：上传代码

网站设计完成后，最终要通过上传，将其发布到 Web 服务器中以供访问。通常网站的上传和发布是通过 FTP（File Transfer Protocol，文件传输协议）进行的。支持 FTP 上传的软件有很多，Dreamweaver 即内置有 FTP 上传功能。

操作步骤：

1 打开 Dreamweaver，执行【站点】|【管理站点】命令，在弹出的【管理站点】对话框中单击【新建】按钮，执行【FTP 与 RDS 服务器】命令，如图 2-40 所示。

图 2-40 新建 FTP 站点

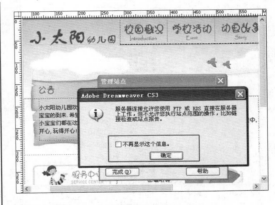

图 2-41 提示对话框

2 在弹出的说明对话框中选择【不再显示这个信息】选项，并单击【确定】按钮，如图 2-41 所示。

3 在弹出的【配置服务器】对话框中设置服务器的【名称】、【访问类型】以及【FTP 主机】、【主机目录】和【登录】名称、【密码】，如图 2-42 所示。

图 2-42 配置服务器

4　单击【测试】按钮即可测试 FTP 服务器是
　否连接成功。如 FTP 服务器可以连接，
　Dreamweaver 将弹出确认的对话框，如图
　2-43 所示。

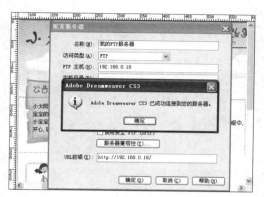

图 2-43　成功连接服务器

5　单击【确定】按钮后，在【文件】面板中即
　可显示当前 FTP 站点的目录，如图 2-44
　所示。

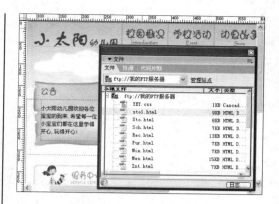

图 2-44　显示 FTP 站点文件目录

6　选择本地站点中所有文件，并将其复制，粘
　贴于 FTP 服务器中，即可完成上传。

2.6　思考与练习

一、填空题

1．网站策划的调查活动应围绕 3 个主要方面进行，即 _____、_____以及企业自身情况调查。

2．前台设计工作的作用是设计_____的整体色彩风格，绘制网站所使用的图标、按钮、导航等用户界面元素。

3．常用的后台程序开发语言主要包括_____、_____、_____、_____、_____等 5 种。

4．_____是微软公司开发的一款用于服务器对外发布网站的软件。

5．Web 站点是网站服务器中一组具有_____的链接文档和资源。

6．组成 Dreamweaver 站点的主要是_____、_____、_____ 3 大部分。

7．与普通的 HTML 文档相比，在 XHTML 文档的第一行增加了_____元素，该元素用来定义网页文档的类型。

二、简答题

1．简单介绍网站策划的组成。

2．概述网站的制作过程。

3．简单介绍 IIS 的安装过程。

4．概述什么是 Web 站点。

5．简单介绍常用的站点测试技巧。

第 3 章

插入文本及图像元素

　　文本和图像是网页中的重要内容，是表述内容的最简单、最基本的载体。使用 Dreamweaver CS5.5，用户可以方便地为网页插入各种文本和图像，使网页更加生动、直观、丰富多彩。

　　本章将详细介绍网页的页面属性、插入文本、段落和列表等文本对象，以及为网页插入图像和设置图像属性的技巧，帮助用户更好地了解文本及图像元素。

本章学习要点：

➢ 掌握页面属性设置
➢ 掌握插入文本
➢ 了解网页图像元素
➢ 掌握图像插入及属性设置

3.1 设置页面属性

Dreamweaver CS5.5 秉承了之前版本的特色，提供可视化的界面帮助用户设置网页的基本属性，包括网页的整体外观、统一的超链接样式、标题样式等。

1. 设置页面属性

在 Dreamweaver 中打开已创建的网页或新建空白网页，然后即可在空白处右击，执行【页面属性】命令，打开【页面属性】对话框，如图 3-1 所示。

在该对话框中，主要包含了 3 个部分，即【分类】的列表菜单、设置区域，以及下方的按钮组等。

用户可在【分类】的列表菜单中选择相应的项目，然后根据右侧更新的设置区域，设置网页的全局属性。

图 3-1 【页面属性】对话框

然后，即可单击下方的【应用】按钮，将更改的设置应用到网页中。用户也可单击【确定】按钮，在应用更改的同时关闭【页面属性】对话框。

> **提　示**
>
> 如用户不希望将更改的设置应用到网页中，则可单击【取消】按钮，取消所有对页面属性的更改，恢复之前的状态。

2. 设置外观（CSS）属性

【外观（CSS）】属性的作用是通过可视化界面为网页创建 CSS 样式规则，定义网页中的文本、背景以及边距等基本属性。

在打开【页面属性】对话框后，默认显示的就是外观（CSS）属性的设置项目。其主要包括 12 种设置，见表 3-1。

表 3-1 外观（CSS）属性设置

属性名	作　用
页面字体	在其右侧的下拉列表菜单中，用户可为网页中的基本文本选择字体类型
B	单击该按钮可设置网页中的基本文本为粗体
I	单击该按钮可设置网页中的基本文本为斜体
大小	在其右侧输入数值并选择单位，可设置网页中的基本文本字体的尺寸
文本颜色	通过颜色拾取器或输入颜色数值设置网页基本文本的前景色
背景颜色	通过颜色拾取器或输入颜色数值设置网页背景颜色
背景图像	单击【浏览】按钮，即可选择背景图像文件。直接输入图像文件的 URL 地址也可以设置背景图像文件

属性名	作　用
重复	如用户为网页设置了背景图像，则可在此设置背景图像小于网页时产生的重复显示
左边距	定义网页内容与左侧浏览器边框的距离
右边距	定义网页内容与右侧浏览器边框的距离
上边距	定义网页内容与顶部浏览器边框的距离
下边距	定义网页内容与底部浏览器边框的距离

在设置网页背景图像的重复显示时，用户可选择 4 种属性，见表 3-2。

表 3-2　背景图像设置

属性名	作　用
no-repeat	禁止背景图像重复显示
repeat	允许背景图像重复显示
repeat-x	只允许背景图像在水平方向重复显示
repeat-y	只允许背景图像在垂直方向重复显示

3．设置外观（HTML）属性

【外观（HTML）】属性的作用是以 HTML 语言的属性来设置页面的外观。其中的一些项目功能与【外观（CSS）】属性相同，但实现的方法不同，如图 3-2 所示。

在【外观（HTML）】属性中，主要包括以下一些设置，见表 3-3。

4．设置链接（CSS）属性

【链接（CSS）】属性的作用是用可视化的方式定义网页文档中超链接的样式。其属性设置见表 3-4。

图 3-2　【外观（HTML）】属性

表 3-3　【外观（HTML）】属性设置

属性名	作　用
背景图像	定义网页背景图像的 URL 地址
背景	定义网页背景颜色
文本	定义普通网页文本的前景色
已访问链接	定义已访问的超链接文本的前景色
链接	定义普通链接文本的前景色
活动链接	定义鼠标单击链接文本时的前景色
左边距	定义网页内容与左侧浏览器边框的距离
上边距	定义网页内容与上方浏览器边框的距离
边距宽度	翻译错误，应为右边距。定义网页内容与右侧浏览器边框的距离
边距高度	翻译错误，应为下边距。定义网页内容与底部浏览器边框的距离

网页设计与网站组建标准教程（2013—2015 版）

表 3-4　设置链接（CSS）属性

属性名	作　　用
链接字体	设置超链接文本的字体
B	选中该按钮，可为超链接文本应用粗体
I	选中该按钮，可为超链接文本应用斜体
大小	设置超链接文本的尺寸
链接颜色	设置普通超链接文本的前景色
变换图像链接	设置鼠标滑过超链接文本的前景色
已访问链接	设置已访问的超链接文本的前景色
活动链接	设置鼠标单击超链接文本的前景色
下划线样式	设置超链接文本的其他样式

Dreamweaver CS5 根据 CSS 样式，定义了 4 种基本的下划线样式供用户选择，见表 3-5。

表 3-5　下划线样式

下划线样式	作　　用
始终有下划线	为所有超链接文本添加始终显示的下划线
始终无下划线	始终隐藏所有超链接文本的下划线
仅在变换图像时显示下划线	定义只在鼠标滑过超链接文本时显示下划线
变换图像时隐藏下划线	定义只在鼠标滑过超链接文本时隐藏下划线

【链接（CSS）】属性所定义的超链接文本样式是全局样式，因此，除非用户为某一个超链接单独设置样式，否则所有超链接文本的样式都将遵从这一属性。

5. 设置标题（CSS）属性

标题是标明文章、作品等内容的简短语句。在网页的各种文章中，标题是不可缺少的内容，是用于标识文章主要内容的重要文本。

在 XHTML 语言中，用户可定义 6 种级别的标题文本。【标题（CSS）】属性的作用就是设置这 6 级标题的样式，包括使用的字体、加粗、倾斜等样式，以及分级的标题尺寸、颜色等，如图 3-3 所示。

6. 设置标题/编码属性

在使用浏览器打开网页文档时，浏览器的标题栏会显示网页文档的名称，这一名称就是网页的标题。【标题/编码】属性可以方便地设置这一标题内容，如图 3-4 所示。

图 3-3　设置【标题（CSS）】属性

图 3-4　设置【标题/编码】属性

除此之外，【标题/编码】属性还可以设置网页文档所使用的语言规范、字符编码等多种属性，见表3-6。

表 3-6　【标题/编码】属性

属　　性	作　　用
标题	定义浏览器标题栏中显示的文本内容
文档类型	定义网页文档所使用的结构语言
编码	定义文档中字符使用的编码
Unicode 标准化表单	当选择 UTF-8 编码时，可选择编码的字符模型
包括 Unicode 签名	在文档中包含一个字节顺序标记
文件文件夹	显示文档所在的目录
站点文件夹	显示本地站点所在的目录

编码是网页所使用的语言编码。目前国内使用较广泛的编码主要包括以下几种，见表3-7。

表 3-7　语言编码

编　　码	说　　明
Unicode（UTF-8）	使用最广泛的万国码，可以显示包括中文在内的多种语言。
简体中文（GB2312）	1981 年发布的汉字计算机编码
简体中文（GB18030）	2000 年发布的汉字计算机编码

7．设置跟踪图像属性

在设计网页时，往往需要先使用 Photoshop 或 Fireworks 等图像设计软件制作一个网页的界面图，然后再使用 Dreamweaver 对网页进行制作。

【跟踪图像】属性的作用是将网页的界面图作为网页的半透明背景，插入到网页中。然后，用户在制作网页时即可根据界面图，决定网页对象的位置等，如图3-5所示。

图 3-5　【跟踪图像】属性

在【跟踪图像】属性中，主要包括两种属性设置，见表3-8。

表 3-8　【跟踪图像】属性

属性	作　　用
跟踪图像	单击【浏览】按钮，即可在弹出的对话框中选择跟踪图像的路径和文件名。除此之外，用户还可直接在其后的输入文本域中输入跟踪图像的 URL 地址
透明度	定义跟踪图像在网页中的透明度，取值范围包括 0%~100%。当选中 0% 时，跟踪图像完全透明，而当选中 100% 时，跟踪图像完全不透明

3.2　插入文本

网页文本几乎是每个网页中必不可少的元素。一般纯网页文本（没有图像、视频等其他元素）具有浏览速度快等优点。在一些大型网站中，文字的主导地位是无可替代的。

3.2.1 输入文本

Dreamweaver 允许用户直接在页面中输入文本，也可以将其他文档中的文本复制并粘贴到页面中。除此之外，还可以从其他文档类型导入文本。

1．直接输入文本

直接输入文本是最常用的插入文本的方式。在 Dreamweaver 中创建一个网页文档，即可直接在【设计视图】中输入英文字母，或切换到中文输入法，输入中文字符，如图 3-6 所示。

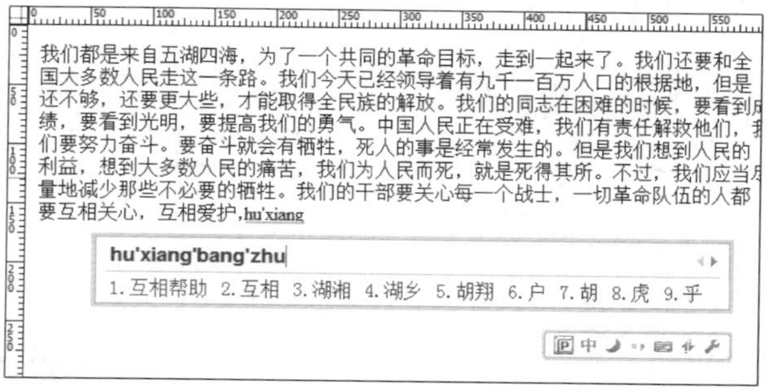

> **提 示**
>
> 除此之外，用户也可以在【代码视图】中相关的 XHTML 标签中输入字符，同样可以将其添加到网页中。

图 3-6　插入文本

2．从外部文件中粘贴

除直接输入外，用户还可以从其他软件或文档中将文本复制到剪贴板中，然后再切换至 Dreamweaver，右击执行【粘贴】命令或按 Ctrl+V 组合键，将文本粘贴到网页文档中，如图 3-7 所示。

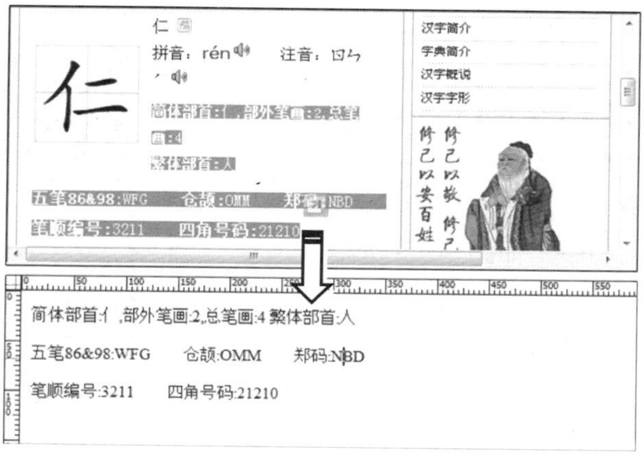

图 3-7　从外部文件中粘贴

除了直接粘贴外，Dreamweaver CS5.5 还提供了选择性粘贴功能，允许用户在复制了文本的情况下，选择性地粘贴文本中某一个部分。

在复制内容后，用户可在 Dreamweaver 打开的网页文档中右击鼠标，执行【选择性粘贴】命令，打开【选择性粘贴】对话框，如图 3-8 所示。

在弹出的【选择性粘贴】对话框中，用户可对多种属性进行设置，见表 3-9。

图 3-8　【选择性粘贴】对话框

表3-9 【选择性粘贴】对话框

属　　性	作　　用
仅文本	仅粘贴文本字符，不保留任何格式
带结构的文本	包含段落、列表和表格等结构的文本
带结构的文本以及基本格式	包含段落、列表、表格以及粗体和斜体的文本
带结构的文本以及全部格式	包含段落、列表、表格以及粗体、斜体和色彩等所有样式的文本
保留换行符	选中该选项后，在粘贴文本时将自动添加换行符号
清理 Word 段落间距	选中该选项后，在复制 Word 文本后将自动清除段落间距
粘贴首选参数	更改选择性粘贴的默认设置

3．从外部文件中导入

Dreamweaver CS5.5 还允许用户从 Word 文档或 Excel 文档中导入文本内容。

在 Dreamweaver 中，将光标定位到导入文本的位置，然后执行【文件】|【导入】|【Word 文档】命令（或【文件】|【导入】|【Excel 文档】命令），选择要导入的 Word 文档或 Excel 文档，即可将文档中的内容导入到网页文档中，如图 3-9 所示。

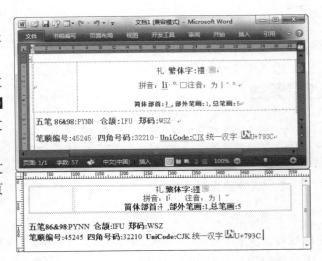

图 3-9 从外部文件中导入

4．插入特殊符号

符号也是文本的一个重要组成部分。使用 Dreamweaver CS5.5，用户除了可以插入键盘允许输入的符号外，还可以插入一些特殊的符号。

在 Dreamweaver 中，执行【插入】|【特殊字符】命令，即可在弹出的菜单中选择各种特殊符号。或者在【插入】面板中，在列表菜单中选择【文本】，然后单击面板最下方的按钮右侧箭头，亦可在弹出的菜单中选择各种特殊符号，如图 3-10 所示。

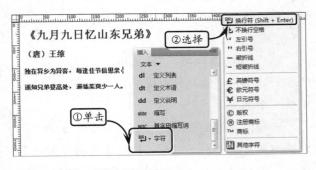

图 3-10 插入特殊符号

Dreamweaver 允许为网页文档插入 12 种基本的特殊符号，见表 3-10。

除了以上 12 种符号以外，用户还可选择【其他字符】选项 ，在弹出的【插入其他字符】对话框中选择更多的字符，如图 3-11 所示。

表 3-10　特殊符号

图　　标	显　　示
字符：换行符（Shift + Enter）	两段间距较小的空格
字符：不换行空格	非间断性的空格
字符：左引号	左引号"
字符：右引号	右引号"
字符：破折线	破折线——
字符：短破折线	短破折号—
字符：英镑符号	英镑符号£
字符：欧元符号	欧元符号€
字符：日元符号	日元符号￥
字符：版权	版权符号©
字符：注册商标	注册商标符号®
字符：商标	商标符号™

提　示

在选中相关的特殊符号后，即可单击按钮，将这些特殊符号插入到网页中。

5. 插入水平线

很多网页都使用水平线将不同类的内容隔开。在 Dreamweaver 中，用户也可方便地插入水平线。

执行【插入】|【HTML】|【水平线】命令，Dreamweaver 就会在光标所在的位置插入水平线，如图 3-12 所示。

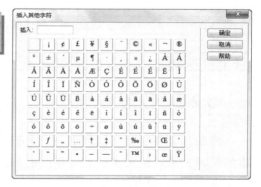

图 3-11　【插入其他字符】对话框

在选中水平线后，即可在【属性】检查器中设置水平线的各种属性，如图 3-13 所示。

图 3-12　插入水平线

图 3-13　设置属性

水平线的属性并不复杂，主要包括以下一些种类，见表 3-11。

表 3-11　水平线属性

属性名	作　　用
水平线	设置水平线的 ID
宽和高	设置水平线的宽度和高度，单位可以是像素或百分比
对齐	指定水平线的对齐方式，包括默认、左对齐、居中对齐和右对齐
阴影	可为水平线添加投影

设置水平线的宽度为 1，然后设置其高度为较大的值，可得到垂直线。

6．插入日期

Dreamweaver 还支持为网页插入本地计算机当前的时间和日期。执行【插入】|【日期】命令，或在【插入】面板中，在列表菜单中选择【常用】，然后单击【日期】按钮，即可打开【插入日期】对话框，如图 3-14 所示。

在【插入日期】对话框中，允许用户设置各种格式，见表 3-12。

表 3-12　【插入日期】属性

选项名称	作　用
星期格式	在选项的下拉列表中可选择中文或英文的星期格式，也可选择不要星期
日期格式	在选项框中可选择要插入的日期格式
时间格式	在该项的下拉列表中可选择时间格式或者不要时间
储存时自动更新	如选中该复选框，则每次保存网页文档时都会自动更新插入的日期时间

3.2.2　段落格式化

段落是多个文本语句的集合。对于较多的文本内容，使用段落可以清晰地体现出文本的逻辑关系，使文本更加美观，也更易于阅读。在网页文档的设计视图中，每输入一段文本，按 Enter 键后，Dreamweaver 会自动为文本插入段落，如图 3-15 所示。

在 Dreamweaver 中，允许用户使用【属性】面板设置段落的格式，如图 3-16 所示。

图 3-15　插入段落

图 3-16　设置属性

3.2.3　插入项目列表

项目列表，又被称作无序列表，是网页文档中最基本的列表形式。下面将详细介绍怎样在 Dreamweaver CS5.5 中创建项目列表、嵌套项目列表和设置项目列表的样式等内容。

1．创建项目列表

在 Dreamweaver CS5.5 中，用户可以通过可视化的操作插入项目列表。执行【插入】

|【HTML】|【文本对象】|【项目列表】命令，即可插入一个空的项目列表，如图 3-17 所示。

在默认情况下，项目列表的每个列表项目之前都会带有一个圆点"·"作为项目符号。在输入第一个列表项目后，用户可直接按 Enter 键，创建下一个列表项目，并依次输入列表项目的内容。

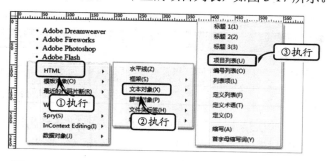

2．嵌套项目列表

项目列表是可嵌套的，用户可以方便地将一个新的项目列表作为已有项目列表的列表项目，插入到网页文档中。

在已有项目列表中创建一个空列表项目，然后即可选中该列表项目，右击鼠标执行【列表】|【缩进】命令，创建子项目列表，如图 3-18 所示。

为子项目列表添加列表项目的方法与直接添加列表项目类似，用户只需要按 Enter 键即可。

图 3-17　创建项目列表

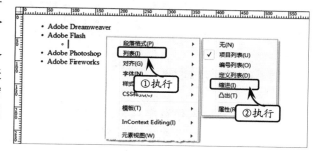

图 3-18　创建子项目列表

提 示

在默认状态下，插入的项目列表中每一个列表项目的符号均为实心圆形"·"。而项目列表的子项目符号则采用的是空心圆形"○"项目符号以示区别。

根据实际需要，用户也可将子项目列表提升级别，将其转换为父级的项目列表。选中子项目列表的列表项目，然后即可右击鼠标，执行【列表】|【凸出】命令，实现列表项目级别的转换。

3．设置项目列表的样式

项目列表中的文本内容，其格式设置与普通的段落文本类似。用户可直接选中项目列表内的文本，在【属性】检查器中设置这些文本的粗体或斜体等功能。

除了设置项目列表中文本的样式，Dreamweaver 还允许用户设置项目列表中列表项目本身的样式。在选中项目列表的某一个列表项目后，用户即可在【属性】检查器中单击【列表项目】按钮，在弹出的【列表属性】对话框中设置整个列表或某个列表项目的样式，如图 3-19 所示。

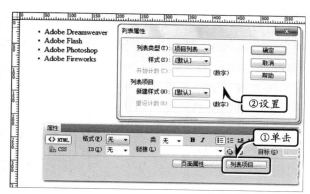

图 3-19　设置属性

在【列表属性】对话框中，允许设置项目列表的 3 种属性，见表 3-13。

表 3-13　【列表属性】对话框

属性名	作　　用
列表类型	用于将项目列表转换为其他类型的列表
样式	定义项目列表中所有的列表项目符号样式
新建样式	定义当前选择的列表项目符号样式

在默认情况下，项目列表的列表项目符号为圆形的"项目符号"。用户可方便地设置整个列表或列表中某个项目的符号为"方形"。

提　示

如需要设置进阶的项目列表的样式，可为项目列表符号编写 CSS 样式表代码，以实现更复杂的样式定义。关于 CSS 样式表，请参考之后的相关章节。

3.2.4　编号列表

编号列表，又被称作有序列表，其与项目列表的最大区别在于编号列表的列表项目符号往往为数字或字母等有顺序的字符。

1．创建编号列表

创建编号列表的方法与创建项目列表类似，用户可直接执行【插入】|【HTML】|【文本对象】|【编号列表】命令，插入一个空的编号列表，如图3-20 所示。

在默认状态下，编号列表的每个列表项目之前都会带有一个数字作为项目符号。在输入第一个列表项目后，用户可直接按 Enter 键，创建下一个列表项目，并依次输入列表项目的内容。

项目符号的顺序是按照这些项目排列的顺序定义的。如果用户在两个项目之间插入一个新的项目，Dreamweaver 会自动重排列列表项目，如图 3-21 所示。

2．嵌套编号列表

与项目列表不同的是，在

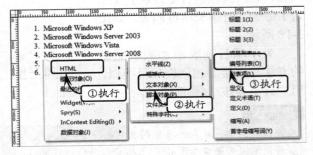

图 3-20　创建编号列表

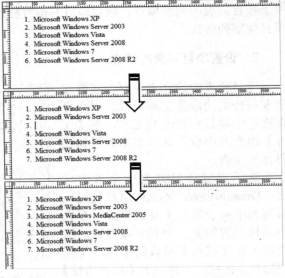

图 3-21　重新排列列表项目

网页设计与网站组建标准教程（2013—2015版）

Dreamweaver 中显示的编号列表在默认情况下只支持一种项目符号，即普通的阿拉伯数字。因此，在嵌套编号列表时，只会重新生成一种项目符号排列的方式。

例如，选中编号列表中的几个连续的列表项目，然后右击鼠标，执行【列表】|【缩进】命令，此时，会自动重新排列父列表的项目符号，同时对子列表也重新排列，如图 3-22 所示。

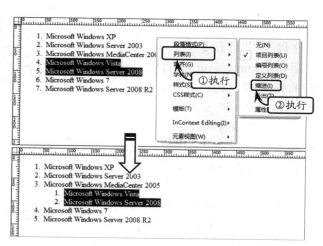

图 3-22 嵌套编号列表

3. 设置编号列表的样式

使用 Dreamweaver CS5.5，用户也可以方便地设置编号列表的样式。在选中编号列表的部分列表项目后，用户即可单击【属性】检查器中的【列表项目】按钮，打开【列表属性】对话框，如图 3-23 所示。

编号列表的【列表属性】对话框比项目列表拥有更多的设置项目，见表 3-14。

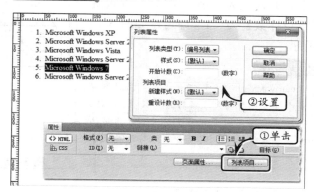

图 3-23 设置编号列表的样式

表 3-14 【列表属性】对话框

属　　性	作　　用
列表类型	用于将编号列表转换为其他类型的列表
样式	设置编号列表中所有列表项目的符号样式
开始计数	定义编号列表计数的开始点
新建样式	定义当前选择的编号列表项目的符号样式
重设计数	定义当前选择编号列表项目计数的开始点

编号列表可使用的项目列表符号主要包括 5 种，见表 3-15。

表 3-15 项目列表符号

项目列表符号	说　　明
数字	默认值，普通阿拉伯数字
小写罗马字母	小写的罗马数字，包括 i,ii,iii,iv 等
大写罗马字母	大写的罗马数字，包括 I,II,III,IV 等
小写字母	小写的拉丁字母，包括 a,b,c,d 等
大写字母	大写的拉丁字母，包括 A,B,C,D 等

例如，设置【样式】为"小写罗马字母"，并设置【开始计数】为"3"之后，Dreamweaver 会自动为编号列表的列表项目进行计数，如图 3-24 所示。

在一个编号列表中，用户也可以截断编号列表的编号序列，为其后的列表项目设置全新的项目符号和计数方式。

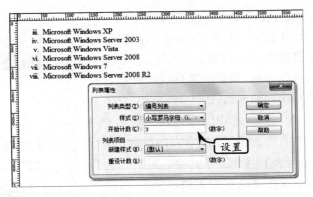

图 3-24 设置属性

选中截断的列表项目，然后在【属性】检查器中单击【列表项目】按钮，在弹出的【列表属性】对话框中设置【新建】样式为"小写字母"，并设置【重设计数】为"1"即可，如图 3-25 所示。

提 示

Dreamweaver CS5.5 不允许用户同时选择多个编号列表的列表项目进行设置。因此，如用户需要同时设置多个编号列表项目的样式和重设计数，需要分别选择这些列表项目进行设置。

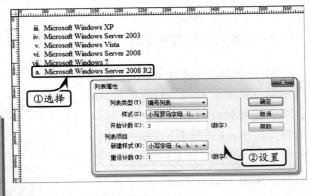

图 3-25 设置属性

3.2.5 定义列表

定义列表是一种特殊的列表，其本身是为词典的词条解释提供一种固定的格式。与之前两种列表不同，定义列表的列表项目包括定义术语和定义两个部分。

创建定义列表的方式与创建之前两种列表类似，用户可直接执行【插入】|【HTML】|【文本对象】|【定义列表】命令，插入定义列表，如图 3-26 所示。

在插入定义列表之后，即可输入定义列表的定义术语部分，并按 Enter 键，在新的行中输入定义部分内容。

定义列表的任何一个项目都包含定义术语和定义两个部分。在输入完成第一个定义列表项目的定义部分

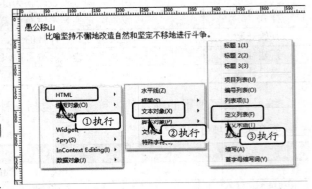

图 3-26 执行命令

后，用户即可再次按 Enter 键，创建一个新的定义列表项目，重新输入定义术语和定义，如图 3-27 所示。

与其他类型的列表类似，在使用定义列表时，用户可以方便地更改定义列表内容的级别。例如，选中定义列表的定义部分，可以右击鼠标，执行【列表】|【缩进】命令，为当前的定义术语添加一个嵌套的定义列表，如图 3-28 所示。

提升嵌套定义列表的方法也非常简单，选中嵌套的定义列表中定义术语和定义等所有部分，然后即可右击鼠标，执行【列表】|【凸出】命令，将嵌套的定义列表提升为上一级定义列表的项目，如图 3-29 所示。

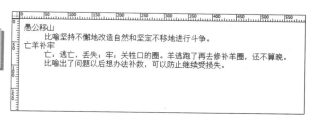

图 3-27 定义列表

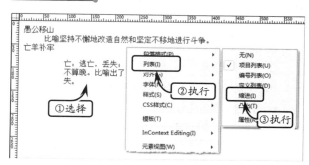

图 3-28 执行命令

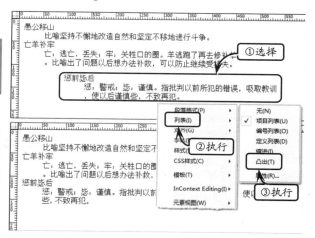

图 3-29 执行命令

3.3 插入图像

网页图像是用于美化网页页面的主要元素，具有直观、生动等特点。而图像在网页中的应用方法并不相同，并且图像会影响网页浏览速度，所以设计网页时要整体考虑图像的数目和大小。

3.3.1 网页图像概述

网页图像格式的不同，导致其影响页面浏览的速度也不相同，所以掌握图像格式方面的知识是必不可少的。虽然存在着很多种图形文件格式，但是在 Web 中，通常使用的只有 GIF、JPEG、PNG 3 种文件格式。

❑ GIF 格式

GIF（Graphic Interchange Format）是 Internet 上应用最广泛的图像文件格式之一，

只有索引色和灰阶图像可以保存为 GIF 格式。因为采用无损压缩方法，体积小，下载速度快，又不失原貌，恰恰适应了 Internet 的需要。

GIF 文件最多使用 256 种颜色，最适合显示色调不连续或具有大面积单一颜色的图像，如导航条、按钮、图标、徽标或其他具有统一色彩和色调的图像。

❑ **JPEG 格式**

JPEG/JPG 是一种全彩的影像压缩格式，对于照片质量和连续色调的图像显示效果很好，与 GIF 一起承担着网络上的图像工作。随着 JPEG 文件品质的提高，文件的大小和下载时间也会随之增加。通常可以通过压缩 JPEG 文件在图像品质和文件大小之间达到良好的平衡。

❑ **PNG 格式**

PNG 是 Macromedia Fireworks 固有的文件格式。文件必须具有.png 文件扩展名才能被 Dreamweaver 识别为 PNG 文件。PNG 格式是一种为互联网创建的新图片格式，支持 Alpha 通道，即图片的透明度可自由更改，这样图片可以呈现半透明。

3.3.2 插入图像

使用 Dreamweaver，可以方便地为网页直接插入各种图像，也可以插入图像占位符。

1．插入普通图像

在 Dreamweaver 中，将光标放置到文档的空白位置，即可插入图像。插入图像有两种方式，一种是通过命令插入图像，执行【插入】|【图像】命令，或按 Ctrl+Alt+I 组合键，然后，即可在弹出的【选择图像源文件】对话框中，选择图像，单击【确定】按钮插入到网页文档中，如图 3-30 所示。

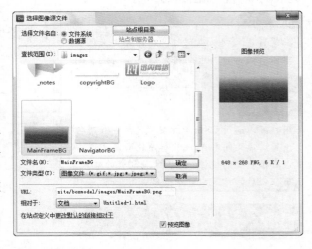

图 3-30 插入普通图像

另一种则是通过【插入】面板插入图像。在【插入】面板中选择【常用】项目，然后即可单击【图像】按钮 ，在弹出的【选择图像源文件】对话框中选择图像，将其插入到网页中，如图 3-31 所示。

图 3-31 插入图像

> **提 示**
>
> 如果在插入图像之前未将文档保存到站点中，则 Dreamweaver 会生成一个对图像文件的 file://绝对路径引用，而非相对路径。只有将文档保存到站点中，Dreamweaver 才会将该绝对路径转换为相对路径。

2．插入图像占位符

在设计网页过程中，并非总能找到合适的图像素材，因此，Dreamweaver 允许用户先插入一个空的图像，等找到合适的图像素材后再将其改为真正的图像，这样的空图像叫做图像占位符。

插入图像占位符的方式与插入普通图像类似，用户可执行【插入】|【图像对象】|【图像占位符】命令，在弹出的【图像占位符】对话框中设置各种属性，然后单击【确定】按钮，如图 3-32 所示。

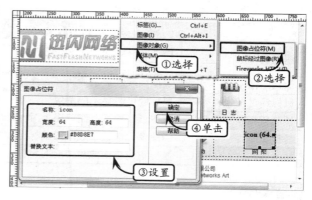

使用图像占位符，可以帮助用户在没有图像素材之前先为网页布局。

图 3-32　设置属性

在【图像占位符】对话框中有多种选项，见表 3-16。

表 3-16　【图像占位符】对话框

选项名称	作　　用
名称	设置图像占位符的名称
宽度	设置图像占位符的宽度，单位为像素
高度	设置图像占位符的高度，单位为像素
颜色	设置图像占位符的颜色，默认为灰色（#d6d6d6）
替换文本	设置图像占位符在网页浏览器中显示的文本

在插入图像占位符后，用户随时可在 Dreamweaver 中单击图像占位符，在弹出的【选择图像源文件】对话框中选择图像，将其替换。

虽然插入的图像占位符可以在网页中显示，但为保持网页美观，在发布网页之前，应将所有图像占位符替换为图像。

3．插入鼠标经过图像

鼠标经过图像是一种在浏览器中查看并可在鼠标经过时发生变化的图像。Dreamweaver 可以通过可视化的方式插入鼠标经过图像。

在 Dreamweaver 中，执行【插入】|【图像对象】|【鼠标经过图像】图像命令，即可打开【插入鼠标经过图像】对话框，如图 3-33 所示。

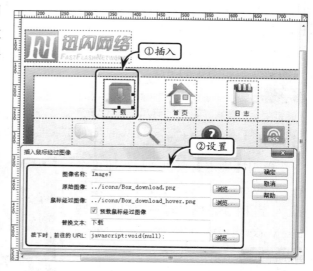

图 3-33　【插入鼠标经过图像】对话框

在该对话框中，包含多种选项，可设置鼠标经过图像的各种属性，见表 3-17。

选项名称	作　　用
图像名称	鼠标经过图像的名称，可由用户自定义，但不能与同页面其他网页对象的名称相同
原始图像	页面加载时显示的图像
鼠标经过图像	鼠标经过时显示的图像
预载鼠标经过图像	选中该选项后，浏览网页时原始图像和鼠标经过图像都将被显示出来
替换文本	当图像无法正常显示或鼠标经过图像时出现的文本注释
按下时，前往的 URL	鼠标单击该图像后转向的目标

表 3-17　鼠标经过图像各种属性

> **提　示**
>
> 虽然在 Dreamweaver 中并未将【按下时，前往的 URL】选项设置为必须的选项，但如用户不设置该选项，Dreamweaver 将自动将该选项设置为井号"#"。

4．插入 Fireworks HTML

Fireworks 是除 Photoshop 之外另一种图像处理软件，主要用于处理各种 Web、RIA 应用程序中的图像，以及生成各种简单的网页脚本。在 Fireworks 中，可执行【导出】命令，将生成的网页脚本及优化后的图像保存为网页。

Dreamweaver 提供了简单的功能，允许用户直接将 Fireworks 生成的 HTML 代码和 JavaScript 脚本插入到网页中，增强了两个软件之间的契合度。

在 Dreamweaver 中，执行【插入】|【图像对象】|Fireworks HTML 命令，即可在弹出的【插入 Fireworks HTML】对话框中单击【浏览】按钮，在弹出的对话框中选择 Fireworks 导出的文件，如图 3-34 所示。

图 3-34　插入 Fireworks HTML

> **提　示**
>
> 如用户不需要再使用这些 Fireworks HTML 文件，可在【Fireworks HTML 文件】下方选择【插入后删除文件】选项，则在插入 Fireworks HTML 文件后，Dreamweaver 将自动删除这些文件。

单击【确定】按钮之后，即可将在 Fireworks 中制作的各种网页图像插入到网页中，同时应用一些 Fireworks 生成的脚本，如图 3-35 所示。

> **提　示**
>
> 除此之外，Dreamweaver 还允许用户直接复制 Fireworks 生成的各种脚本代码以及 CSS 样式，将其粘贴到网页文档中。

图 3-35　Fireworks 生成脚本

5．插入 Photoshop 对象

除了 Fireworks 外，Dreamweaver 还可以跟 Photoshop 进行紧密的结合，直接为网页插入 PSD 格式的文档。同时，还能动态监控 PSD 文档的更新状态。

Photoshop 智能对象是 Dreamweaver CS4 加入的功能。在以往的 Dreamweaver 版本中，也可插入 Photoshop 图像，但是需要将其转换为可用于网页的各种图像，例如，JPEG、JPG、GIF 和 PNG 等。

已插入网页的各种图像将与源 PSD 图像完全断开联系。修改源 PSD 图像后，用户还需要将 PSD 图像转换为 JPEG、JPG、GIF 或 PNG 图像，并重新替换网页中的图像。

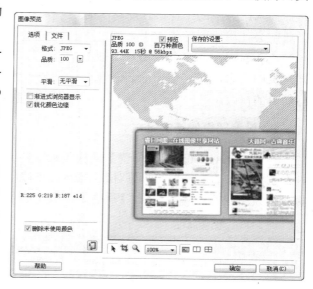

图 3-36　【图像预览】对话框

在 Dreamweaver CS4 及之后的版本中，借鉴了 Photoshop 中的智能对象概念，即允许用户插入智能的 PSD 图像，并维护网页图像与其源 PSD 图像之间的实时连接。

在 Dreamweaver 中，执行【插入】|【图像】命令，在弹出的【选择图像源文件】对话框中选择 PSD 源文件，即可单击【确定】按钮，打开【图像预览】对话框，如图 3-36 所示。

在【图像预览】对话框的【选项】选项卡中，可进行图像的压缩处理设置，包括设置压缩图像的格式、品质等属性。在【图像预览】对话框的【文件】选项卡中，可设置图像的缩放比例、宽度、高度和选择导出图像的区域等属性，如图 3-37 所示。

图 3-37　【文件】选项卡

在完成各项设置后，即可单击【确定】按钮，保存临时产生的镜像图像，并插入到网页中。此时，网页中的图像将显示出智能对象的标志，如图 3-38 所示。

> **提　示**
>
> 在 Photoshop CS5.5 和 Dreamweaver CS5.5 中，已禁止用户复制选区和切片等 Photoshop 对象。

3.3.3 设置图像属性

插入网页中的图像，在默认状态下通常会使用原图像的大小、颜色等属性，Dreamweaver 允许用户根据不同网页的要求，对这些图像的属性进行简单的修改。

图 3-38　显示图像

1. 设置图像的基本属性

在 Dreamweaver 中，【属性】面板是最重要的面板之一。选中不同的网页对象，【属性】面板会自动改换为该网页对象的参数。例如，选中普通的网页图像，【属性】面板就将改换为图像的各属性参数。【属性】面板中的各种图像属性，见表 3-18。

表 3-18　图像属性

属性名	作　用
ID	图像的名称，用于 Dreamweaver 行为或 JavaScript 脚本的引用
宽和高	图像在网页中的宽度和高度
源文件	图像的 URL 位置
对齐	图像在其所属网页容器中的对齐方式
链接	图像上超链接的 URL 地址
替换	当鼠标滑过图像时显示的文本
类	图像所使用的 CSS 类
地图	图像上的热点区域绘制工具
垂直边距	图像距离其所属容器顶部的距离
水平边距	图像距离其所属容器左侧的距离
目标	图像超链接的打开方式
原始	图像的源 PSD 图像 URL 地址
边框	图像的边框大小

2. 拖曳图像尺寸

在图像插入网页后，显示的尺寸默认为图像的原始尺寸。用户除了可以在【属性】检查器中设置图像的尺寸外，还可以通过拖曳的方式设置图像的尺寸。

单击选择图像，然后通过拖曳图像右侧、下方以及右下方的 3 个控制点调节图像的尺寸。在拖曳控制点时，用户不仅可以拖曳某一个控制点，只以垂直或水平方向缩放图像，还可按住 Shift 键锁定图像宽和高的比例关系，成比例地缩放图像，如图 3-39 所示。

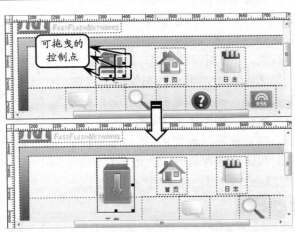

可拖曳的控制点

图 3-39　拖曳图像尺寸

3. 设置图像对齐方式

在网页中，经常需要将图像和文本混排，以节省网页空间。Dreamweaver 可以帮助用户设置网页图像在容器中的对齐方式，共 10 种设置，见表 3-19。

表 3-19　设置图像对齐方式

设置类型	作　　用
默认值	将图像放置于容器基线和底部
基线	将文本或同一段落的其他内容基线与选定的图像底部对齐
顶端	将图像的顶端与当前容器最高项的顶端对齐
居中	将图像的中部与当前容器中文本的中部对齐
底部	将图像的底部与当前行的底部对齐
文本上方	将图像的顶端与文本的最高字符顶端对齐
绝对居中	将图像的中部与当前容器的中部对齐
绝对底部	将图像的底部与当前容器的底部对齐
左对齐	将图像的左侧与容器的左侧对齐
右对齐	将图像的右侧与容器的右侧对齐

为图像应用对齐方式，可以使图像与文本更加紧密结合，实现文本与图像的环绕效果，例如，将文本左对齐等，如图 3-40 所示。

图 3-40　文本左对齐

4. 设置图像边距

当图像与文本混合排列时，默认情况下图像与文本之间是没有空隙的，这将使页面显得十分拥挤。Dreamweaver 可以帮助用户设置图像与文本之间的距离。在【属性】面板中，设置【垂直边距】与【水平边距】，可以方便地增加图像与文本之间的距离，如图 3-41 所示。

图 3-41　设置图像间距

3.4 实验指导：制作歌曲列表

项目列表是一种特殊的文本格式，其作用是突出显示某些文本内容，使其与普通段落文本区分开，或者表述一种逻辑的关系。在 Dreamweaver 中可以制作项目列表，并且还可以设置列表的项目符号。本练习将使用 Dreamweaver 制作一个歌曲列表网页，如图 3-42 所示。

图 3-42 歌曲列表

操作步骤：

1 在 Dreamweaver 中新建空白网页文档，设置其【标题】为"歌曲列表"，并将其保存。单击【页面属性】按钮，设置【背景颜色】为"#CCCC99"，如图 3-43 所示。

图 3-43 设置文档背景

2 在光标位置处输入"歌曲列表"文本，在【文本】选项卡中单击【项目列表】按钮 ul，插入项目符号，如图 3-44 所示。

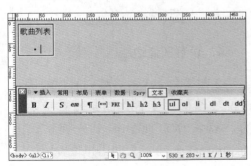

图 3-44 插入项目符号

3 在其项目符号右侧输入第一个歌手名称"张韶涵"，并按 Enter 键换行，插入下 1 行项目符号，如图 3-45 所示。

图 3-45 创建第 2 个项目符号

4 在第 2 行项目符号后输入歌曲名称文本,按 Enter 键插入第 3 行项目符号。用同样方法,输入所有要显示的文本,如图 3-46 所示。

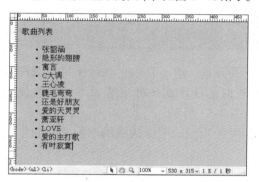

图 3-46 创建项目列表

5 选择张韶涵下面歌曲名称文本,在【属性】面板中单击【文本缩进】按钮 ,创建 2 级项目列表,如图 3-47 所示。

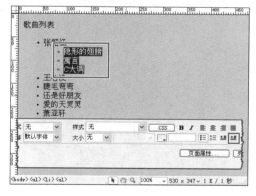

图 3-47 创建 2 级列表

6 选择 2 级项目列表,在【属性】面板中单击【编号列表】按钮 ,将二级项目列表转换为二级编号列表,如图 3-48 所示。

7 按照上述方法,分别创建其他歌手文本下方

的二级编号列表,如图 3-49 所示。

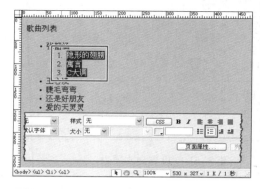

图 3-48 创建二级编号列表

图 3-49 创建二级编号列表

8 选择"歌曲列表"文本,在【属性】面板中选择【格式】下拉列表中的【标题 1】选项,设置列表标题,如图 3-50 所示。

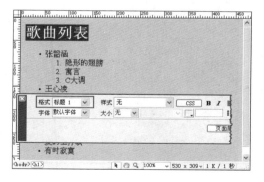

图 3-50 设置列表标题

9 选择标题下方的所有列表,在【属性】面板中设置【大小】为"14"像素,保存该文档,如图 3-51 所示。

图 3-51 设置文本属性

3.5 实验指导：制作卡通按钮

按钮通常是网页中提供链接到其他页面的一种元素，使用 Dreamweaver 可以制作按钮，并为其添加一些动画效果，例如，鼠标滑过时的图像切换效果等。本练习将使用 Dreamweaver 制作一组卡通风格的动画按钮，如图 3-52 所示。

一个带有动画效果的卡通按钮通常是由两张大小相同的图像构成的，因此在制作之前应先为每个按钮准备两个图像。

图 3-52 导航条预览效果

操作步骤：

1 新建 Dreamweaver 空白文档，设置其【标题】为"卡通导航条"，并将其保存。单击【页面属性】按钮，如图 3-53 所示。

2 在打开的【页面属性】对话框中，单击【背景图像】的【浏览】按钮，打开【选择图像源文件】对话框，选择本书配套光盘相关文

件夹中的素材"bg.jpg"，单击【确定】按
钮，如图3-54所示。

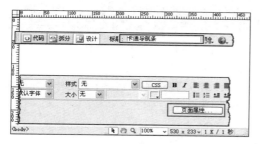

图 3-53 设置文档背景

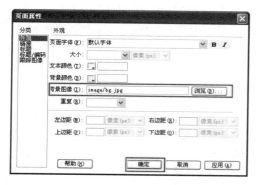

图 3-54 新建文档

3 单击【常用】选项卡中的【鼠标经过图像】
按钮 ，在弹出的【插入鼠标经过图像】
对话框中，分别单击【原始图像】和【鼠标
经过图像】的【浏览】按钮，为其设置素材
图像的位置，如图3-55所示。

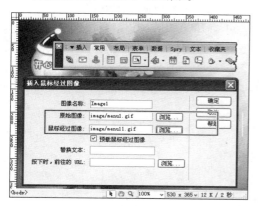

图 3-55 插入鼠标经过图像

4 选择插入后的按钮图像，在【属性】面板的
【替换】文本框中输入"开心一刻栏目"文

本，如图3-56所示。

图 3-56 为按钮添加提示文字

5 在图像按钮右侧的光标处，单击【鼠标经过
图像】按钮 ，分别选择【原始图像】和
【鼠标经过图像】的图片后，在【替换】文
本框中输入按钮的描述文本，如图 3-57
所示。

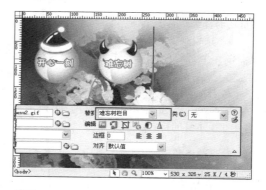

图 3-57 为按钮添加提示文字

6 按照相同方法，创建第三个鼠标经过图像按
钮，如图3-58所示。

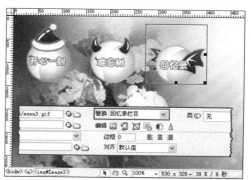

图 3-58 鼠标经过图像

3.6 思考与练习

一、填空题

1．在【页面属性】对话框中，主要包含 3 个部分，即【分类】的_____、_____，以及下方的按钮组等。

2．【外观（CSS）】属性的作用是通过可视化界面为网页创建_____样式规则，定义网页中的_____、_____以及边距等基本属性。

3．Dreamweaver CS5.5 提供了_____，允许用户在复制了文本的情况下，选择性地粘贴文本中某一个部分。

4．对于较多的文本内容，使用_____可以清晰地体现出文本的逻辑关系，使文本更加美观，也更易于阅读。

5．在默认情况下，_____的每个列表项目之前都会带有一个圆点"·"作为项目符号。

6．项目列表是_____的，用户可以方便地将一个新的项目列表作为已有项目列表的_____，插入到网页文档中。

7．除了设置项目列表中文本的样式，Dreamweaver 还允许用户设置项目列表中_____本身的样式。

二、选择题

1．在默认状态下，编号列表的每个列表项目之前都会带有一个_____作为项目符号。

　　A．标签
　　B．数字

　　C．逗号
　　D．加号

2．编号列表在默认情况下只支持一种项目符号，即普通的_____。

　　A．英文
　　B．GB2312
　　C．阿拉伯数字
　　D．小数点

3．定义列表是一种特殊的列表，其本身是为_____的词条解释提供一种固定的格式。

　　A．词典
　　B．书目
　　C．词语
　　D．目录

4．GIF 文件最多使用_____种颜色，最适合显示色调不连续或具有大面积单一颜色的图像。

　　A．125
　　B．512
　　C．1024
　　D．256

三、简答题

1．概述设置页面属性的作用。
2．简单介绍对段落进行格式化的方法。
3．简单介绍网页图像的概念。
4．简单介绍插入图像的几种方法。

第4章

链接及多媒体应用

在网页中，超链接可以帮助用户从一个页面跳转到另一个页面，也可以帮助用户跳转到当前页面指定的标记位置。可以说，超链接是连接网站中所有内容的桥梁，是网页最重要的组成部分。

同样，在网页中适当地添加一些多媒体元素，可以给浏览者的听觉或视觉带来强烈的震撼，从而能够留下深刻的印象。在网页中可以插入的多媒体元素有很多种，如网页中的背景音乐或 MTV 等。

在本章节中，主要介绍如何创建链接、插入多媒体元素以及各种多媒体及链接的应用，使读者能够更好地理解链接及多媒体的应用，方便用户创建自己的媒体网页。

本章学习要点：

➢ 掌握超级链接的应用
➢ 了解 Flash 的类型
➢ 掌握 Flash 的插入与编辑
➢ 了解音频文件的格式
➢ 掌握音频文件的插入与设置
➢ 掌握表格的应用

4.1 超级链接

在设置存储 Web 站点文档的站点和创建 HTML 页之后，需要创建文档到文档的链接。Dreamweaver 提供多种创建链接的方法，可创建到文档、图像、多媒体文件或可下载软件的链接、可以建立到文档内任意位置的任何文本或图像的链接，包括标题、列表、表、绝对定位的元素（AP 元素）或框架中的文本或图像。

4.1.1 关于文件路径

了解从作为链接起点的文档到作为链接目标的文档之间的文件路径对于创建链接至关重要。每个 Web 页面都有一个唯一地址，称作统一资源定位器（URL）。不过，在创建本地链接（即从一个文档到同一站点上另一个文档的链接）时，通常不指定作为链接目标的文档的完整 URL，而是指定一个始于当前文档或站点根文件夹的相对路径。有 3 种类型的链接路径。

1. 绝对路径

绝对路径是提供所链接文档的完整 URL，而且包括所使用的协议（如对于 Web 页面，通常使用 http://），如 http://weather.news.sina.com.cn/，如图 4-1 所示。

必须使用绝对路径，才能链接到其他服务器上的文档。对本地链接（即到同一站点内文档的链接）也可以使用绝对路径链接，但不建议采用这种方式，因为一旦将此站点移动到其他域，则所有本地绝对路径链接都将断开。通过对本地链接使用相对路径，还能够在需要在站点内移动文件时提高灵活性。

> **注　意**
>
> 当插入图像（非链接）时，可以使用指向远程服务器上的图像（在本地硬盘驱动器上不可用的图像）的绝对路径。

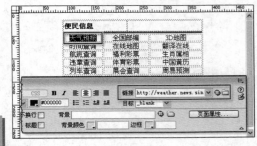

图 4-1　创建绝对路径

2. 文档相对路径

对于整体 Web 站点来说，文档相对路径通常是最合适的路径。文档相对路径还可用于链接到其他文件夹中的网页文件，方法是利用文件夹层次结构，指定从当前文档到所链接文档的路径。

文档相对路径的基本思想是省略对于当前文档和所链接的文档都相同的绝对路径部分，而只提供不同的路径部分。假设一个站点的结构如图 4-2 所示。

若要从 contents.html 链接到 hours.html（两个文件位于同一文件夹中），可使用相对路径 hours.html。若要链接到 tips.html（在 resources 子文件夹中），可使用相对路径 resources/tips.html。每出现一个/..斜杠，表示在文件夹层次结构中向下移一级。

网页设计与网站组建标准教程（2013—2015 版）

若要链接到 index.html（位于父文件夹中 contents.html 的上一级），可使用相对路径../index.html。每出现一个../斜杠，表示在文件夹层次结构中向上移一级。

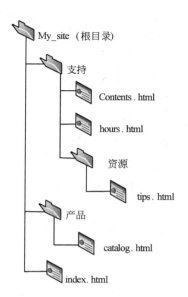

若要链接到 catalog.html（位于父文件夹的其他子文件夹中），可使用相对路径 ../products/catalog.html。其中，../向上移至父文件夹，而 products/向下移至 products 子文件夹中。

此时，当用户将整个站点文件夹（如 My_site）移动到其他磁盘（如从 E 盘移至 F 盘），则该文件夹内所有文件保持彼此间的相对路径不变，此时不需要更新这些文件间的文档相对链接。但是，在移动包含文档相对链接的单个文件，或移动由文档相对链接确定目标的单个文件时，则必须更新这些链接。

3．站点根目录相对路径

站点根目录相对路径描述从站点的根文件夹到文 **图 4-2** 站点结构
档的路径。如果在处理使用多个服务器的大型 Web 站点，或者在使用承载多个站点的服务器，则可能需要使用这些路径。不过，如果不熟悉此类型的路径，最好坚持使用文档相对路径。

站点根目录相对路径以一个正斜杠开始，该正斜杠表示站点根文件夹。例如，/support/tips.html 是文件（tips.html）的站点根目录相对路径，该文件位于站点根文件夹的 support 子文件夹中。

如果需要经常在 Web 站点的不同文件夹之间移动 HTML 文件，那么站点根目录相对路径通常是指定链接的最佳方法。移动包含站点根目录相对链接的文档时，不需要更改这些链接。

但是，如果移动或重命名由站点根目录相对链接所指向的文档，则即使文档之间的相对路径没有改变，也必须更新这些链接。例如，如果移动某个文件夹，则必须更新指向该文件夹中文件的所有站点根目录相对链接。

●--- 4.1.2　超链接的类型

在互联网中，几乎所有的资源都是通过超链接连接在一起的。合理使用的超链接可以使网页更有条理和灵活性，也可以使用户更方便地找到所需的资源。根据超链接的载体，可以将超链接分为两大类，即文本链接和图像链接。

文本链接是以文本作为载体的超链接。当用户用鼠标单击超链接的载体文本时，网页浏览器将自动跳转到链接所指向的路径。在各种网页浏览器中，文本链接包括 4 种状态，介绍如下。

❑ 普通

最普通的超链接状态。所有新打开的网页中，普通状态是超链接最基本的状态。在

IE 浏览器中，默认显示为蓝色带下划线，如图 4-3 所示。

❑ **鼠标滑过**

当鼠标滑过该超链接文本时的状态。虽然多数浏览器不会为鼠标滑过的超链接添加样式，但用户可以对其进行修改，使之变为新的样式，如图 4-4 所示。

❑ **鼠标单击**

当鼠标在超链接文本上按下时，超链接文本的状态。在 IE 浏览器中，默认为无下划线的橙色，如图 4-5 所示。

❑ **已访问**

当鼠标已单击访问过该超链接，且在浏览器的历史记录中可找到访问记录时的状态。在 IE 浏览器中，默认为紫红色带下划线，如图 4-6 所示。

以图像为载体的超链接，叫做图像链接。在 IE 浏览器中，默认会为所有带超链接的图像增加一个 2 像素宽度的边框。

如该超链接已被访问过，且可在浏览器的历史记录中查到访问记录，则 IE 浏览器默认会为该图像链接添加一个紫红色的 2 像素边框，如图 4-7 所示。

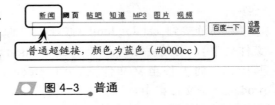

图 4-3 普通

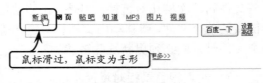

图 4-4 鼠标滑过

图 4-5 鼠标单击

4.1.3 普通链接

通过上述学习，对文件链接有了一个崭新的认识。而网站中，最常见到的超级链接是文本与图像，比如网页中的导航菜单。而链接目标一般情况下为其他网站或者同网站中的其他网页等。在图像链接中还包括一个链接方式，那就是热区链接。

1．文本链接

创建文本链接时，首先应选择文本，然后在【插入】面板的【常用】选项卡中，单击【超级链接】按钮 ，打开【超级链接】对话框，如图 4-8 所示。

在【超级链接】对话框中，共包含有 6 种参数设置，其作用见表 4-1。

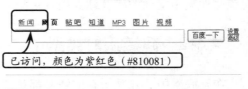

图 4-6 已访问

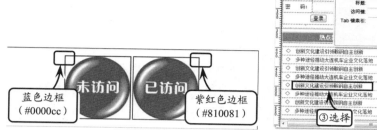

蓝色边框
（#0000cc）

紫红色边框
（#810081）

图 4-7 图像链接

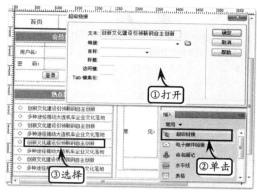

①打开

②单击

③选择

图 4-8 文本链接

表 4-1 【超级链接】对话框

参数名		作　　用
文本		显示在设置超链接时选择的文本，是要设置的超链接文本内容
链接		显示链接的文件路径，单击后面的【文件】图标按钮，可以从打开的对话框中选择要链接的文件
目标		单击其后面的向下箭头，在弹出的下拉菜单中可以选择链接到的目标框架
	_blank	将链接文件载入到新的未命名浏览器中
	_parent	将链接文件载入到父框架集或包含该链接的框架窗口中。如果包含该链接的框架不是嵌套的，则链接文件将载入到整个浏览器窗口中
	_self	将链接文件作为链接载入同一框架或窗口中。本目标是默认的，所以通常无须指定
	_top	将链接文件载入到整个浏览器窗口并删除所有框架
标题		显示鼠标经过链接文本所显示的文字信息
访问键		在其中设置键盘快捷键以便在浏览器中选择该超级链接
Tab 键索引		设置 Tab 键顺序的编号

　　在【超级链接】对话框中，根据需求进行相关的参数设置，然后单击右侧的【确定】按钮即可。此时，被选中的文本将变成带下划线的蓝色文字，如图 4-9 所示。

　　除此之外，用户在 Dreamweaver 中执行【插入】|【超级链接】命令，也可以打开【超级链接】对话框，为文本添加超级链接。在为文本添加超级链接后，用户还可以在【属性】检查器的【HTML】选项卡 HTML，修改链接的地址、标题、目标等属性，如图 4-10 所示。

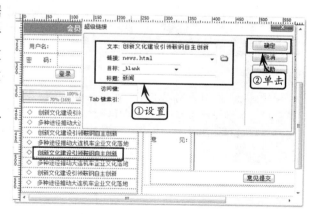

①设置

②单击

图 4-9 超级链接

单击【属性】检查器的【页面属性】按钮，在弹出的对话框中可以修改网页中超级链接的样式。

2．图像链接

在 Dreamweaver 中，除了可以为文本添加超级链接外，还可以为图像添加超级链接。首先选中图像，然后在【属性】检查器中【链接】右侧的文本框中输入超链接的地址，如图 4-11 所示。

在为图像添加超级链接后，图像的四周带有一条蓝色的边框。此时，用户可以在【属性】面板的【边框】文本框中输入 0，以消除该边框，如图 4-12 所示。

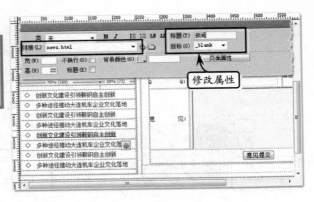

图 4-10　修改属性

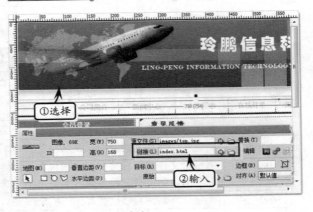

图 4-11　修改链接

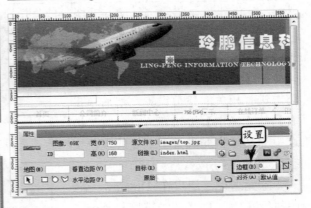

图 4-12　设置边框

3．热区链接

热区链接是一种特殊的超链接形式，又被称作图像地图，其作用是为图像的某一部分添加超链接，实现一个图像多个链接的效果。

❑ 矩形热点链接

矩形热点链接是最常见的热点链接。在文档中选择图像，单击【属性】检查器中的

【矩形热点工具】按钮□，当鼠标光标
变为十字形十之后，即可在图像上绘
制热点区域，如图 4-13 所示。

在绘制完热点区域后，用户即可
在【属性】检查器中设置热点区域的
各种属性，包括链接、目标、替换以
及地图等。其中，【地图】参数的作用
是为热区设置一个唯一的 ID，以供脚
本调用，如图 4-14 所示。

❏ **圆形热点链接**

Dreamweaver 允许用户为网页中
的图像绘制椭圆形热点链接。在文档
中选择图像，然后在【属性】检查器
中单击【圆形热点工具】按钮○，当
鼠标光标转变为十字形十后，即可绘
制圆形热点链接，如图 4-15 所示。与
矩形热点链接类似，用户也可在【属
性】检查器中对圆形热点链接进行
编辑。

❏ **多边形热点链接**

对 于 一 些 复 杂 的 图 形，
Dreamweaver 提供了多边形热点链
接，帮助用户绘制不规则的热点链接
区域。

在文档中选择图像，然后在【属
性】检查器中单击【多边形热点工具】
按钮♡，当鼠标光标变为十字形十后，
即可在图像上绘制不规则形状的热点
链接，如图 4-16 所示。其绘制方法类

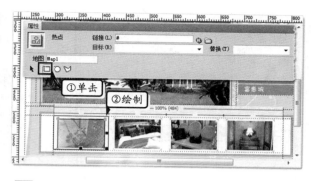

图 4-13 矩形热点链接

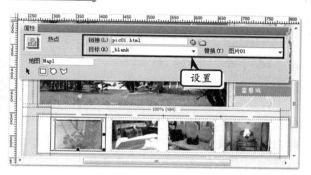

图 4-14 设置属性

图 4-15 圆形热点链接

似一些矢量图像绘制软件（如 Flash 等）中的钢笔工具。首先单击鼠标，在图像中绘制
第一个调节点。

然后，继续在图像上绘制第 2 个、第 3 个调节点，Dreamweaver 会自动将这些调节
点连接成一个闭合的图形，如图 4-17 所示。

当不再需要绘制调节点时，右击鼠标，退出多边形热点绘制状态。此时，鼠标光标
将变回普通的样式，如图 4-18 所示。

用户也可以在【属性】检查器中单击【指针热点工具】按钮▶，同样可以退出多边
形热点区域的绘制。

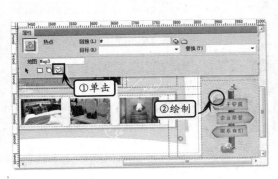

图 4-16　绘制调节点

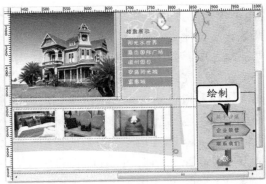

图 4-17　绘制闭合图形

4.1.4　特殊链接

在超级链接中，除了对文本、图像和热点的链接外，还有常见的电子邮箱、下载和锚记等链接方式。无论链接的内容是什么，都可以通过文本或者图像作为链接的载体。

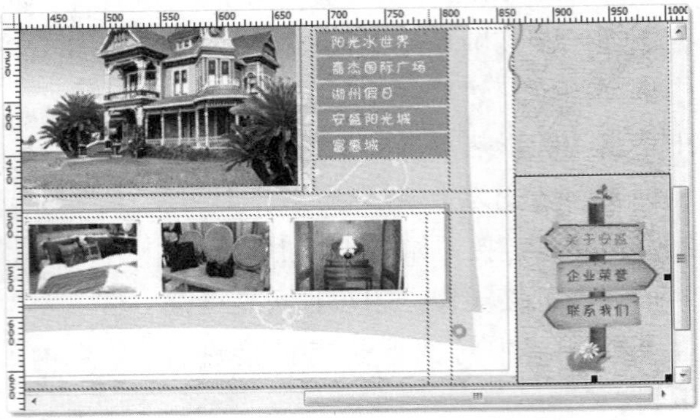

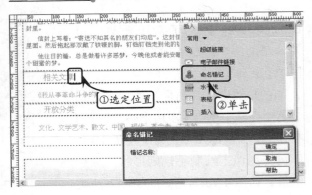

图 4-18　完成绘制

1. 锚记链接

锚记链接是网页中一种特殊的超链接形式。普通的超链接只能链接到互联网或本地计算机中的某一个文件，例如，网页、图像等。而锚记链接则常常被用来实现到特定的主题或者文档顶部的跳转链接，使访问者能够快速浏览到选定的位置，加快信息检索速度。

创建锚记链接时，需要首先在文档中创建一个命名锚记，作为超链接的目标。将光标放置在网页文档中选定的位置后，即可在【插入】面板中

图 4-19　命名锚记

选择【常用】选项卡，单击【命名锚记】按钮 ![命名锚记] ，打开【命名锚记】对话框，如图 4-19 所示。

在弹出的【命名锚记】对话框中，用户可以设置一个锚记的名称，然后，即可在该位置插入锚记的标志，如图 4-20 所示。

提　示

在为文本或者图像设置锚记名称时，注意锚记名称不能含有空格，而且不应置于层内。设置完成后，如果命名锚记没有出现在插入点，可以执行【查看】|【可视化助理】|【不可见元素】命令。

除了从【插入】面板中插入命名锚记外，用户还可以执行【插入】|【命名锚记】命令，同样可以打开【命名锚记】对话框，为网页文档插入命名锚记。

在创建命名锚记之后，即可为网页文档添加锚记链接。添加锚记链接的方式与插入文本链接类似，执行【插入】|【超级链接】命令，打开【超级链接】对话框，即可在对话框中设置其【链接】为以井号"#"加锚记名称，如图 4-21 所示。由于创建的锚记链接属于当前文档内部，因此可以将链接的目标设置为"_self"。

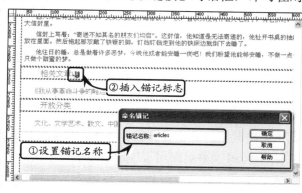

图 4-20 设置锚记

2. 邮件链接

电子邮件链接也是一种超链接形式。其与普通的超链接不同之处在于，当用户单击电子邮件链接后，打开链接的并非网页浏览器，而是本地计算机的邮件收发软件。

Dreamweaver 提供了便捷的插入电子邮件链接的方式。首先，选中需要插入电子邮件地址的文本，然后，在【插入】面板中选择【常用】选项卡，单击【电子邮件链接】按钮，即可打开【电子邮件链接】对话框。

在弹出的【电子邮件链接】对话框中，包括两个参数，即【文本】和Email。其中，【文本】参数用于设置选定的文本内容，而 Email 参数则用于设置电子邮件地址，如图 4-22 所示。

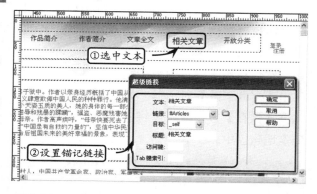

图 4-21 设置属性

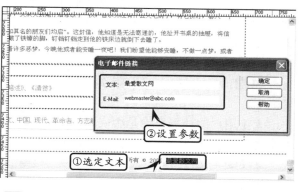

图 4-22 邮件链接

在完成参数设置后，即可单击【确定】按钮，完成插入电子邮件链接。与插入其他类型链接类似，用户也可执行【插入】|【电子邮件链接】命令，同样也可打开【电子邮件链接】对话框，进行相关的设置。

提 示

用户也可用插入普通链接的方式，插入电子邮件链接。其区别在于，插入普通超级链接需要为文本设置超级链接的 URL 地址，而插入电子邮件链接，则需要设置以电子邮件协议头 "mailto:" 加电子邮件地址的内容。例如，需要为某个文本添加电子邮件链接，将其链接到 "abc@abc.com"，可以直接在【属性】面板中设置其超链接地址为 mailto:abc@abc.com。

3．下载链接

下载是通过网络进行传输文件保存到本地计算机上的一种网络活动。而要使网页具有下载功能，需要在页面中制作下载链接。其中，被链接的对象可以包含多种，如 Word 文档、Excel 文件、应用程序等。为避免单击下载链接直接打开文件内容，可以将其修改为压缩文件格式。

图 4-23　创建下载链接

下载链接的创建方法与普通链接相同，只是在设置链接目标时选择的不是图像或者网页，如图 4-23 所示。

然后在预览网页中单击链接文本后，会弹出【文件下载】对话框，如图 4-24 所示，单击【保存】按钮就可以将链接的软件下载到本地磁盘中。

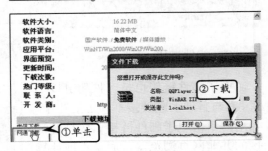

图 4-24　预览下载链接

4.2　插入 Flash 多媒体

通常情况下，网页中的多数多媒体文件是由 Flash 制作完成，并且将其文件插入到文档的合适位置。目前，Flash 在网页中应用较为广泛，并且可以替代多个网页的其他元素，如导航条、按钮、Banner 和影视等等。

4.2.1　Flash 文件类型

无论用户的计算机上是否安装了 Flash 软件，都可以使用 Flash 元素。在插入 Flash 元素之前，先对以下几种不同的 Flash 文件类型有所了解。

❏ **Flash 文件(.fla)**

所有项目的源文件，在 Flash 程序中创建。此类型的文件只能在 Flash 中打开（而不是在 Dreamweaver 或浏览器中打开）。可以在 Flash 中打开 Flash 文件，然后将它导出为 SWF 或 SWT 文件以便在浏览器中使用。

❏ **Flash SWF 文件(.swf)**

Flash (.fla)文件的压缩版本，已进行了优化以便在 Web 上查看。此文件可以在浏览器中播放并且可以在 Dreamweaver 中进行预览，但不能在 Flash 软件中编辑。一般 Flash

按钮、Banner 和 Flash 文本，都使用该文件类型。

❑ **Flash 模板文件(.swt)**

这些文件能够修改和替换 Flash SWF 文件中的信息。这些文件用于 Flash 按钮对象，能够用自己的文本或链接修改模板，以便创建要插入在文档中的自定义 SWF。

❑ **Flash 元素文件(.swc)**

一种 Flash SWF 文件，通过将此类文件合并到 Web 页，可以创建丰富的 Internet 应用程序。Flash 元素有可自定义的参数，通过修改这些参数可以执行不同的应用程序功能。

❑ **Flash 视频文件格式(.flv)**

一种视频文件，它包含经过编码的音频和视频数据，用于通过 Flash Player 进行传送。例如，如果有 QuickTime 或 Windows Media 视频文件，可以使用编码器将视频文件转换为 FLV 文件。

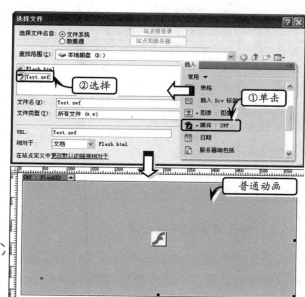

图 4-25　插入普通 Flash 动画

4.2.2　插入 Flash 内容

使用【文档】窗口插入 Flash 内容（SWF 文件和 Shockwave 影片）后，可以在【文档】窗口和浏览器中进行预览。

1. 普通 Flash 动画

普通 Flash 动画的插入方法非常简单，将光标放在插入 Flash 动画的位置，单击【插入】面板【常用】选项卡中的【媒体：SWF】按钮，在弹出的对话框中选择 Flash 文件，即可在文档中插入一个灰色的方框，其中包含有 Flash 标志，如图 4-25 所示。

在文档中选择该 Flash 文件，【属性】面板中将显示该文件的各个参数，如大小、路径、品质等，如图 4-26 所示。

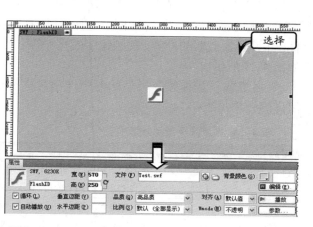

图 4-26　查看属性

SWF【属性】面板中各个选项及作用的详细介绍见表 4-2。

名称	功 能 描 述
ID	为 SWF 文件指定唯一 ID
宽和高	以像素为单位指定影片的高度和宽度
文件	指定 SWF 或 Shockwave 文件的路径
背景	指定影片区域的背景颜色
编辑	启动 Flash 以及更新 FLA 文件
循环	使影片连续播放
自动播放	在加载页面时自动播放影片
垂直边距	指定影片上、下空白的像素数
水平边距	指定影片左、右空白的像素数
品质	在影片播放期间控制抗失真，分为低品质、自动低品质、自动高品质和高品质
比例	确定影片如何适合在宽度和高度文本框中设置的尺寸。默认为显示整个影片
对齐	确定影片在页面中的对齐方式
Wmode	为 SWF 文件设置 Wmode 参数以避免与 DHTML 元素（例如 Spry 构件）相冲突。默认值为不透明
播放	在【文档】窗口中播放影片
参数	打开一个对话框，可在其中输入传递给影片的附加参数

2. 插入累进式下载视频

累进式下载视频即允许用户下载到本地计算机中播放的视频。相比传统的视频，Flash 允许用户在下载的过程中播放视频已下载的部分。

在 Dreamweaver 中创建空白网页，然后即可单击【插入】面板中上的【媒体：FLV】按钮 █▾ 媒体：FLV，在弹出的【插入 FLV】对话框中选择 FLV 视频文件，并设置播放器的外观、视频显示的尺寸等参数，如图 4-27 所示。

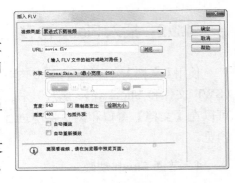

◗ 图 4-27　插入 FLV

"累进式下载视频"类型的各个选项名称及作用详细介绍见表 4-3。

■■■ 表 4-3　累进式下载视频选项

选项名称	作　　用
URL	指定 FLV 文件的相对路径或绝对路径
外观	指定视频组件的外观
宽度	以像素为单位指定 FLV 文件的宽度
高度	以像素为单位指定 FLV 文件的高度
限制高宽比	保持视频组件的宽度和高度之间的比例不变
自动播放	指定在 Web 页面打开时是否播放视频
自动重新播放	指定播放控件在视频播放完之后是否返回起始位置

在完成设置后，文档中将会出现一个带有 Flash Video 图标的灰色方框，该方框的位置，就是插入的 FLV 视频位置。选中该视频，即可在【属性】面板中重新设置 FLV 视

频的尺寸、文件 URL 地址、外观等参数，如图 4-28 所示。

保存该文档并预览效果，可以发现一个生动的多媒体视频显示在网页中。当鼠标经过该视频时，将显示播放控制条；反之离开该视频，则隐藏播放控制条，如图 4-29 所示。

3. 插入流媒体

流视频是比累进式下载视频安全性更好、更适合版权管理的一种视频发布方式。相比累进式下载的视频，流视频的用户无法通过完成下载将视频保存到本地计算机中，使用流视频需要建立相应的流视频服务器，通过特殊的协议提供视频来源。

使用 Dreamweaver CS5.5，用户也可以方便地插入流视频。单击【插入】面板【常用】选项卡中的【媒体：FLV】按钮 ，在弹出的【插入 FLV】对话框中选择【视频类型】为"流视频"，然后在该对话框的下面将显示相应的选项，如图 4-30 所示。

"流视频"类型的各个选项名称及作用详细介绍见表 4-4。

设置完成后，文档中同样会出现一个带有 Flash Video 图标的灰色方框，此时还可以在【属性】面板中重新设置 FLV 视

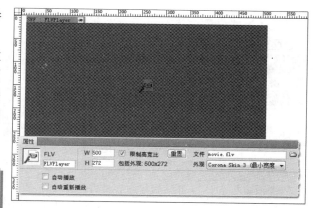

图 4-28　查看属性

图 4-29　播放 FLASH

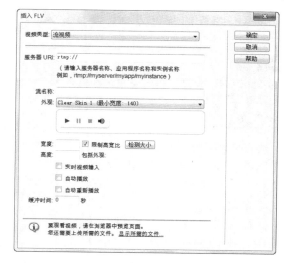

图 4-30　插入流媒体

频的尺寸、服务器 URI、外观等参数。

表 4-4 流媒体选项

选项名称	作　用
服务器 URI	指定服务器名称、应用程序名称和实例名称
流名称	指定想要播放的 FLV 文件的名称。扩展名.flv 是可选的
外观	指定视频组件的外观。所选外观的预览会显示在【外观】弹出菜单的下方
宽度	以像素为单位指定 FLV 文件的宽度
高度	以像素为单位指定 FLV 文件的高度
限制高宽比	保持视频组件的宽度和高度之间的比例不变。默认情况下会选择此选项
实时视频输入	指定视频内容是否是实时的
自动播放	指定在 Web 页面打开时是否播放视频
自动重新播放	指定播放控件在视频播放完之后是否返回起始位置
缓冲时间	指定在视频开始播放之前进行缓冲处理所需的时间（以秒为单位）

4．插入 Shockwave 视频

Shockwave 是 Web 上用于交互式多媒体的一种标准，并且是一种压缩格式，可使在 Director 中创建的媒体文件被大多数常用浏览器快速下载和播放。

将光标置于要插入 Shockwave 影片的位置，单击【媒体：Shockwave】按钮 ，在弹出的【选择文件】对话框中选择要播放的视频文件，即可在文档中插入一个带有 Shockwave 图标的灰色方框，如图 4-31 所示。

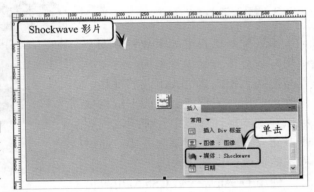

图 4-31 插入 Shockwave 视频

> **提　示**
>
> 使用 Shockwave 除了可以播放 Shockwave 影片外，还可以播放 Flash 动画，以及 WMV、RM 和 MPG 等格式的视频文件。

选择文档中的 Shockwave 文件，在【属性】面板中可以设置视频文件的尺寸、垂直边距、水平边距和对齐方式等参数，如图 4-32 所示。

保存文件后按 F12 快捷键，可以预览网页中的视频效果，如图 4-33 所示。

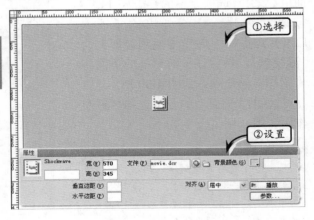

图 4-32 设置属性

5．插入 FlashPaper

如果想要将 Word 文档、PowerPoint 文档或者 Excel 文档发布到网页中，并且希望禁

止其他用户编辑修改，以保护自己的知识产权，可以将其制作成FlashPaper。

　　FlashPaper 与普通的 Flash 动画有所不同，普通的 Flash 动画只能够观看，或者添加超级链接，而 FlashPaper 不仅能够观看，还可以在其中翻页、缩放、搜索，以及打印该文档。

　　在 Dreamweaver CS5.5 中可以直接插入 FlashPaper。单击【插入】面板【常用】选项卡中的【媒体：FlashPaper】按钮 ▼ ·媒体：FlashPaper，在弹出的【插入 FlashPaper】对话框中选择文件源，并设置动画显示的尺寸，如图 4-34 所示。

提　示

因为 FlashPaper 是 Flash 文件，所以文档中将出现一个带有 Flash 标志的灰色方框。

　　保存文档后预览效果。在网页的 Flash 中可以使用右边的滚动条滚动页面。当放大 FlashPaper 中的内容时，其底部会自动出现水平滚动条，让用户能够左右拖动查看内容，如图 4-35 所示。

4.2.3　编辑 Flash 元素

　　插入 Flash 元素与插入图像元素，其设置属性方法相同。用户可以在【属性】面板中，设置 Flash 元素的相关参数。但是，在设置 Flash 动画、Flash 按钮或者 Flash 文本时，则设置属性的方法类似，而设置 Flash 视频时，其设置属性方法有些差异。

1. 设置 Flash 动画参数

　　在插入 Flash 文件的【文档】窗口中，选择需要播放的 Flash 文件，并单击【属性】面板中的【播放】按钮即可，如图 4-36 所示。

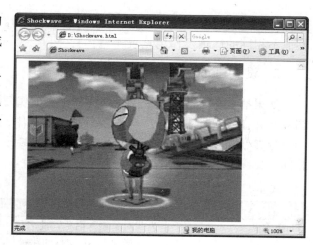

图 4-33　播放动画

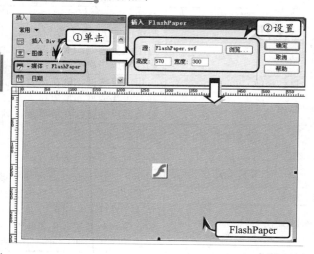

图 4-34　插入 FlashPaper

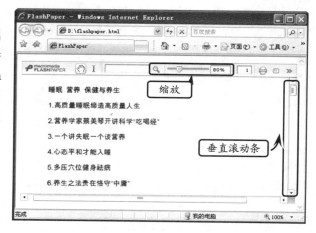

图 4-35　播放视频

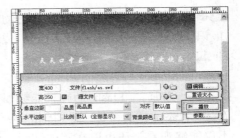

其中，有些选项与图像【属性】面板中的相同，其他不相同的选项及作用见表 4-5。

2. 设置 Flash 视频参数

如果插入 Flash 视频文件，则选择 Flash 视频图标。并在【属性】面板中设置视频参数。其中，一部分参数与【插入 Flash 视频】对话框中的参数相同，如图 4-37 所示。

图 4-36 查看 Flash 动画效果

表 4-5 Flash 属性参数及作用

名　　称		功　能　描　述
Flash 名称		为此对象输入名称，此名称用来标识影片以进行脚本撰写
文件		指定指向 Flash 文件的路径，单击文件夹图标选择文件，或者在文件后的文本框中输入文件的路径
编辑		启动 Flash 修改对象文件。如果没有安装 Flash，则此按钮被禁用
重设大小		将选中的 Flash 对象返回到其初始大小
循环		启用此复选框，Flash 对象在浏览页面时将连续播放，如果没有启用该项，则在播放一次后就停止播放
自动播放		启用该复选框，则在浏览页面时将自动播放影片
品质		在对象播放期间控制抗失真设置越高，对象的效果就越好，这要求更快的处理器以使影片在屏幕上正确显示
比例	默认值	设置显示整个影片
	无边框	使影片适合设定的尺寸，因此无边框显示并维持原始的纵横比
	严格匹配	对影片进行缩放以适合设定的尺寸，而不管纵横比例如何
参数		设置动画播放时的一些内部参数
播放/停止		单击【播放】按钮可以在文档窗口中开始播放对象，可以看到 Flash 对象的实际运行效果，但是这时不能对它进行编辑，而且变成【停止】按钮，再次单击该按钮，可以停止播放，并且能够对对象进行编辑

提　示

不能使用【属性】面板更改视频类型（例如，从"累进式下载"更改为"流式"）。若要更改视频类型，必须删除 Flash 视频组件，然后重新插入该视频组件。

图 4-37 设置 Flash 视频参数

4.3　插入音频文件

早期所制作的网页中，都喜欢添加一些声音文件，以提高网页的多媒体效果。而目前多数网页要达到音频播放效果，则插入一些音频播放器，用于选择音频文件、控制音频文件等。

4.3.1　音频文件格式

在 Dreamweaver 中，用户可以向网页添加声音。有多种不同类型的声音文件和格式，如.wav、.midi 和.mp3。以下描述较为常见的音频文件格式以及每一种格式在网页设计中的一些优缺点。

❑ **.midi 或.mid 格式**

此格式用于器乐。许多浏览器都支持 MIDI 文件，并且不需要插件。MIDI 文件的声音品质非常好。

❑ **.wav 格式**

这些文件具有良好的声音品质，许多浏览器都支持此类格式文件并且不需要插件。可以用 CD、磁带、麦克风等录制 WAV 文件。但是，其文件较大，严格限制了在网页上使用的声音剪辑的长度。

❑ **.aif 格式**

.aiff 格式与.wav 格式类似，也具有较好的声音品质，大多数浏览器都可以播放并且不需要插件。其缺点与.wav 格式文件相同。

❑ **.mp3 格式**

一种压缩格式，它可使声音文件明显缩小。其声音品质非常好，可以对文件进行"流式处理"，以便浏览者不必等待整个文件下载完成即可收听该文件。但是，其文件大小要大于 Real Audio 文件，浏览者必须下载并安装辅助应用程序或插件。

❑ **.ra、.ram、.rpm 或 Real Audio 格式**

此格式具有非常高的压缩度，文件大小要小于.mp3 格式文件。全部歌曲文件可以在合理的时间范围内下载。因为可以在普通的 Web 服务器上对这些文件进行"流式处理"，所以浏览者在文件完全下载完成之前就可听到声音。浏览者必须下载并安装 RealPlayer 辅助应用程序或插件才可以播放这种文件。

❑ **.qt、.qtm、.mov 或 QuickTime 格式**

此格式是由 Apple Computer 开发的音频和视频格式。但是需要特殊的 QuickTime 驱动程序。

除了上面列出的比较常用的格式外，还有许多不同的音频和视频文件格式可在 Web 上使用。

提 示

浏览器不同，处理声音文件的方式也会有很大差异，最好将声音文件添加到一个 Flash SWF 文件中，然后嵌入该 SWF 文件以保障一致性。

4.3.2 插入音频文件

链接到音频文件是将声音添加到网页的一种简单而有效的方法。这种集成声音文件的方法可以使浏览者选择是否要收听该文件，并且使文件可用于最广范围的听众。

在 Dreamweaver CS5.5 中，用户可以通过两种方法为网页插入背景音乐。第一种方法为可视化的操作。在文档中，单击【插入】面板中的【媒体：插件】按钮 媒体 : 插件，在弹出的【选择文件】对话框中选择音频文件，此时文档中出现带有插件图标的灰色方框，如图 4-38 所示。

单击【属性】面板中的【参数】按钮 参数... ，在弹出的【参数】对话框中添加

loop、autostart、mastersound 和 hidden 参数，并为每一个参数设置相应的值，如图 4-39 所示。

除了通过可视化的方式外，用户还可以为网页编写代码，同样可实现背景音乐的播放。将<bgsound>标签添加到网页文档的<head></head>标签之间，然后设置 src、autostart、loop 等属性即可，如下。

```
<head>
  <bgsound src="music.mp3"
  loop="-1" />
</head>
```

<bgsound>标签的作用就是为网页添加一个隐含的背景音乐模块。用户可以通过 5 种属性设置背景音乐，见表 4-6。

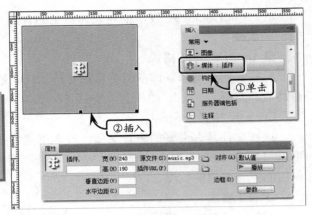

图 4-38　插入音频

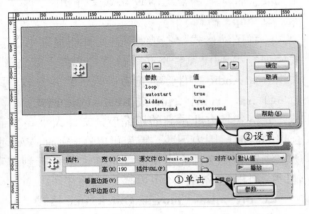

图 4-39　设置参数

表 4-6　<bgsound>标签

属性	作　用
id	背景音乐标签的 ID，用于提供脚本的引用
src	定义背景音乐文件的路径
balance	定义背景音乐播放时的左右声道偏移
loop	定义背景音乐是否循环和循环次数
volume	定义背景音乐的音量

其中，balance 属性的值为-10000 到+10000 之间，表示从左声道到右声道的转换；loop 的值可以是所有正整数或-1 和单词 infinity，分别表示循环播放的次数或无限循环播放；volume 属性的值最大值为 0，最小值为-10000。

4.4 表格应用

在网页设计过程中，为了将网页元素按照一定的序列或位置进行排列，首先需要对页面进行布局，而最简单最传统的布局方式就是使用表格。表格是由行和列组成的，而每一行或每一列又包含有一个或多个单元格，网页元素可以放置在任意一个单元格中。

4.4.1 创建表格

表格是用于在 HTML 页面上显示表格式数据，以及对文本和图像进行布局的强有力的工具。通过表格可以将网页元素放置在指定的位置。

1. 插入表格

在插入表格之前，首先将鼠标光标置于要插入表格的位置，在新建的空白网页中，默认在文档的左上角。

在【插入】面板中，单击【常用】选项卡中的【表格】按钮 田 表格 ，或者单击【布局】选项卡中的【表格】按钮 田 表格 ，在弹出的【表格】对话框中设置相应的参数，即可在文档中插入一个表格，如图 4-40 所示。

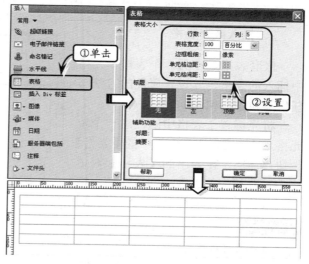

○ 图 4-40 创建表格

提 示

在【插入】面板中默认显示为【常用】选项卡。如果想要切换到其他选项卡，可以单击【插入】面板左上角的选项按钮，在弹出的菜单中执行相应的命令，即切换至指定的选项卡。

在【表格】对话框中，各个选项的作用详细介绍见表 4-7。

表 4-7 表格属性

选　　择		作　　用
行数		指定表格行的数目
列数		指定表格列的数目
表格宽度		以像素或百分比为单位指定表格的宽度
边框粗细		以像素为单位指定表格边框的宽度
单元格边距		指定单元格边框与单元格内容之间的像素值
单元格间距		指定相邻单元格之间的像素值
标题	无	对表格不启用行或列标题
	左	可以将表格的第一列作为标题列，以便为表格中的每一行输入一个标题
	顶部	可以将表格的第一行作为标题行，以便为表格中的每一列输入一个标题
	两者	可以在表格中输入列标题和行标题

选　择	作　用
标题	提供一个显示在表格外的表格标题
摘要	用于输入表格的说明

提　示

当表格宽度的单位为百分比时，表格宽度会随着浏览器窗口的改变而变化；当表格宽度的单位设置为像素时，表格宽度是固定的，不会随着浏览器窗口的改变而变化。

2．插入嵌套表格

嵌套表格是在另一个表格单元格中插入的表格，其设置属性的方法与任何其他表格相同。

将光标置于表格中的任意一个单元格，单击【插入】面板中的【表格】按钮，在弹出的【表格】对话框中设置相应的参数，即可在该表格中插入一个嵌套表格，如图4-41所示。

提　示

父表格的宽度通常使用像素值，为了使嵌套表格的宽度不与父表格发生冲突，嵌套表格通常使用百分比设置宽度。

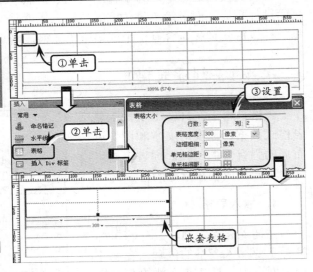

图 4-41　插入嵌套表格

4.4.2　设置表格属性

对于文档中已创建的表格，用户可以通过设置【属性】面板，来更改表格的结构、大小和样式等。单击表格的任意一个边框，可以选择该表格，此时，【属性】面板中将显示该表格的基本属性，如图4-42所示。

表格【属性】面板中的各个选项及作用介绍如下。

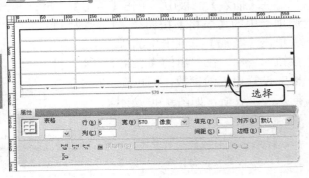

图 4-42　设置表格

□ 表格 ID

表格 ID 是用来设置表格的标识名称，也就是表格的 ID。选择表格，在【ID】文本框中直接输入即可设置，如图4-43所示。

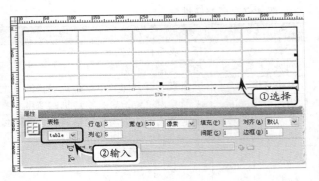

图 4-43　表格 ID

网页设计与网站组建标准教程（2013—2015版）

❑ 行和列

行和列是用来设置表格的行数和列数。选择文档中的表格，即可在【属性】面板中重新设置该表格的行数和列数，如图 4-44 所示。

❑ 宽

宽是用来设置表格的宽度，以像素为单位或者按照所占浏览器窗口宽度的百分比进行计算。在通常情况下，表格的宽度以像素为单位，这样可以防止网页中的元素随着浏览器窗口的变化而发生错位或变形，如图 4-45 所示。

提 示

表格的高度是不可以设置的，但是可以设置行和单元格的高度。

❑ 填充

填充是用来设置表格中单元格内容与单元格边框之间的距离，以像素为单位，如图 4-46 所示。

❑ 间距

间距是用于设置表格中相邻单元格之间的距离，以像素为单位，如图 4-47 所示。

❑ 边框

边框是用来设置表格四周边框的宽度，以像素为单位，如图 4-48 所示。

提 示

如果没有明确指定【填充】、【间距】和【边框】的值，则大多数的浏览器按【边框】和【填充】均设置为 1 且【间距】设置为 2 显示表格。

❑ 对齐

对齐是用于指定表格相对于同一段落中的其他元素（例如文本或图像）的显示位置。在【对齐】下拉列表中可以设置表格为左对齐、右对齐和居中对齐，如图 4-49 所示。

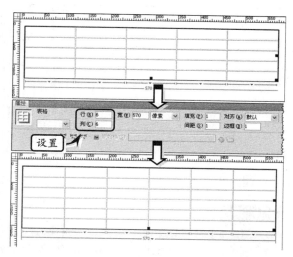

图 4-44　行和列

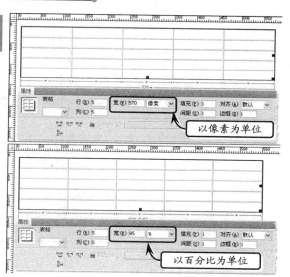

图 4-45　表格的宽度

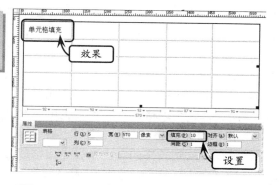

图 4-46　填充

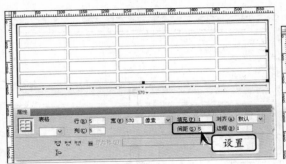

图 4-47 间距

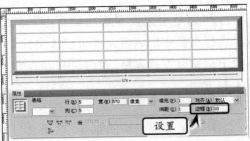

图 4-48 边框

> **提 示**
>
> 当将【对齐】方式设置为"默认"时，其他的内容不显示在表格的旁边。如果想要让其他内容显示在表格的旁边，可以使用"左对齐"或"右对齐"。

另外，在【属性】面板中还有直接设置表格的 4 个按钮，这些按钮可以清除列宽和行高，还可以转换表格宽度的单位，见表 4-8。

表 4-8 【属性】面板

图标	名称	功 能
	清除列宽	清除表格中已设置的列宽
	清除行高	清除表格中已设置的行高
	将表格宽度转换为像素	将表格的宽度转换为以像素为单位
	将表格宽度转换为百分比	将表格的宽度转换为以表格占文档窗口的百分比为单位

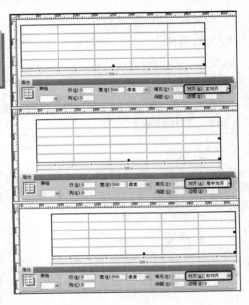

图 4-49 对齐

4.4.3 编辑表格

如果创建的表格不符合网页的设计要求，那么就需要对该表格进行编辑，详细介绍如下。

1. 选择表格元素

在对整个表格以及表格中行、列或单元格进行编辑时，首先需要选择指定的对象。可以一次选择整个表格、行或列，也可以选择一个或多个单独的单元格。

❏ 选择整个表格

将鼠标移动到表格的左上角、上边框或者下边框的任意位置，或者行和列的边框，当鼠标光标变成表格网格图标 时（行和列的边框除外），单击即可选择整个表格，如图 4-50 所示。

提 示

如果将鼠标光标定位到表格边框上，然后按住 Ctrl 键，则将高亮显示该表格的整个表格结构（即表格中的所有单元格）。

将光标置于表格中的任意一个单元格中，单击状态栏中标签选择器上的<table>标签，也可以选择整个表格，如图4-51所示。

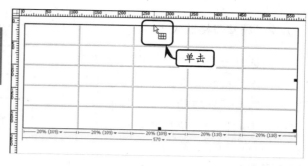

❏ **选择行或列**

选择表格中的行或列，就是选择行中所有连续单元格或者列中所有连续单元格。

将鼠标移动到行的最左端或者列的最上端，当鼠标光标变成选择箭头 ➡ ↓ 时，单击即可选择单个行或列，如图4-52所示。

图 4-50 选择整个表格

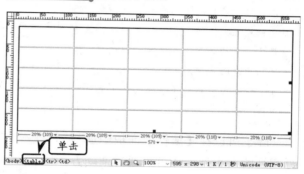

图 4-51 选择表格

提 示

选择单个行或列后，如果按住鼠标不放并拖动，则可以选择多个连续的行或列。

❏ **选择单元格**

将鼠标光标置于表格中的某个单元格，即可选择该单元格。如果想要选择多个连续的单元格，将光标置于单元格中，沿任意方向拖动即可选择，如图4-53所示。

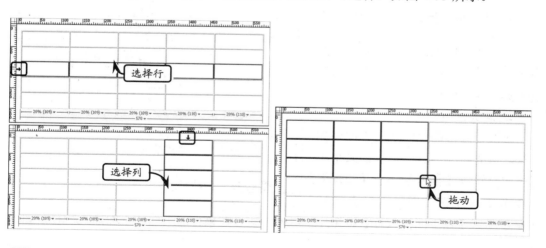

图 4-52 选择行或列　　　　**图 4-53** 选择单元格

将鼠标光标置于任意单元格中，按住 Ctrl 键并同时单击其他单元格，即可以选择多个不连续的单元格，如图4-54所示。

2．调整表格的大小

当选择整个表格后，在表格的右边框、下边框和右下角会出现 3 个控制点。通过鼠标拖动这 3 个控制点，可以使表格横向、纵向或者整体放大或者缩小，如图 4-55 所示。

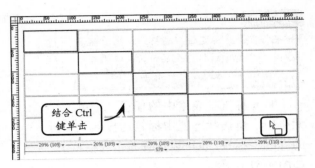

图 4-54 选择单元格

除了可以在【属性】面板中调整行或列的大小外，还可以通过拖动方式来调整其大小。将鼠标移动到单元格的边框上，当光标变成左右箭头 ↔ 或者上下箭头 ↧ 时，单击并横向或纵向拖动鼠标即可改变行或列的大小，如图 4-56 所示。

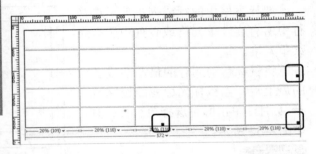

图 4-55 调整表格的大小

3．添加或删除表格行与列

为了使表格根据数据的多少改变为适当的结构，通常需要对表格添加或删除行或者列。

❏ **添加行与列**

想要在某行的上面或者下面添加一行，首先将光标置于该行的某个单元格中，单击【插入】面板【布局】选项卡中的【在上面插入行】按钮

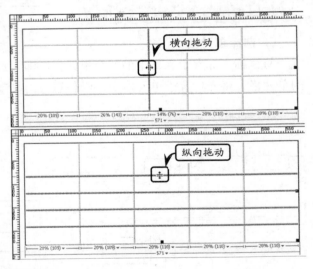

图 4-56 拖动表格

[图] 在上面插入行 或【在下面插入行】按钮 [图] 在下面插入行，即可在该行的上面或下面插入一行，如图 4-57 所示。

想要在某列的左侧或右侧添加一列，首先将光标置于该列的某个单元格中，单击【布局】选项卡中的【在左边插入列】按钮 [图] 在左边插入列 或【在右边插入列】按钮 [图] 在右边插入列，即可在该列的左侧或右侧插入一列，如图 4-58 所示。

右击某行或列的单元格，在弹出的菜单中执行【修改】|【表格】|【插入行】或【插入列】命令，也可以为表格添加行或列。

❑ **删除行或列**

如果想要删除表格中的某行，而不影响其他行中的单元格，可以将光标置于该行的某个单元格中，然后执行【修改】|【表格】|【删除行】命令即可，如图 4-59 所示。

将光标置于列的某个单元格中，执行【修改】|【表格】|【删除列】命令可以删除光标所在的列。

4．合并及拆分单元格

对于不规则的数据排列，可以通过合并或拆分表格中的单元格来满足不同的需求。

❑ **合并单元格**

合并单元格可以将同行或同列中的多个连续单元格合并为一个单元格。

选择两个或两个以上连续的单元格，单击【属性】面板中的【合并所选单元格】按钮，即可将所选的多个单元格合并为一个单元格，如图 4-60 所示。

❑ **拆分单元格**

拆分单元格可以将一个单元格以行或列的形式拆分为多个单元格。

将光标置于要拆分的单元格中，单击【属性】面板中【拆分单元格为行或列】按钮，在弹出的对话框中启用【行】或【列】选项，并设置行数或列数，如图 4-61 所示。

5．复制及粘贴单元格

与网页中的元素相同，表格中的单元格也可以复制与粘贴，并且可以在保留单元格设置的情况下，复制及粘贴多个单元格。

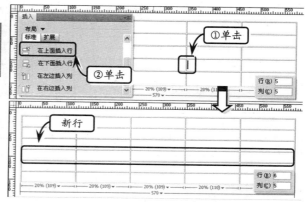

图 4-57　添加行

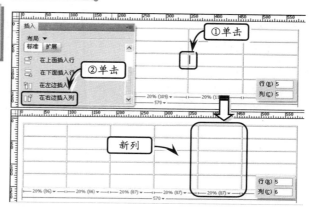

图 4-58　插入列

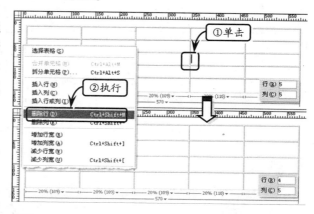

图 4-59　删除行

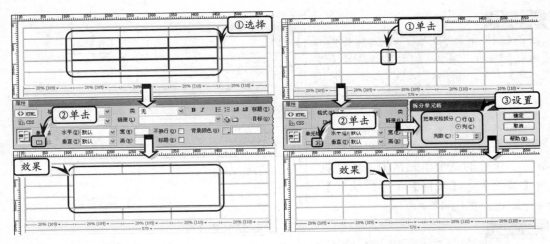

图 4-60 　合并单元格　　　　　　　图 4-61 　拆分单元格

选择要复制的一个或多个单元格，执行【编辑】|【拷贝】命令（快捷键 Ctrl+C），即可复制所选的单元格及其内容，如图 4-62 所示。

选择要粘贴单元格的位置，执行【编辑】|【粘贴】命令（快捷键 Ctrl+V），即可将源单元格的设置及内容粘贴到所选的位置，如图 4-63 所示。

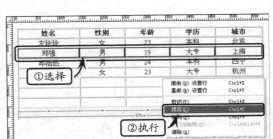

图 4-62 　拷贝表格　　　　　　　图 4-63 　粘贴表格

提 示

用户可以在插入点粘贴选择的单元格或通过粘贴替换现有表格中的所选部分。如果要粘贴多个表格单元格，剪贴板的内容必须和表格的结构或表格中将粘贴这些单元格的所选部分兼容。

4.5　实验指导：制作 Flash 动画

用 Dreamweaver 可以为网页插入多种 Flash 动画文件，例如，普通的 Flash 导航条、Flash 按钮以及 Flash Paper 等。为网页插入 Flash 动画可以使网页显得更逼真、生动。本练习将制作一个插入下雪 Flash 动画的页面，如图 4-64 所示。

图 4-64 下雪动画预览效果

操作步骤:

1. 打开 Dreamweaver CS5.5,新建空白文档,在【文档】工具栏的【标题】文本框中输入"下雪的冬天"文本,保存该文档,如图 4-65 所示。

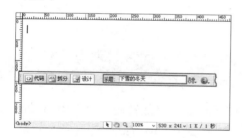

图 4-65 设置文档标题

2. 在【属性】面板中单击【页面属性】按钮,在弹出的【页面属性】对话框中设置其【背景图像】,如图 4-66 所示。

图 4-66 设置背景图像

3. 在光标位置中输入"下雪的冬天"文本,选择该文本,然后在【属性】面板中设置其【大小】为 36px,【文本颜色】为"#FFFFFF",如图 4-67 所示。

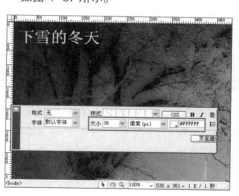

图 4-67 设置文本属性

4. 按 Enter 键换行,在【常用】选项卡中单击【媒体:Flash】按钮,插入准备好的 Flash 文件,如图 4-68 所示。

5. 选择该 Flash 文件,在【属性】面板中设置该文件的【宽】为"900",【高】为"550",如图 4-69 所示。

6. 继续选择该 Flash 文件,在【属性】面板中单击【参数】按钮,打开【参数】对话框。在对话框中设置【参数】为"wmode",并

输入【值】为"transparent",如图 4-70
所示。

图 4-68　插入 Flash 动画

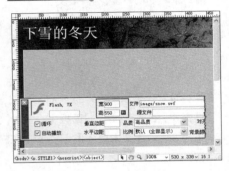

图 4-69　设置文件属性

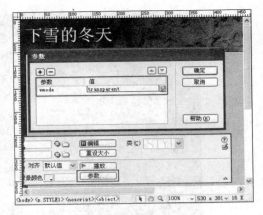

图 4-70　设置 Flash 参数

7 保存该文档,按 F12 快捷键,即可预览下雪
动画的效果。

4.6　实验指导:设置热点链接

　　热点链接是一种特殊的图像超链接。普通的图像超链接仅能转向一个 URL 地址,而
热点链接则可以在一个图像上添加代码,使其可以转向多个 URL 地址,拥有多个超链接。
本练习将使用热点链接,制作一个包含友情链接的页面,如图 4-71 所示。

图 4-71　友情链接网页

操作步骤：

1 在 Dreamweaver 中新建空白文档，设置该文档的【标题】为"友情链接"，如图 4-72 所示。

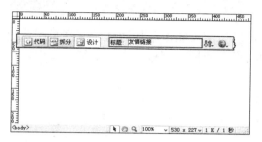

图 4-72　设置文档标题

2 单击【常用】选项卡中的【图像】按钮，在弹出的【选择图像源文件】对话框中，选择本书配套光盘相关文件夹中的素材图像。然后单击【确定】按钮，如图 4-73 所示。

图 4-73　插入图像

3 选择图像，在【属性】面板中单击【矩形热点工具】按钮，然后拖动并绘制矩形热点区域，如图 4-74 所示。

图 4-74　创建热点区域

4 单击【指针热点工具】按钮，选择所创建的热点区域，并在【属性】面板的【链接】文本框中，输入"http://www.baidu.com"，如图 4-75 所示。

图 4-75　设置链接

5 再次选择【矩形热点工具】按钮，继续在图像中绘制矩形热点区域，如图 4-76 所示。

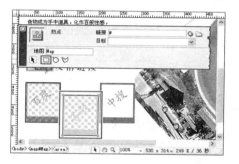

图 4-76　创建热点区域

6 单击【指针热点工具】按钮，选择热点区域，然后在【属性】面板的【链接】文本框中输入链接地址，如图 4-77 所示。

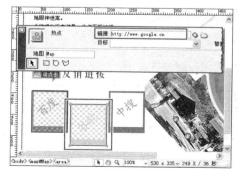

图 4-77　创建链接

7 用相同的方法创建第 3 个热点区域，保存该文档后，即可按 F12 快捷键浏览页面，查看友情链接的效果。

4.7　实验指导：制作"信纸"页面

表格是最常见的网页布局工具，使用表格可以为网页图像添加边框，使网页图像更加美观。本练习将使用表格，为网页图像添加一像素边框，制作一个"信纸"页面，如图 4-78 所示。

图 4-78　信纸页面预览效果

操作步骤：

1 新建空白文档，设置其【标题】为"信纸"。然后单击【常用】选项卡中的【表格】按钮，创建 1 行×1 列的表格，保存该文档，如图 4-79 所示。

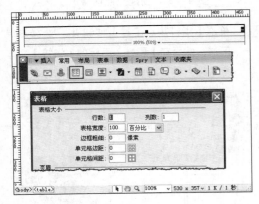

图 4-79　创建表格

2 选择表格，在【属性】面板中设置其【背景颜色】为紫色（#B853D9），【间距】设置为

1，如图 4-80 所示。

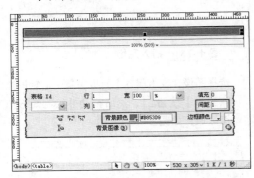

图 4-80　设置表格属性

3 将光标置于单元格中，在【属性】面板中设置单元格的【背景颜色】为 "#FFFFFF"，如图 4-81 所示。

4 单击【常用】选项卡中的【图像】按钮，选择本书配套光盘相关文件夹中的素材 "bg.jpg"，并单击【确定】按钮，如图 4-82

所示。

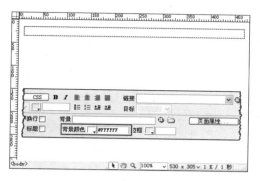

图 4-81 设置单元格属性

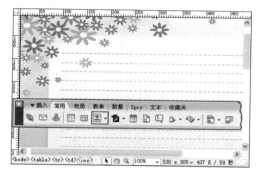

图 4-82 插入图像

5. 再次选择表格，在【属性】面板中设置【宽】为 750 像素，使表格的宽度与图像的宽度相同，如图 4-83 所示。

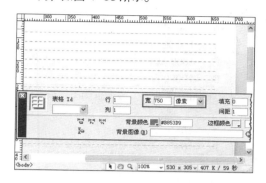

图 4-83 设置表格宽度

6. 保存该文档，按 F12 快捷键即可浏览信纸页面。

4.8 思考与练习

一、填空题

1. _____ 是提供所链接文档的完整 URL，而且包括所使用的协议。

2. 站点根目录相对路径以一个正斜杠开始，该正斜杠表示站点_____。

3. 热区链接是一种特殊的超链接形式，又被称作_____，其作用是为图像的某一部分添加超链接，实现一个图像_____的效果。

4. _____常常被用来实现到特定的主题或者文档顶部的_____，使访问者能够快速浏览到选定的位置。

5. _____即允许用户下载到本地计算机中播放的视频。相比传统的视频，Flash 允许用户在下载的过程中播放视频_____的部分。

6. 在完成设置后，文档中将会出现一个带有 Flash Video 图标的_____，该方框的位置，就是插入_____的位置。

7. 在插入 FLV 文件时，Dreamweaver 将插入检测用户是否拥有可查看视频的正确_____版本的代码。如果用户没有正确的版本，则页面将显示_____，提示用户下载最新版本的 Flash Player。

8. 流视频需要建立相应的流视频_____，通过特殊的协议提供视频来源。

二、选择题

1. _____标签的作用就是为网页添加一个隐含的背景音乐模块，用户可以通过 5 种属性设置背景音乐。

A. <bgsound>

B. <src>

C．<head>

D．<html>

2．balance 属性的值为_____之间，表示从左声道到右声道的转换。

    A．–500 到+500

    B．–100 到+100

    C．–1000 到+1000

    D．–10000 到+10000

3．volume 属性的值最大值为 0，最小值为_____。

    A．–10

    B．–100

    C．–10000

    D．–1000

4．<bgsound>标签嵌入的背景音乐在网页中是_____的，用户在浏览网页时是不能控制背景音乐播放的。

    A．不可见

    B．可见

    C．播放

    D．不播放的

5．_____是用于在 HTML 页面上显示表格式数据，以及对文本和图像进行布局的强有力的工具。

    A．列表

    B．链接

    C．表格

    D．单元格

三、简答题

1．概述超级链接的作用。

2．简单介绍超链接的几种类型。

3．简单介绍 Flash 文件的几种类型。

4．概述音频文件的几种类型格式。

第5章

CSS 基础

在早期的 Web 设计中，网页完全由一些简单排版的文本和图像组成，HTML 语言允许使用一些描述性的标签来对网页进行美化设计。然而随着网页技术的发展，简单的 HTML 标签已不能满足人们对网页美观的要求。于是，W3C 制订了 CSS 的技术规范，希望通过 CSS 来帮助网页设计师们设计出各种精美的网页。

CSS 技术在网页中主要用于布局和美化，与 XHTML 的有机结合可以使 Web 更加结构化、标准化。作为最重要的网页布局与美化工具之一，CSS 在近年普及得非常迅速。国内几乎所有的大型商业网站都在使用 CSS 来为网页布局，并对网页的各种对象进行美化设计。

本章学习要点：

➢ 了解 CSS 样式简介及分类
➢ 掌握 CSS 样式表语法
➢ 掌握添加 CSS 样式
➢ 了解 CSS 选择
➢ 掌握 CSS 属性

5.1 CSS 样式表基础

CSS（Cascading Style Sheet，层叠样式表）是一种用于网页设计、无需编译、由网页浏览器直接解析的标记语言。在网页中，CSS 的作用是对 XHTML 中的对象进行描述和定义，并通过这些描述和定义控制网页中的对象以及网页整体样式。

5.1.1 CSS 样式简介

Dreamweaver 拥有强大的 CSS 编辑功能。在 Dreamweaver 中编辑 CSS，需要使用到 CSS 面板。通过 CSS 面板，可以为网页添加、删除、编辑 CSS 样式代码。

在 Dreamweaver 中执行【窗口】|【CSS 样式】命令（或按 Shift+F11 组合键），即可打开 CSS 面板。该面板分为两个部分，即所有规则部分和样式属性部分。所有规则部分显示当前网页中的所有 CSS 样式，而样式属性部分则列出当前选择的 CSS 样式定义了哪些属性，如图 5-1 所示。

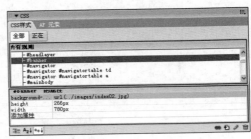

图 5-1 CSS 面板

在 CSS 面板中，可以通过一些按钮来对网页的 CSS 规则进行操作，见表 5-1。

表 5-1 CSS 面板的按钮

按钮	名称	功能	按钮	名称	功能
全部	切换到所有（文档）模式	显示当前网页中所有的 CSS 规则		附加样式表	为网页添加外部 CSS 样式链接
正在	切换到当前选择模式	显示当前选择的网页对象拥有的 CSS 规则		新建 CSS 规则	为网页创建 CSS 样式
	显示类别视图	显示所有 CSS 样式的属性		编辑样式	编辑当前选择的 CSS 样式
Az↓	显示列表视图	显示当前选择的网页对象可使用的 CSS 规则		删除 CSS 规则	删除当前选择的 CSS 样式
**↓	只显示设置属性	显示当前选择的网页对象已使用的 CSS 规则			

使用 Dreamweaver 为网页创建 CSS 规则，可以单击【新建 CSS 规则】按钮，在弹出的【新建 CSS 规则】对话框中设置新 CSS 规则的基本参数，如图 5-2 所示。

在该对话框中，可以创建不同类型的 CSS 样式。其中，对话框中详细参数内容见表 5-2。

图 5-2 新建 CSS 规则

表 5-2　新建 CSS 规则的参数

	选　项	作　用
选择器类型	类	创建可作为 class 属性应用于文本范围或文本块的自定义样式，然后在【名称】文本框中输入样式名称
	标签	重定义特定 HTML 标签的默认格式设置，然后在【标签】文本框中输入一个 HTML 标签，或从下拉式菜单中选择一个标签
	高级	为具体某个标签组合或所有包含特定 ID 属性的标签定义格式设置，然后在【选择器】文本框中输入一个或多个 HTML 标签，或从下拉式菜单中选择一个标签。下拉式菜单中提供的选择器（称作伪类选择器）包括 a:link、a:visited、a:hover 和 a:active
定义在	新建样式表文件	创建外部 CSS 样式时选择此选项
	仅对该文档	在当前文档中内部 CSS 样式时选择此选项

　　如果使用【新建 CSS 规则】对话框创建外部 CSS 样式，Dreamweaver 将提示保存外部 CSS 链接文件。并在保存该文件后使其自动打开，以提供给网页设计者进行编辑。

　　CSS 是一种非常重要的网页设计工具。目前，几乎所有的网页设计都离不开 CSS。因此，在设计网页前有必要了解 CSS 的基本语法及其结构。

　　CSS 的语句结构非常简单，每段 CSS 代码由两个部分组成，即选择器（Selector）和声明（Declaration）。声明又包括属性以及属性值两部分，这两部分必须写在大括号"{}"内。CSS 代码书写格式如下所示。

```
Selector {
/*选择器*/
Property: value }
/*属性: 属性值*/
```

　　一段 CSS 代码可包含多个声明。声明之间用分号"；"隔开。为使代码更加规范整齐，通常在每条声明后都加上分号（即使该段 CSS 代码仅有一条声明）。一条声明的 CSS 代码：

```
img {
border:0;
}
```

　　多条声明的 CSS 代码：

```
body {
margin:0;
width:1003px; }
```

　　上面两段 CSS 代码的作用分别是定义网页主体元素（body 标签）的边距、宽度，以及定义网页中图像对象（img 标签）的边框。

5.1.2　CSS 样式分类

　　CSS 代码在网页中主要有 3 种存在的方式，即外部 CSS、内部 CSS 和内联 CSS，详细介绍如下。

1. 外部 CSS

外部 CSS 是一种独立的 CSS 样式，其一般将 CSS 代码存放在一个独立的文本文件中，扩展名为".css"。

这种外部的 CSS 文件与网页文档并没有什么直接的关系，如果需要通过这些文件控制网页文档，则需要在网页文档中使用 link 标签导入。例如，使用 CSS 文档来定义一个网页的大小和边距。

```
@charset "gb2312";
/* CSS Document */
body{
  width:1003px;
  margin:0px;
  padding:0px;
}
```

将 CSS 代码保存为文件后，即可通过 link 标签将其导入到网页文档中。例如，CSS 代码的文件名为"main.css"。

```
<!DOCTYPE html PUBLIC "-//W3C//DTD XHTML 1.0 Transitional//EN"
"http://www.w3.org/TR/xhtml1/DTD/xhtml1-transitional.dtd">
<html xmlns="http://www.w3.org/1999/xhtml">
<head>
<meta http-equiv="Content-Type" content="text/html; charset=gb2312" />
<title>导入 CSS 文档</title>
<link href="main.css" rel="stylesheet" type="text/css" /><!--导入名为
main.css 的 CSS 文档-->
</head>
<body>
</body>
</html>
```

2. 内部 CSS

内部 CSS 是位于 XHTML 文档内部的 CSS。使用内部 CSS 的好处在于可以将整个页面中所有的 CSS 样式集中管理，以选择器为接口供网页浏览器调用。例如，使用内部 CSS 定义网页的宽度以及超链接的下划线等。

```
<!DOCTYPE html PUBLIC "-//W3C//DTD XHTML 1.0 Transitional//EN"
"http://www.w3.org/TR/xhtml1/DTD/xhtml1-transitional.dtd">
<html xmlns="http://www.w3.org/1999/xhtml">
<head>
<meta http-equiv="Content-Type" content="text/html; charset=gb2312" />
<title>测试网页文档</title>
<!--开始定义 CSS 文档-->
```

```
<style type="text/css">
<!--
body {
  width:1003px;
}
a {
  text-decoration:none;
}
-->
</style>
<!--内部 CSS 完成-->
</head>
<!--…………-->
```

提　示

在使用内部 CSS 时应注意，style 标签只能放置于 XHTML 文档的 head 标签内。为内部 CSS 使用 XHTML 注释的作用是防止一些不支持 CSS 的网页浏览器直接将 CSS 代码显示出来。

3．内联 CSS

内联 CSS 是利用 XHTML 标签的 style 属性设置的 CSS 样式，又称嵌入式样式。内联式 CSS 与 HTML 的描述性标签一样，只能定义某一个网页元素的样式，是一种过渡型的 CSS 使用方法，在 XHTML 中并不推荐使用。内部样式不需要使用选择器。例如，使用内联式 CSS 设置一个表格的宽度，如下所示。

```
<table style="width:100px;">
  <tr>
    <td>宽度为 100px 的表格</td>
  </tr>
</table>
```

5.1.3　CSS 样式表语法

作为一种网页的标准化语言，CSS 有着严格的书写规范和格式。CSS 样式表语法详细介绍如下。

1．基本组成

一条完整的 CSS 样式语句包括以下几个部分。

```
selector{
  property:value
}
```

在上面的代码中，各关键词的含义如下所示。

❑ **selector**（选择器）其作用是为网页中的标签提供一个标识，以供其调用。

□ **property**（属性）　其作用是定义网页标签样式的具体类型。
□ **value**（属性值）　属性值是属性所接受的具体参数。

在任意一条 CSS 代码中，通常都需要包括选择器、属性以及属性值这 3 个关键词（内联式 CSS 除外）。

2. 书写规范

虽然杂乱的代码同样可被浏览器判读，但是书写简洁、规范的 CSS 代码可以给修改和编辑网页带来很大的便利。在书写 CSS 代码时，需要注意以下几点。

□ **单位的使用**

在 CSS 中，如果属性值是一个数字，那么用户必须为这个数字安排一个具体的单位，除非该数字是由百分比组成的比例，或者数字为 0。

例如，分别定义两个层，其中第 1 个层为父容器，以数字属性值为宽度，而第 2 个层为子容器，以百分比为宽度。

```
#parentContainer{
  width:1003px
}
#childrenContainer{
  width:50%
}
```

□ **引号的使用**

多数 CSS 的属性值都是数字值或预先定义好的关键字。然而，有一些属性值则是含有特殊意义的字符串，引用这样的属性值就需要为其添加引号。典型的字符串属性值就是各种字体的名称。

```
span{
  font-family:"微软雅黑"
}
```

□ **多重属性**

如果在 CSS 代码中有多个属性并存，则每个属性之间需要以分号";"隔开。

```
.content{
  color:#999999;
  font-family:"新宋体";
  font-size:14px;
}
```

> **提　示**
>
> 有时为了防止因添加或减少 CSS 属性而造成不必要的错误，很多人都会在每一个 CSS 属性值后面加分号";"，这是一个良好的习惯。

□ **大小写敏感和空格**

CSS 与 VBScript 不同，对大小写十分敏感。mainText 和 MainText 在 CSS 中是两个

完全不同的选择器。

除了一些字符串式的属性值（例如，英文字体"MS Serf"等）以外，CSS 中的属性和属性值必须小写。

为了便于判读和纠错，建议在编写 CSS 代码时，在每个属性值之前添加一个空格。这样，如某条 CSS 属性有多个属性值，则阅读代码的用户可方便地将其区分开。

3．注释

与多数编程语言类似，用户也可以为 CSS 代码进行注释，但与同样用于网页的 XHTML 语言注释方式有所区别。

在 CSS 中，注释以斜杠"/"和星号"*"开头，以星号"*"和斜杠"/"结尾。

```
.text{
  font-family:"微软雅黑";
  font-size:12px;
  /*color:#ffcc00;*/
}
```

CSS 的注释不仅可用于单行，也可用于多行。

4．文档的声明

在外部 CSS 文件中，通常需要在文件的头部创建 CSS 的文档声明，以定义 CSS 文档的一些基本属性。常用的文档声明包括 6 种，见表 5-3。

表 5-3 CSS 文档属性

声明类型	作　用
@import	导入外部 CSS 文件
@charset	定义当前 CSS 文件的字符集
@font-face	定义嵌入 XHTML 文档的字体
@fontdef	定义嵌入的字体定义文件
@page	定义页面的版式
@media	定义设备类型

在多数 CSS 文档中，都会使用"@charset"声明文档所使用的字符集。除"@charset"声明以外，其他的声明多数可使用 CSS 样式来替代。

5.2　添加 CSS 样式

作为最常用的网页设计软件，Dreamweaver CS5.5 提供了强大的 CSS 编辑功能。用户可以方便地为网页创建 CSS 样式规则、附加 CSS 规则和编辑 CSS 规则。

5.2.1　新建 CSS 样式规则

在 Dreamweaver 中，允许用户为任何网页标签、类或 ID 等创建 CSS 规则。在【CSS

样式】面板中单击【新建 CSS 规则】
按钮 ，即可打开【新建 CSS 规则】
对话框，如图 5-3 所示。

在【新建 CSS 规则】对话框中，
主要包含了以下 3 种属性设置。

❑ **选择器类型**

【选择器类型】的设置主要用于为
创建的 CSS 规则定义选择器的类型，
其主要包括以下几种选项，见表 5-4。

❑ **选择器名称**

【选择器名称】选项的作用是设置
CSS 规则中选择器的名称，其与【选
择器类型】选项相关联。

图 5-3 【新建 CSS 规则】对话框

表 5-4 【选择器类型】属性

选项名	说　明
类	定义创建的选择器为类选择器
ID	定义创建的选择器为 ID 选择器
标签	定义创建的选择器为标签选择器
复合内容	定义创建的选择器为带选择方法的选择器或伪类选择器

当用户选择的【选择器类型】为"类"或"ID"时，用户可在【选择器名称】的输
入文本框中输入类选择器或 ID 选择器的名称。

提　示

在输入类选择器或 ID 选择器的名称时，不需要输入之前的类符号"."或 ID 符号"#"，Dreamweaver
会自动为相应的选择器添加这些符号。

当选择"标签"时，在【选择器名称】中将出现 XHTML 标签的列表。而如果选择
"复合内容"，在【选择器名称】中将出现 4 种伪类选择器。

提　示

如用户需要通过【新建 CSS 规则】对话框创建复杂的选择器，例如使用复合的选择方法，则可直接
选择"复合内容"，然后输入详细的选择器名称。

❑ **规则定义**

【规则定义】项的作用是帮助用户选择创建的 CSS 规则属于内部 CSS 还是外部 CSS。
如果网页文档中没有链接外部 CSS，则该项中将包含两个选项，即"仅限该文档"和"新
建样式表文件"。如用户选择"仅限该文档"，那么创建的 CSS 规则将是内部 CSS。而如
用户选择"新建样式表文件"，那么创建的 CSS 规则将是外部 CSS。

5.2.2　附加 CSS 样式规则

使用外部 CSS 的优点是用户可以为多个 XHTML 文档使用同一个 CSS 文件，通过

一个文件控制这些 XHTML 文档的样式。

在 Dreamweaver 中打开网页文档，然后执行【窗口】|【CSS 样式】命令，打开【CSS 样式】面板。在该面板中单击【附加样式表】按钮，即可打开【链接外部样式表】对话框，如图 5-4 所示。

在对话框中，用户可设置 CSS 文件的 URL 地址，以及添加的方式和 CSS 文件的媒体类型。

其中，【添加为】选项包括两个单选按钮。当选择【链接】时，Dreamweaver 会将外部的 CSS 文档以 link 标签导入到网页中。而当选择【导入】时，Dreamweaver 则会将外部 CSS 文档中所有的内容复制到网页中，作为内部 CSS。

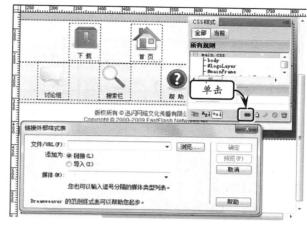

图 5-4 【链接外部样式表】对话框

【媒体】选项的作用是根据打开网页的设备类型，判断使用哪一个 CSS 文档。在 Dreamweaver 中，提供了 9 种媒体类型，见表 5-5。

表 5-5 媒体类型

媒体类型	说 明
all	用于所有设备类型
aural	用于语音和音乐合成器
braille	用于触觉反馈设备
handheld	用于小型或手提设备
print	用于打印机
projection	用于投影图像，如幻灯片
screen	用于计算机显示器
tty	用于使用固定间距字符格的设备，如电传打字机和终端
tv	用于电视类设备

用户可以通过【链接外部样式表】，为同一网页导入多个 CSS 样式规则文档，然后指定不同的媒体。这样，当用户以不同的设备访问网页时，将呈现各自不同的样式效果。

5.2.3 编辑 CSS 规则

Dreamweaver 提供了可视化的方式，帮助用户定义各种 CSS 规则。在 CSS 面板中，选择已定义的 CSS 规则，即可在其下方的【属性】列表中单击其属性，在右侧的文本框中编辑 CSS 规则中已有的各种属性，如图 5-5 所示。

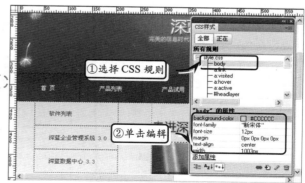

图 5-5 编辑 CSS 规则属性

如果用户需要为 CSS 规则添加新的属性，则可以单击【属性】列表最下方的【添加属性】文本，在弹出的下拉列表中选择相应的属性，将其添加到 CSS 规则中。

除此之外，用户还可以单击【CSS 样式】面板|【编辑样式】按钮，打开【CSS 规则定义】对话框，为 CSS 规则添加、编辑和删除属性，如图 5-6 所示。

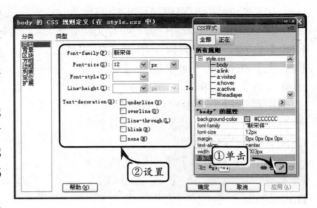

图 5-6 【CSS 规则定义】对话框

【CSS 规则定义】对话框的列表菜单中，包括 8 种 CSS 的分类，单击分类，即可打开相应的属性。

1. 类型规则

【类型】规则的作用是定义文档中所有文本的各种属性。在【CSS 规则定义】对话框中选中【分类】列表中的【类型】选项，即可打开【类型】规则，如图 5-7 所示。

在【类型】规则中，共包含 9 种属性，详细介绍见表 5-6。

图 5-7 【类型】规则

表 5-6 【类型】规则

属性名	作 用	典型属性值及解释
Font-family	定义文本的字体类型	"微软雅黑"，"宋体"等字体的名称
Font-size	定义文本的字体大小	可使用 pt（点）、px（像素）、em（大写 M 高度）和 ex（小写 x 高度）等单位
Font-style	定义文本的字体样式	normal（正常）、italic（斜体）、oblique（模拟斜体）
Line-height	定义段落文本的行高	可使用 pt（点）、px（像素）、em（大写 M 高度）和 ex（小写 m 高度）等单位，默认与字体的大小相等，可使用百分比
Text-decoration	定义文本的描述方式	none（默认值）、underline（下划线）、line-through（删除线）、overline（上穿线）
Font-weight	定义文本的粗细程度	normal、bold、bolder、lighter 以及自 100 到 900 之间的数字。当填写数字值时，数字越大则字体越粗。其中 400 相当于 normal，bold 相当于 800，bolder 相当于 900
Font-variant	定义文本中所有小写字母为小型大写字母	normal（默认值，正常显示）、small-caps（所有小写字母变为 1/2 大小的大写字母）
Font-transform	转换文本中的字母大小写状态	normal（默认值，无转换）、capitalize（将每个单词首字母转换为大写）、uppercase（将所有字母转换为大写）、lowercase（将所有字母转换为小写）
Color	定义文本的颜色	以十六进制数字为基础的颜色值。可通过颜色拾取器进行选择

2. 背景规则

【背景】规则的作用是设置网页中各种容器对象的背景属性，如图 5-8 所示。

在该规则所在的列表对话框中，用户可设置网页容器对象的背景颜色、图像以及其重复的方式和位置等，其共包含 6 种基本属性，详细介绍见表 5-7。

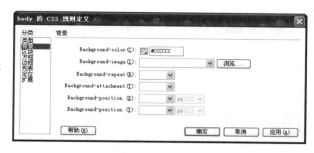

图 5-8　【背景】规则

表 5-7　【背景】规则

属性名	作　用	典型属性值及解释
Background-color	定义网页容器对象的背景颜色	以十六进制数字为基础的颜色值。可通过颜色拾取器进行选择
Background-image	定义网页容器对象的背景图像	以 URL 地址为属性值，扩展名为 JPEG、GIF 或 PNG
Background-repeat	定义网页容器对象的背景图像重复方式	no-repeat（不重复）、repeat（默认值，重复）、repeat-x（水平方向重复）、repeat-y（垂直方向重复）等
Background-attachment	定义网页容器对象的背景图像滚动方式	scroll（默认值，定义背景图像随对象内容滚动）、fixed（背景图像固定）
Background-position(X)	定义网页容器对象的背景图像水平坐标位置	长度值（默认为 0）或 left（居左）、center（居中）和 right（居右）
Background-position(Y)	定义网页容器对象的背景图像垂直坐标位置	长度值（默认为 0）或 top（顶对齐）、center（中线对齐）和 bottom（底部对齐）

3. 区块规则

【区块】规则是一种重要的规则，其作用是定义文本段落及网页容器对象的各种属性，如图 5-9 所示。

在【区块】规则中，用户可设置单词、字母之间插入的间隔宽度、垂直或水平对齐方式、段首缩进值以及空格字符的处理方式和网页容器对象的显示方式等，见表 5-8。

图 5-9　【区块】规则

表 5-8　【区块】规则

属 性 名	作　用	典型属性值或解释
Word-spacing	定义段落中各单词之间插入的间隔	由浮点数字和单位组成的长度值，允许为负值
Letter-spacing	定义段落中各字母之间插入的间隔	由浮点数字和单位组成的长度值，允许为负值

属 性 名	作 用	典型属性值或解释
Vertical-align	定义段落的垂直对齐方式	baseline（基线对齐）、sub（对齐文本的下标）、super（对齐文本的上标）、top（顶部对齐）、text-top（文本顶部对齐）、middle（居中对齐）、bottom（底部对齐）、text-bottom（文本底部对齐）
Text-align	定义段落的水平对齐方式	left（文本左对齐）、right（文本右对齐）、center（文本居中对齐）、justify（两端对齐）
Text-indent	定义段落首行的文本缩进距离	由浮点数字和单位组成的长度值，允许为负值，默认值为 0
White-space	定义段落内空格字符的处理方式	normal（XHTML 标准处理方式，默认值，文本自动换行）、pre（换行或其他空白字符都受到保护）、nowrap（强制在同一行内显示所有文本，直到 BR 标签之前）
Display	定义网页容器对象的显示方式	display 属性共有 18 种属性，IE 浏览器支持其中的 7 种，即 block（显示为块状推向）、none（隐藏对象）、inline（显示为内联对象）、inline-block（显示为内联对象，但对其内容做块状显示）、list-item（将对象指定为列表项目，并为其添加项目符号）、table-header-group（将对象指定为表格的标题组显示）以及 table-footer-group（将对象指定为表格的脚注组显示）等

4．方框规则

【方框】规则的作用是定义网页中各种容器对象的属性和显示方式，如图 5-10 所示。

在【方框】规则中，用户可设置网页容器对象的宽度、高度、浮动方式、禁止浮动方式以及网页容器内部和外部的补丁等。根据这些属性，用户可方便地定制网页容器对象的位置，见表 5-9。

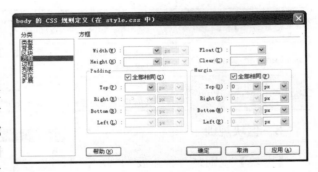

图 5-10　【方框】规则

表 5-9　【方框】规则

属性名	作 用	典型属性值或解释
Width	定义网页容器对象的宽度	由浮点数字和单位组成的长度值，默认值可在【编辑】|【首选参数】|【AP 元素】中定义
Height	定义网页容器对象的高度	由浮点数字和单位组成的长度值，默认值可在【编辑】|【首选参数】|【AP 元素】中定义
Float	定义网页容器对象的浮动方式	left（左侧浮动）、right（右侧浮动）、none（不浮动，默认值）
Clear	定义网页容器对象的禁止浮动方式	left（禁止左侧浮动）、right（禁止右侧浮动）、both（禁止两侧浮动）、none（不禁止浮动，默认值）

属性名	作　　用	典型属性值或解释
Padding|Top	定义网页容器对象的顶部内补丁	由浮点数字和单位组成的长度值，允许为负值，默认值为 0
Padding|Right	定义网页容器对象的右侧内补丁	由浮点数字和单位组成的长度值，允许为负值，默认值为 0
Padding|Bottom	定义网页容器对象的底部内补丁	由浮点数字和单位组成的长度值，允许为负值，默认值为 0
Padding|Left	定义网页容器对象的左侧内补丁	由浮点数字和单位组成的长度值，允许为负值，默认值为 0
Margin|Top	定义网页容器对象的顶部外补丁	由浮点数字和单位组成的长度值，允许为负值，默认值为 20
Margin|Right	定义网页容器对象的右侧外补丁	由浮点数字和单位组成的长度值，允许为负值，默认值为 15
Margin |Bottom	定义网页容器对象的底部外补丁	由浮点数字和单位组成的长度值，允许为负值，默认值为 0
Margin |Left	定义网页容器对象的左侧外补丁	由浮点数字和单位组成的长度值，允许为负值，默认值为 0

5. 边框规则

【边框】规则的作用是定义网页容器对象的 4 条边框线样式。在【边框】规则中，Top 代表顶部的边框线，Right 代表右侧的边框线，Bottom 代表底部的边框线，而 Left 代表左侧的边框线，如图 5-11 所示。

如用户选择【全部相同】，则 4 条边框线将被设置为相同的属性值，见表 5-10。

图 5-11　【边框】规则

表 5-10　【边框】规则

属性名	作　　用	典型属性值及解释
Style	定义边框线的样式	none（默认值，无边框线）、dotted（点划线）、dashed（虚线）、solid（实线）、double（双实线）、groove（3D 凹槽）、ridge（3D 凸槽）、inset（3D 凹边）、outset（3D 凸边）
Width	定义边框线的宽度	由浮点数字和单位组成的长度值，默认值为 0
Color	定义边框线的颜色	以十六进制数字为基础的颜色值。可通过颜色拾取器进行选择

6. 列表规则

【列表】规则的作用是定义网页中列表对象的各种相关属性，包括列表的项目符号类型、项目符号图像以及列表项目的定位方式等，见表 5-11。

表 5-11 【列表】规则

属性名	作　　用	典型属性值及解释
List-style-type	定义列表的项目符号类型	disc（实心圆项目符号，默认值）、circle（空心圆项目符号）、square（矩形项目符号）、decimal（阿拉伯数字）、lower-roman（小写罗马数字）、upper-roman（大写罗马数字）、lower-alpha（小写英文字母）、upper-alpha（大写英文字母）以及 none（无项目列表符号）
List-style-image	自定义列表的项目符号图像	none（默认值，不指定图像作为项目列表符号），url(file)（指定路径和文件名的图像地址）
List-style-position	定义列表的项目符号所在位置	outside（将列表项目符号放在列表之外，且环绕文本，不与符号对齐，默认值）、inside（将列表项目符号放在列表之内，且环绕文本根据标记对齐）

7. 定位规则

【定位】规则多用于 CSS 布局的网页，可设置各种 AP 元素、层的布局属性，如图 5-12 所示。

在【定位】规则中，Width 和 Height 两个属性与【方框】规则中的同名属性完全相同，Placement 属性用于设置 AP 元素的定位方式，Clip 属性用于设置 AP 元素的剪切方式，见表 5-12。

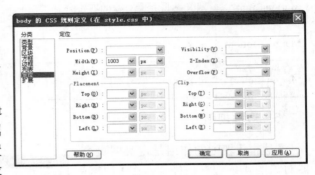

图 5-12 【定位】规则

表 5-12 【定位】规则

属性名		作　　用	典型属性值及解释
Position		定义网页容器对象的定位方式	absolute（绝对定位方式，以 Placement 属性的值定义网页容器对象的位置）、fixed（IE7 以上版本支持，遵从绝对定位方式，但需要遵守一些规则）、relative（遵从绝对定位方式，但对象不可层叠）、static（默认值，无特殊定位，遵从 XHTML 定位规则）
Visibility		定义网页容器对象的显示方式	inherite（默认值，继承父容器的可见性）、visible（对象可视）、hidden（对象隐藏）
Z-Index		定义网页容器对象的层叠顺序	auto（默认值，根据容器在网页中的排列顺序指定层叠顺序）以及整型数值（可为负值，数值越大则层叠优先级越高）
Overflow		定义网页容器对象的溢出设置	visible（默认值，溢出部分可见）、hidden（溢出部分隐藏）、scroll（总是滚动条的方式显示溢出部分）、auto（在必要时自动裁切对象或显示滚动条）
Placement	Top	定义网页容器对象与父容器的顶部距离	auto（默认值，无特殊定位）以及由浮点数字和单位组成的长度值，可为负数
	Right	定义网页容器对象与父容器的右侧距离	auto（默认值，无特殊定位）以及由浮点数字和单位组成的长度值，可为负数

属性名		作　用	典型属性值及解释
Placement	Bottom	定义网页容器对象与父容器的底部距离	auto（默认值，无特殊定位）以及由浮点数字和单位组成的长度值，可为负数
	Left	定义网页容器对象与父容器的左侧距离	auto（默认值，无特殊定位）以及由浮点数字和单位组成的长度值，可为负数
Clip	Top	定义网页容器对象顶部剪切的高度	auto（默认值，无特殊定位）以及由浮点数字和单位组成的长度值，可为负数
	Right	定义网页容器对象右侧剪切的宽度	auto（默认值，无特殊定位）以及由浮点数字和单位组成的长度值，可为负数
	Bottom	定义网页容器对象底部剪切的高度	auto（默认值，无特殊定位）以及由浮点数字和单位组成的长度值，可为负数
	Left	定义网页容器对象左侧剪切的宽度	auto（默认值，无特殊定位）以及由浮点数字和单位组成的长度值，可为负数

8．扩展规则

【扩展】规则的作用是设置一些不常见的 CSS 规则属性，例如打印时的分页设置以及 CSS 的滤镜等。

5.3　CSS 选择

选择器是 CSS 代码的对外接口。网页浏览器就是根据 CSS 代码的选择器来实现和XHTML 代码的匹配，然后读取 CSS 代码的属性、属性值，将其应用的网页文档中。

5.3.1　CSS 选择器

CSS 的选择器名称只允许包括字母、数字以及下划线，其中，不允许将数字放在选择器的第 1 位，也不允许选择器与 XHTML 标签重复，以免出现混乱。

在 CSS 的语法规则中，主要包括 5 种选择器，即标签选择器、类选择器、ID 选择器、伪类选择器、伪对象选择器。

1．标签选择器

在 XHTML 1.0 中，共包括 94 种基本标签。CSS 提供了标签选择器，允许用户直接定义多数 XHTML 标签的样式。

例如，定义网页中所有无序列表的符号为空，可直接使用项目列表的标签选择器 ol。

```
ol{
  list-style:none;
}
```

提　示

使用标签选择器定义某个标签的样式后，在整个网页文档中，所用的该类型的标签都会自动应用这一样式。CSS 在原则上不允许对同一标签的同一个属性进行重复定义。不过在实际操作中，将以最后一次定义的属性值为准。

第 5 章　CSS 基础

119

2. 类选择器

在使用 CSS 定义网页样式时，经常需要对某一些不同的标签进行定义，使之呈现相同的样式。在实现这种功能时，就需要使用类选择器。类选择器可以把不同类型的网页标签归为一类，为其定义相同的样式，简化 CSS 代码。

在使用类选择器时，需要在类选择器的名称前加类符号"."。而在调用类的样式时，则需要为 XHTML 标签添加 class 属性，并将类选择器的名称作为 class 属性的值。

> **提 示**
>
> 在通过 class 属性调用类选择器时，不需要在属性值中添加类符号"."，直接输入类选择器的名称即可。

例如，网页文档中有 3 个不同的标签，一个是层（div），一个是段落（p），还有一个是无序列表（ul）。如果使用标签选择器为这 3 个标签定义样式，使其中的文本变为红色，需要编写 3 条 CSS 代码。

```
div{/*定义网页文档中所有层的样式*/
  color: #ff0000;
}
p{/*定义网页文档中所有段落的样式*/
  color: #ff0000;
}
ul{/*定义网页文档中所有无序列表的样式*/
  color: #ff0000;
}
```

使用类选择器，则可将以上 3 条 CSS 代码合并为一条。

```
.redText{
  color: #ff0000;
}
```

然后，即可为 div、p 和 ul 等标签添加 class 属性，应用类选择器的样式。

```
<div class="redText">红色文本</div>
<p class="redText">红色文本</div>
<ul class="redText">
  <li>红色文本</li>
</ul>
```

一个类选择器可以对应于文档中的多种标签或多个标签，体现了 CSS 代码的可重用性。其与标签选择器都有其各自的用途。

> **提 示**
>
> 与标签选择器相比，类选择器有更大的灵活性。使用类选择器，用户可指定某一个范围内的标签应用样式。与类选择器相比，标签选择器操作简单，定义也更加方便。在使用标签选择器时，用户不需要为网页文档中的标签添加任何属性即可应用样式。

3. ID 选择器

ID 选择器也是一种 CSS 的选择器。之前介绍的标签选择器和类选择器都是一种范围性的选择器，可设定多个标签的 CSS 样式。而 ID 选择器则是只针对某一个标签的，唯一性的选择器。

在 XHTML 文档中，允许用户为任意一个标签设定 ID，并通过该 ID 定义 CSS 样式。但是，不允许两个标签使用相同的 ID。使用 ID 选择器，用户可更加精密地控制网页文档的样式。

在创建 ID 选择器时，需要为选择器名称使用 ID 符号"#"。在为 XHTML 标签调用 ID 选择器时，需要使用其 id 属性。

提　示

与调用类选择器的方式类似，在通过 id 属性调用 ID 选择器时，不需要在属性值中添加 ID 符号"#"，直接输入 ID 选择器的名称即可。

例如，通过 ID 选择器，分别定义某个无序列表中 3 个列表项的样式。

```css
#listLeft{
  float:left;
}
#listMiddle{
  float: inherit;
}
#listRight{
  float:right;
}
```

然后，即可使用标签的 id 属性，应用 3 个列表项的样式。

```html
<ul>
  <li id="listLeft">左侧列表</li>
  <li id="listMiddle">中部列表</li>
  <li id="listRight">右侧列表</li>
</ul>
```

提　示

在编写 XHTML 文档的 CSS 样式时，通常在布局标签所使用的样式（这些样式通常不会重复）中使用 ID 选择器，而在内容标签所使用的样式（这些样式通常会多次重复）中使用类选择器。

4. 伪类选择器

之前介绍的 3 种选择器都是直接应用于网页标签的选择器。除了这些选择器外，CSS 还有另一类选择器，即伪选择器。

与普通的选择器不同，伪选择器通常不能应用于某个可见的标签，只能应用于一些特殊标签的状态。其中，最常见的伪选择器就是伪类选择器。

在定义伪类选择器之前，必须首先声明定义的是哪一类网页元素，将这类网页元素的选择器写在伪类选择器之前，中间用冒号"："隔开。

```
selector:pseudo-class {property: value}
/*选择器：伪类 {属性：属性值；}*/
```

CSS2.1 标准中，共包括 7 种伪类选择器。在 IE 浏览器中，可使用其中的 4 种，见表 5-13。

表 5-13　伪类选择器

伪类选择器	作　　用
:link	未被访问过的超链接
:hover	鼠标滑过超链接
:active	被激活的超链接
:visited	已被访问过的超链接

例如，要去除网页中所有超链接在默认状态下的下划线，就需要使用到伪类选择器。

```
a:link {
/*定义超链接文本的样式*/
text-decoration: none;
/*去除文本下划线*/
}
```

提　示

在 6.0 版本及之前的 IE 浏览器中，只允许为超链接定义伪类选择器。而在 7.0 及之后版本的 IE 浏览器中，则开始允许用户为一些块状标签添加伪类选择器。与其他类型的选择器不同，伪类选择器对大小写不敏感。在网页设计中，经常为将伪类选择器与其他选择器区分而将伪类选择器大写。

5. 伪对象选择器

伪对象选择器也是一种伪选择器，其主要作用是为某些特定的选择器添加效果。

在 CSS2.1 标准中，共包括 4 种伪对象选择器，在 IE5.0 及之后的版本中，支持其中的两种，见表 5-14。

表 5-14　伪对象选择器

伪对象选择器	作　　用
:first-letter	定义选择器所控制的文本第一个字或字母
:first-line	定义选择器所控制的文本第一行

伪对象选择器的使用方式与伪类选择器类似，都需要先声明定义的是哪一类网页元素，将这类网页元素的选择器写在伪类选择器之前，中间用冒号"："隔开。例如，定义某一个段落文本中第 1 个字为 2em，即可使用伪对象选择器。

```
p{
  font-size: 12px;
}
```

网页设计与网站组建标准教程（2013—2015版）

```
p:first-letter{
  font-size: 2em;
}
```

5.3.2 选择的方法

选择方法是使用选择器的方法。通过选择方法，用户可以对各种网页标签进行复杂的选择操作，提高 CSS 代码的效率。在 CSS 语法中，允许用户使用的选择方法有 10 多种。其中常用的主要包括 3 种，即包含选择、分组选择和通用选择。

1. 包含选择

包含选择是一种被广泛应用于 Web 标准化网页中的选择方法。其通常应用于定义各种多层嵌套网页元素标签的样式，可根据网页元素标签的嵌套关系，帮助浏览器精确地查找该元素的位置。

在使用包含选择方法时，需要将具有包含选择关系的各种标签按照指定的顺序写在选择器中，同时，以空格将这些选择器分开。例如，在网页中，有 3 个标签的嵌套关系如下所示。

```
<tagName1>
  <tagName2>
    <tagName3>innerText.</tagName3>
  </tagName2>
</tagName1>
<tagName3>outerText</tagName3>
```

在上面的代码中，tagName1、tagName2 以及 tagName3 表示 3 种各不相同的网页标签。其中，tagName3 标签在网页中出现了 3 次，如果直接通过 tagName3 的标签选择器定义 innerText 文本的样式，则势必会影响外部 outerText 文本的样式。

因此，用户如果需要定义 innerText 的样式且不影响 tagName3 以外的文本样式，就可以通过包含选择方法进行定义，代码如下所示。

```
tagName1 tagName2 tagName3{ Property：value ； }
```

在上面的代码中，以包含选择的方式，定义了包含在 tagName1 和 tagName2 标签中的 tagName3 标签的 CSS 样式。同时，不影响 tagName1 标签外的 tagName3 标签的样式。

包含选择方法不仅可以将多个标签选择器组合起来使用，同时也适用于 id 选择器、类选择器等多种选择器。例如，在本节实例及之前章节的实例中，就使用了大量的包含选择方法，如下所示。

```
#mainFrame #copyright #copyrightText {
  line-height:40px;
  color:#444652;
  text-align:center;
}
```

包含选择方法在各种 Web 标准化的网页中都得到了广泛的应用。使用包含选择方法，可以使 CSS 代码的结构更加清晰，同时使 CSS 代码的可维护性更强。在更改 CSS 代码时，用户只需要根据包含选择的各种标签，按照包含选择的顺序进行查找，即可方便地找到相关语义的代码进行修改。

2．分组选择

分组选择是一种用于同时定义多个相同 CSS 样式的标签时，使用的一种选择方法。其可以通过一个选择器组，将组中包含的选择器定义为同样的样式。在定义这些选择器时，需要将这些选择器以逗号 "," 的方式隔开，如下所示。

```
selector1 , selector2 { Property: value ; }
```

在上面的代码中，selector1 和 selector2 分别表示应用相同样式的两个选择器，而 Property 表示 CSS 样式属性，value 表示 CSS 样式属性的值。

在一个 CSS 的分组选择方式中，允许用户定义任意数量的选择器，例如，在定义网页中 body 标签以及所有的段落、列表的行高均为 18px，其代码如下所示。

```
body , p , ul , li , ol {
  line-height : 18px ;
}
```

在许多网页中，分组选择符通常用于定义一些语意特殊的标签或伪选择器。例如，在本节实例中，定义超链接的样式时，就将超链接在普通状态下以及已访问状态下时的样式通过之前介绍过的包含选择，以及分组选择等两种方法，定义在同一条 CSS 规则中，如下所示。

```
#mainFrame #newsBlock .blocks .newsList .newsListBlock ul li a:link ,
#mainFrame #newsBlock .blocks .newsList .newsListBlock ul li a:visited {
  font-size:12px;
  color:#444652;
  text-decoration:none;
}
```

在编写网页的 CSS 样式时，使用分组选择方法可以方便地定义多个 XHTML 元素标签的相同样式，提高代码的重用性。但是，分组选择方法不宜使用过滥，否则将降低代码的可读性和结构性，使代码的判读相对困难。

3．通用选择

通用选择方法的作用是通过通配符 "*"，对网页标签进行选择操作。使用通用选择方法，用户可以方便地定义网页中所有元素的样式，代码如下。

```
* { property: value ; }
```

在上面的代码中，通配符星号 "*" 可以将网页中所有的元素标签替代。因此，设置星号 "*" 的样式属性，就是设置网页中所有标签的属性。例如，定义网页中所有标签的内联文本字体大小为 12px，其代码如下所示。

```
*  {  font-size  :  12 px ;}
```

同理，通配符也可以结合选择方法，定义某一个网页标签中嵌套的所有标签样式。例如，定义 id 为 testDiv 的层中，所有文本的行高为 30px，其代码如下所示。

```
#testDiv *  {  line-height  :  30 px ; }
```

提　示

在使用通用选择方法时需要慎重，因为通用选择方法会影响所有的元素，尤其会改变浏览器预置的各种默认值，因此不慎使用的话，会影响整个网页的布局。通用选择方法的优先级是最低的，因此在为各种网页元素设置专有的样式后，即可取消通用选择方法的定义。

5.4　CSS 属性

CSS 作为描述 XHTML 对象的一种语言，其可以表现出所有 XHTML 的样式，这些样式都是通过诸多属性来实现的。W3C 公布的 CSS2.1 共有 115 种标准属性。合理使用这些属性，可以使网页更加美观。

5.4.1　公共属性值

在了解 CSS 诸多属性之前，首先应了解 CSS 的公共属性值。公共属性值是指大部分 CSS 属性共同使用的一些属性值。这些属性值通常为数值，且有固定的单位。通常可以将 CSS 的属性值分为 4 类。

1．颜色

CSS 在网页中的主要作用就是描述网页中各种对象。颜色是网页对象中一种非常重要的属性。CSS 的取色方法通常有十六进制数字、颜色名称、百分比和十进制数字等几种。

❑ **十六进制数字**

十六进制数字取色法是在网页中最常用的取色方法，其格式如下所示。

```
color:#RRGGBB;
```

RR、GG 和 BB 都是两位的十六进制数字。RR 代表对象颜色中红色的深度，GG 代表对象颜色中绿色的深度，而 BB 则代表对象颜色中蓝色的深度。通过描述这 3 种颜色（三原色），即可组合出目前可在显示器中显示的所有 1600 多万种颜色。例如，白色即"#ffffff"，红色即"#ff0000"，黑色即"#000000"。

当表示每种原色的两位十六进制数字相同时，可将其缩写为一位。例如，颜色"#ff6677"可缩写为"#f67"。

❑ **颜色名称**

在网页设计中，可以使用颜色的名称直接表示颜色。W3C 在网页设计标准中，规定了 16 种标准颜色，这 16 种标准颜色拥有规范的英文名称，见表 5-15。

表 5-15　颜色名称与十六进制表

英文名称	中文名称	十六进制颜色	英文名称	中文名称	十六进制颜色
black	黑色	#000000	white	白色	#ffffff
red	红色	#ff0000	yellow	黄色	#ffff00
lime	浅绿	#00ff00	aqua	天蓝	#00ffff
blue	蓝色	#0000ff	fuchsia	品红	#ff00ff
gray	深灰	#808080	silver	银灰	#c0c0c0
maroon	深红	#800000	olive	褐黄	#808000
green	深绿	#008000	teal	靛青	#008080
navy	深蓝	#000080	purple	深紫	#800080

除了以上 16 种颜色外，还有一种特殊的颜色名称也被 W3C 的标准所支持，即 Transparent（透明）。

提　示

在不同的浏览器中，很可能存在色彩名称解析不同的情况。例如，在微软的 IE 中，还支持 140 种颜色名称，但在其他浏览器中并不支持。因此，不推荐在网页中大量使用颜色名称来表示颜色。

❑ **百分比**

百分比颜色名称也是一种常见的颜色表示方式。其原理是将色彩的深度以百分比的形式来表示，格式如下所示。

```
color:rgb(100%,100%,100%);
```

在百分比颜色表示方式中，第一个值为红色，第二个值为绿色，第三个值为蓝色。色彩的百分比越大，则其色彩深度越大。

❑ **十进制数字**

十进制数字表示法其原理和百分比表示法相同，都是通过描述数字的大小来控制颜色的深度。其书写格式也与百分比表示法类似，如下所示。

```
color:rgb(255,255,255);
```

十进制数字表示法表示颜色的数值范围为 0 到 255，数值越大，则该颜色的色深也就越大。

2. 绝对单位

绝对单位是指在设计中使用的衡量物体在实际环境中长度、面积、大小等的单位。绝对单位很少在网页中使用，其通常用于实体印刷中。但是在一些特殊的场合，使用绝对单位是非常必要的。W3C 规定的在 CSS 中可使用的绝对单位见表 5-16。

表 5-16　CSS 中的绝对单位

英文名称	中文名称	说　明
in	英寸	在设计中使用最广泛的长度单位
cm	厘米	在生活中使用最广泛的长度单位

英文名称	中文名称	说　明
mm	毫米	在研究领域使用较广泛的长度单位
pt	磅	在印刷领域使用非常广泛，也称点，其在 CSS 中的应用主要用于表示字体的大小
pc	皮咔	在印刷领域经常使用，1 皮咔等于 12 磅，所以也称 12 点活字

3．相对单位

相对单位与绝对单位相比，其显示大小是不固定的。其所设置的对象受屏幕分辨率、屏幕可视区域、浏览器设置和相关元素的大小等多种因素的影响。在 CSS 中，W3C 规定以下单位可以使用。

❑ **em**

em 单位表示字体对象的行高，其能够根据字体的大小属性值来确定大小。例如，当设置字体为 12px 时，1 个 em 就等于 12px。如果网页中未确定字体大小值，则 em 的单位高度根据浏览器默认的字体大小来确定。在 IE 浏览器中，默认字体高度为 16px。

❑ **ex**

ex 是衡量小写字母在网页中的大小的单位。其通常根据所使用的字体中小写字母 x 的高度作为参考，在实际使用中，浏览器将通过 em 的值除以 2 以得到 ex 值。

❑ **px**

px，就是像素，显示器屏幕中最小的基本单位。px 是网页和平面设计中最常见的单位，其取值是根据显示器的分辨率来设计的。

❑ **百分比**

百分比也是一个相对单位值，其必须通过另一个值来计算，通常用于衡量对象的长度或宽度。在网页中，使用百分比的对象通常取值的对象是其父对象。

4．URL

URL（Uniform Resource Locator）即统一资源定位符。URL 是用于完整地描述 Internet 上网页和其他资源的地址的一种标识方法。在 CSS 中同样可以使用绝对地址或相对地址。

5.4.2　文本的处理

CSS 在网页中最常见的应用就是处理文本，设置文本的各种样式。CSS 在处理网页文本中，拥有强大的功能，其既可以设置字体的大小、颜色、类型，也可以设置段落的缩进、行高以及制作列表等。本小节将介绍使用 CSS 的各种属性设置网页的字体、段落以及列表。

1．字体

设置网页字体，使用的属性主要是以 font 为基础而扩展出的一些复合属性。常见的字体属性如下所示。

❏ **color**

color 属性主要用于设置网页中字体的颜色。其属性值可以是各种颜色表示方法，最常用的是十六进制取色法。在大多数浏览器中，color 可以使用 17 种颜色的名称作为其属性值（W3C16 色盘和透明）。在目前最常用的 IE 浏览器中则可以使用 140 种颜色名称。为网页文本设置颜色，其代码如下所示。

```
span { color:#f00;}
```

❏ **font-family**

font-family 是 font 属性的一个复合属性，用于设置文本的字体类型。浏览器在默认情况下，通常使用默认的字体来显示网页。例如，在 IE 浏览器默认使用 Arial 字体显示英文，使用宋体（或新宋体）显示中文。为网页对象设置中文字体和英文字体，其代码如下所示。

```
body { font-family: "微软雅黑", "宋体", "times New Roman", serif;}
```

在设置网页字体时，通常多设置几种字体，以防止因浏览者未安装字体而造成网页变形。在 IE 浏览器中，可以智能识别中文字体和英文字体。

❏ **font-size**

font-size 属性的作用是设置网页中字体的大小。其属性值可以是数值，也可以是关键字。font-size 属性的关键字属性值见表 5-17。

表 5–17　font-size 属性的关键字

关键字	说　　明	转换为像素值（IE）
xx-small	根据对象字体调整，最小	9px
x-small	根据对象字体调整，较小	11px
small	根据对象字体调整，小	13px
medium	默认值，根据对象字体调整，适中	16px
large	根据对象字体调整，大	19px
x-large	根据对象字体调整，较大	23px
xx-large	根据对象字体调整，最大	27px
larger	相对父对象字体增大	\
smaller	相对父对象字体缩小	\

在网页中设置字体的大小，其代码如下所示。

```
span { font-size:medium; }
```

❏ **font-style**

对于一些特殊强调的字体，有时需要将其设置为斜体。在 HTML 中，可为其添加"<i></i>"标签或"<em></em>"标签。而在 XHTML 中，可以为其添加 CSS 属性 font-style。font-style 属性用于设置字体的斜体效果，其属性值有 3 种，见表 5-18。

表 5–18　font-style 的属性值

属性值	说　　明
normal	默认值。正常字体

属性值	说　明
italic	斜体。对于没有斜体变量的特殊字体，将应用 oblique
oblique	倾斜的字体

几乎所有的普通字体都有斜体变量可以轻松设置斜体。如果有些早期的特殊的字体没有斜体变量，就需要使用 oblique 来对其进行强制改变。使用 oblique 的缺点是容易使字体出现锯齿，影响字体美观。

```
span { font-style:italic; }
```

❑ **font-weight**

font-weight 属性用于设置网页文本字体的粗细程度。其属性值分为两种，即关键字和数值。font-weight 属性值的数值取值范围为 100 到 900 共 9 个值，其关键字则是根据数值来确定的。其关键字属性见表 5-19。

表 5-19　font-weight 的关键字属性

属性值	说　明
normal	默认值。正常的字体，相当于宽度 400。声明该属性值将取消之前所有设置
bold	粗体，相当于宽度 700，或 HTML 中<b>标签的作用
bolder	比默认值粗一些
lighter	比默认值细一些

虽然 CSS 支持从 100 到 900 的 9 种数字值，但事实上很少有字体能够支持渐进地加粗。因此，大多数网页仍然是以使用 font-weight 的关键字属性值为主。

```
span { font-weight:bold; }
```

❑ **font-variant**

font-variant 用于设置英文字母的特殊样式。当为英文文本设置该属性时，在默认状态下所有字母正常显示。而当将该属性的值设置为 small-caps 时，则所有小写字母被显示为缩小的大写字母。该属性对中文无效。

❑ **text-decoration**

text-decoration 属性用于对网页中的文本进行修饰。其包括 5 个属性值，共可为文本提供 4 种修饰样式，见表 5-20。

表 5-20　text-decoration 属性值

属性值	说　明
none	默认值。无特殊装饰
blink	为文本提供闪烁的效果
underline	为文本添加下划线
line-through	为文本添加贯穿线
overline	为文本添加上划线

在使用 text-decoration 属性时，可为某一段文本设置多种特效，即将几个属性同时使用，其属性值用空格隔开，如下所示。

```
span { text-decoration: blink underline line-through overline; }
```

2. 段落

学习了处理字体，就可以进一步学习段落文本的处理。在 CSS 中，可以像 Word 一样为段落设置段首缩进、段落间距等一系列属性。通过这些属性的设计可以使网页文本更加美观。

❏ **text-indent**

在日常写文章时，通常需要设置每段首行缩进，使之与段落的其他行区别开。在 CSS 中，可以通过 text-indent 属性来实现首行的缩进。text-indent 的单位为任何长度值，可为负值，如下所示。

```
p { font-size:12px;
text-indent:2em; }
```

在为段落设置首行缩进时，需要注意该属性只可为块状对象设置，例如，p、div、h1~h6 等。且该属性只对第 1 行起作用，不受换行符
的影响。如在第 1 行增加
，则将对空白行起作用。

❏ **vertical-align**

vertical-align 在 CSS 中用于设置网页对象的垂直对齐方式。其属性可以是关键字，也可以是数值。当其属性为数值时，数值将决定其由对象的基线算起的偏移量。其关键字属性共有 9 种，见表 5-21。

表 5-21　vertical-align 的属性值

属性	说　　明
auto	根据文本流动的方向设置对齐方式
baseline	默认值，将支持设置对齐方式的对象内容与基线对齐
sub	垂直对齐文本的底部
super	垂直对齐文本的顶部
top	将支持设置对齐方式的对象内容顶端对齐
text-top	将支持设置对齐方式的对象文本与对象顶端对齐
middle	将支持设置对齐方式的对象内容与对象中部基线对齐
bottom	将支持设置对齐方式的对象与对象底部对齐
text-bottom	将支持设置对齐方式的对象文本与对象底部对齐

vertical-align 属性在设置对象时，需区分对象的内容。当对象内容为图像、flash 动画等时，只可使用 top、bottom 等属性值，而当对象内容为文本时才可以使用 text-top、text-bottom 等属性。

直到 IE7 浏览器后才开始支持对 vertical-align 属性设置数值属性值。因此，在使用该属性时，应尽量使用关键字属性值。

为网页对象设置垂直对齐方式，其代码如下所示。

```
div { vertical-align:text-top; }
```

❑ **text-align**

text-align 在 CSS 中用于设置网页对象内部的对象水平对齐方式。该属性可以用于网页中所有的块状对象，并且可被块状对象的子对象继承。其属性值共 4 种，见表 5-22。

表 5-22 text-align 的属性值

属性值	说　　明
left	默认值，左对齐
right	右对齐
center	居中对齐
justify	两端对齐

为网页对象设置水平方式，其代码如下所示。

```
div { text-align:justify }
```

❑ **writing-mode**

writing-mode 属性用于控制网页文本的流动方向。通过使用该属性，可以在网页中使用东亚语言的文本排列方式。其有两个属性值，见表 5-23。

表 5-23 writing-mode 的属性值

属性值	说　　明
lr-tb	对象的内容从水平方向自左向右流动，且所有字符的方向均为垂直向上
tb-rl	对象的内容从垂直方向自上而下流动，所有全角字符的方向垂直向上，而半角字符顺时针旋转 90 度显示。这种文本流动方向是东亚语系常用的方向

在使用 writing-mode 属性时，需要注意该属性不会被累积作用。当父对象被设置为 tb-rl 后，即使子对象被设置为 tb-rl 也不会被旋转，而是获得自己独立的文本流动方向。当设置 tb-rl 属性值后，text-align 和 vertical-align 两个属性的作用将发生变化，text-align 将控制内容垂直对齐，而 vertical-align 将控制内容水平对齐。在网页中使用该 CSS 属性，其代码如下所示。

```
div { writing-mode:tb-rl; }
```

❑ **direction/unicode-bidi**

direction 也是一种控制文本流动方向的 CSS 属性。其与 writing-mode 不同在于 writing-mode 控制文本流动的水平与垂直方向转换，而 direction 则控制文本的自左向右流动还是自右向左流动。direction 有 3 个属性值，见表 5-24。

表 5-24 direction 的属性值

属性值	说　　明
ltr	默认值，文本自左向右流动
rtl	文本自右向左流动
inherit	文本流动的方向自父对象继承获得

direction 属性的属性值在被设置为 rtl 时，不会影响拉丁文的字母数字字符，但会影响拉丁文的标点符号。该属性仅对块状对象有效，如需在内联对象中使用，必须与 unicode-bidi 一起使用，且 unicode-bidi 的属性值必须为 embed 或 bidi-override。

unicode-bidi 属性的作用是辅助 direction 属性控制文本流动方向，该属性必须与 direction 一起使用。其属性值共有 3 种，见表 5-25。

表 5-25 unicode-bidi 的属性值

属性值	说　　明
normal	默认值。内联对象不按照 direction 规定的文本流动方向排列
bidi-override	严格按照 direction 属性的值排序，忽略隐式双向运算规则
embed	打开附加的嵌入层，用 direction 属性的值指定嵌入层，在对象内部进行隐式重排序

在网页中修改文本流动的左右方向，其代码如下所示。

```
div { direction: rtl; unicode-bidi: bidi-override; }
```

❏ **word-break**

在默认情况下，英语等一些字母文字是不允许将单词打断换行的。而 word-break 属性的作用就是控制对象中文本的字内换行行为，尤其是当文本中有多种语言时。该属性有 3 种属性值，见表 5-26。

表 5-26 word-break 属性值

属性值	说　　明
normal	默认值，允许在词间换行
break-all	该属性值允许非亚洲语言文本行的任意字内断开，适合包含一些非亚洲文本的亚洲文本
keep-all	该属性值不允许中文、韩文、日文等亚洲语言的文字断开，适合包含少量亚洲文本的非亚洲文本

在中文段落中，应为该属性使用 break-all 属性值，其代码如下所示。

```
div { word-break : break-all; }
```

3. 列表

列表是一种特殊的文本，其在网页布局和排版方面都具有强大的功能，在 CSS 布局的网页中，列表的使用率非常高。CSS 的属性也可以控制列表的样式。

❏ **list-style**

list-style 是一种复合属性，其可以控制列表的项目符号、列表位置等。通过该属性引申出了 3 个子属性，即 list-style-image、list-style-position 和 list-style-type 等。list-style

网页设计与网站组建标准教程（2013—2015 版）

的属性值通常是其 3 个子属性的属性值。

在用 list-style 属性控制列表样式时，其默认值为 disc outside none。如果在其属性值中同时设置了 list-style-image 和 list-style-type 两个子属性的值，通常浏览器优先执行 list-style-image 的属性值，除非 list-style-type 的值为 none 或 url 图像的地址链接失效。

❑ **list-style-type**

list-style-type 属性用于设置网页中项目列表的符号样式，其属性值共有 9 种，见表 5-27。

表 5-27 list-style-type 属性值

属性值	说　明
disc	默认值，实心圆形项目列表符号
circle	空心圆形项目列表符号
square	实心方块项目列表符号
decimal	阿拉伯数字项目列表符号
lower-roman	小写罗马数字项目列表符号
upper-roman	大写罗马数字项目列表符号
lower-alpha	小写英文字母项目列表符号
upper-alpha	大写英文字母项目列表符号
none	不使用项目列表符号

在使用 list-style-type 时需要注意，当项目列表的左外边距（margin-left）被设置为 0 时，则列表的项目符号将隐藏。如要显示项目列表符号，则必须将左外边距设置为大于或等于 30。

list-style-type 属性仅在 list-style-image 属性值为 none 或其指定的图像 url 地址链接失效时才可显示。list-style-type 通常用于定义 ol、ul 等标签。如需要使用 list-style-type 定义 li 对象时，li 对象必须具有如下属性。

```
display:list-item;
```

在网页中设置项目列表符号的样式，其代码如下所示。

```
li { display:list-item; list-style-type: square; }
```

❑ **list-style-image**

list-style-image 属性用于设置网页中项目列表的自定义项目符号样式。其属性值有两种，分别为 none 和 url 地址。list-style-image 属性的执行优先级高于 list-style-type。只有当 list-style-image 的属性值为 none 时，list-style-type 才起作用。设置 list-style-image 属性为 URL 的代码如下所示。

```
ul { list-style-image:url("images/listicon.gif"); }
```

list-style-image 的 url 属性值还可以是绝对的 Internet 地址，如下所示。

```
ol { list-style-image:url("http://www.123.com/images/listicon.gif"); }
```

❑ **list-style-position**

list-style-position 属性的作用是设置项目列表符号的排列位置。其属性有两种，见

表 5-28。

表 5-28 项目列表符号的排列位置

属性值	说　　明
outside	默认值。将项目列表符号的位置设置在文本以外，且环绕文本，不根据文本标记对齐
inside	将项目列表符号的位置防止在文本以内，环绕文本，根据文本标记对齐

该属性通常用于定义 ol、ul 等标签。如需要使用该属性定义 li 对象时，li 对象必须具有如下属性。

```
display:list-item;
```

设置项目列表符号的排列位置，其代码如下所示。

```
li { display: list-item; list-style-position: inside; }
```

5.4.3　表格的处理

表格是 XHTML 中非常重要的标签对象。表格的功能主要是显示数据，以及用于网页布局。在 CSS 中，可以定义表格的各种属性，例如大小、边框、单元格等。

1. 表格基本属性

表格的基本属性主要指一些表格本身的属性，包括表格的行、单元格之间的间距等，这些属性定义了表格的基本外观。

❑ **border-collapse**

border-collapse 属性用于定义表格的行和单元格的边是否合并在一起。在 XHTML 默认状态下，表格的行和单元格的边是分开的。通过为表格设置 border-collapse 属性，可以将其合并在一起。

border-collapse 有两个属性值，分别为 separate 和 collapse。separate 是 border-collapse 属性的默认属性值，遵循 XHTML 的标准，将表格行和单元格的边分开；而 collapse 属性则是将表格的行和单元格合并。在网页中为表格设置行和单元格的边，其代码如下所示。

```
table { border-collapse: separate; }
```

❑ **border-spacing**

border-spacing 属性的作用是设置表格行和表格单元格的间距。该属性的属性值为浮点数字与单位组成的长度值，不可为负值。border-spacing 属性仅在 border-collapse 属性设置为 separate 时有效。

在设置 border-spacing 属性值时，可设置一个值或两个值。当只设置一个值时，该值将作用于水平和垂直的间距；而当设置两个值时，第一个值作用于水平间距，第二个值作用于垂直间距。为表格设置间距大小，其代码如下所示。

```
table { border-collapse: separate; border-spacing: 3px,5px; }
```

❑ **empty-cells**

empty-cells 属性用于检测表格单元格中的内容，并根据其内容的有无而决定是否显示单元格的边框。该属性仅在 border-collapse 属性设置为 separate 时有效。其有两个属性值，show 属性值为默认值，当表格单元格无内容时显示单元格的边框；而 hide 属性值则定义表格单元格无内容时隐藏其边框。在网页中设置该属性，其代码如下所示。

```
table { border-collapse: separate; empty-cells: hide; }
```

2．表格的大小

CSS 样式可以通过设置其属性定义所有块状对象的大小，其中就包括表格及其单元格。定义表格或单元格的大小，可以将其设置为一个指定值，也可以将其设置为一个范围。

❑ **表格的高度**

在 CSS 中，定义表格的高度是通过间接定义单元格的高度来进行的。其原理是使用 CSS 定义表格中每个单元格的高度，然后选取每行中高度最大的单元格，将其相加得出表格的高度。定义高度的属性共有 3 个，见表 5-29。

表 5-29　定义高度的 CSS 属性

属性值	说　　明
height	设置网页中块状对象的高度，其值可为 auto（默认值），也可为浮点和单位组成的数值
max-height	设置网页中块状对象的最大高度，其值 auto（默认值），也可为浮点和单位组成的数值或百分比值。如将其设置为数值，且数值小于 min-height 值，则将自动转设为 min-height 的值
min-height	设置网页中块状对象的最小高度，其值 auto（默认值），也可为浮点和单位组成的数值。如将其设置为数值或百分比值，且数值大于 max-height 值，则将自动转设为 max-height 的值

例如，网页中的一个由两行单元格组成的表格，其代码如下所示。

```
<table style="border:0px;border-spacing:0px; empty-cells;show;">
  <tr>
    <td class="td001">td001</td>
  </tr>
  <tr>
    <td class="td002">td002</td>
  </tr>
</table>
```

如要定义该表格的高度，可为各单元格设置如下代码。

```
.td001 { height:120px; }
.td002 { height:55px; }
```

在使用如上 CSS 代码进行控制后，表格的高度为 175px。

❑ **表格的宽度**

在 CSS 中定义表格宽度的方式和定义表格高度完全不同。在定义表格高度时，是通过定义表格的单元格高度进行的；而在定义表格的宽度时，是直接定义表格的宽度。表格的单元格宽度将根据表格的宽度进行适度的缩放。在 CSS 中，定义宽度的属性也有 3 种，见表 5-30。

表 5-30　定义宽度的 CSS 属性

属性值	说　　　　明
width	设置网页中块状对象的宽度，其值可为 auto（默认值），也可为浮点和单位组成的数值
max-width	设置网页中块状对象的最大宽度，其值 auto（默认值），也可为浮点和单位组成的数值或百分比值。如将其设置为数值，且数值小于 min-width 值，则将自动转设为 min-width 的值
min-width	设置网页中块状对象的最小宽度，其值 auto（默认值），也可为浮点和单位组成的数值。如将其设置为数值或百分比值，且数值大于 max-width 值，则将自动转设为 max-width 的值

例如，在网页中的一个由两列单元格组成的表格，其代码如下所示。

```
<table style="border:0px;border-spacing:0px; empty-cells;show;"class=
"table01">
  <tr>
    <td style="width:100px;">td001</td>
    <td style="width:100px;">td002</td>
  </tr>
</table>
```

如要定义该表格的宽度，应为其添加如下 CSS 代码。

```
.table { width:300px; }
```

定义该表格的宽度后，表格中的两个单元格默认应各为表格宽度的一半（根据单元格中内容的多少而放大或缩小，在这段代码中应各为 150px）。

5.4.4　边框的处理

边框线是美化网页对象样式的一种重要的工具。在 CSS 中，可以定义网页对象边框线的线型、宽度以及颜色。其使用的是复合属性 border 及其扩展的各种属性。

1．边框线的类型

目前 CSS 已支持的边框线的类型共有 8 种，相应地，设置网页对象边框线的属性值有 9 种（包括无边框线的属性值），见表 5-31。

表 5-31 边框线的属性值

属性值	说　明
none	默认值，无边框。当设置表格边框线为该属性值时，所有对表格边框线的宽度和颜色的设置都将无效
dotted	点划线。设置该属性值时，表格边框的宽度不能小于 2px
dashed	虚线边框
solid	实线边框
double	双线边框。其两条单线和其间隔的和等于指定的边框宽度（border-width）。设置该属性值时，表格边框的宽度不能小于 3px
groove	根据黑色和表格边框的颜色（Border-color）的线条组成的 3D 凹槽，设置该属性值时，表格边框的宽度（border-width）不能小于 4px
ridge	根据黑色和表格边框的颜色（Border-color）的线条组成的 3D 凸槽，设置该属性值时，表格边框的宽度（border-width）不能小于 4px
inset	根据黑色和表格边框的颜色（Border-color）的线条组成的 3D 凹边，设置该属性值时，表格边框的宽度（border-width）不能小于 4px
outset	根据黑色和表格边框的颜色（Border-color）的线条组成的 3D 凸边，设置该属性值时，表格边框的宽度（border-width）不能小于 4px

例如，设置网页元素的边框线为 3D 凸边，其代码如下所示。

```
#table01 { border-style: outset; border-width:4px;}
```

border-style 属性不仅可以为网页设置 4 条相同的边框线，还可以按照需求设置多条不同的边。这就需要为 border-style 设置多个不同的值。例如，为 border-style 设置两个值，其第一个值将控制网页对象顶部与底部边框线的样式；而第二个值将控制网页对象左侧和右侧边框线的样式，其代码如下所示。

```
#borderdiv { border-style:solid dashed; }
```

为 border-style 设置 3 个值时，其第一个值将控制网页对象顶部边框线的样式，第二个值将控制网页对象左侧和右侧边框线的样式，而第三个值将控制网页对象底部边框线的样式，其代码如下所示。

```
#borderdiv { border-style:solid dashed dotted; }
```

为 border-style 设置 4 个值时，则其 4 个值分别为网页对象的顶部、右侧、底部和左侧的边框线的样式，其代码如下所示。

```
#borderdiv { border-style:solid dashed dotted solid; }
```

设置网页对象的 4 条边框线，还可以使用 border-style 的 4 个复合属性。这 4 个复合属性见表 5-32。

表 5-32 border-style 的复合属性

复合属性	说　明
border-top-style	定义网页对象顶部边框线的类型
border-right-style	定义网页对象右侧边框线的类型
border-left-style	定义网页对象左侧边框线的类型
border-bottom-style	定义网页对象底部边框线的类型

例如，要设置网页对象顶部和底部边框线为实线，左侧和右侧无边框线，其代码如下所示。

```
#borderdiv {
border-top-style:solid;
border-right-style:none;
border-bottom-style:solid;
border-left-style:none; }
```

2．边框线的宽度

网页对象的边框线宽度也可以通过 CSS 来定义，这就需要使用 border-width 属性。CSS 定义的网页对象边框线宽度有两种类型，即绝对宽度和相对宽度。绝对宽度是以浮点数和单位组成数值，最小值为 0。相对宽度则有 3 种，见表 5-33。

表 5-33 边框线的相对宽度

属性值	说　明
thin	相对宽度值。该值根据浏览器的分辨率确定，略少于默认值
medium	默认值。相对宽度值，该值根据浏览器的分辨率确定
thick	相对宽度值。该值根据浏览器的分辨率确定，略多于默认值

例如，需要设置网页元素的宽度为中等，其代码如下所示。

```
#newdiv { border-width:medium; }
```

border-style 属性也可以设置多个属性值，其使用方法和 border-width 相同。如需将网页元素的 4 条边框设置为各不相同，还可以使用 border-style 属性的 4 种复合属性，见表 5-34。

表 5-34 边框宽度的复合属性

属性名称	说　明
border-top-width	定义网页对象顶部边框的宽度
border-right-width	定义网页对象右侧边框的宽度
border-bottom-width	定义网页对象底部边框的宽度
border-left-width	定义网页对象左侧边框的宽度

例如，设置网页的顶部边框宽度为 2px，底部边框宽度为 4px，其代码如下所示。

```
#borderdiv {
border-style:solid;
border-top-width:2px;
border-right-width:0px;
border-bottom-width:4px;
border-left-width:0px; }
```

3．边框的颜色

在默认情况下，网页对象的边框颜色和网页对象内文本的颜色相同。通过复合属性

border-color，可以为网页对象设置自定义颜色。border-color 的使用方法和 border-style、border-width 完全相同。

5.5 实验指导：制作"宠物世界"网页

很多网站导航中的分类项目都是通过不同的页面来展示，而在 Dreamweaver 中有一种可以让各个分类项目在同一个页面中展示的方法，那就是 Spry 选项卡式面板。本例将介绍一个关于宠物世界页面的制作方法，浏览效果如图 5-13 所示。

图 5-13 宠物世界浏览效果

操作步骤：

1 新建空白文档，设置该文档的【背景颜色】为"#FFFFCC"，【标题】为"宠物世界"，如图 5-14 所示。

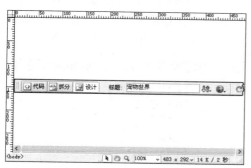

图 5-14 设置文档背景颜色

2 单击【Spry】选项卡中的【Spry 选项卡式面板】按钮，建立 Spry 选项卡式面板，

如图 5-15 所示。

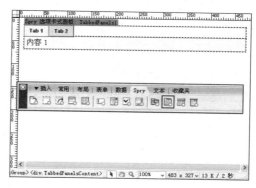

图 5-15 创建 Spry 选项卡式面板

3 选择该 Spry 构件，在【属性】面板中单击【面板】的【添加面板】按钮 ✚，将自动增加"Tab3"面板，如图 5-16 所示。

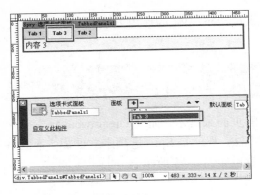

图 5-16　增加面板

4 按 Shift+F11 组合键打开【CSS 样式】面板，在该面板中，双击".TabbedPanelsTab"属性，在弹出的【.TabbedPanelsTab 的 CSS 规则定义】对话框中设置文本参数，如图5-17 所示。

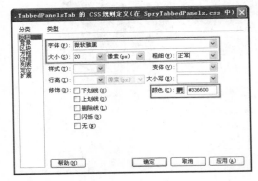

图 5-17　设置文本参数

5 在该对话框中，选择【背景】选项卡，设置【背景颜色】为"#CCEEDE",然后单击【确定】按钮，如图 5-18 所示。

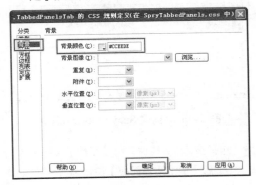

图 5-18　设置背景颜色

6 在该文档中，可看到面板选项卡中的文字及背景已发生变化，如图 5-19 所示。

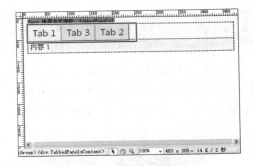

图 5-19　浏览选项卡效果

7 双击【CSS 样式】面板中的".Tabbed-PanelsTabHover"属性，在其打开的对话框中设置【背景】的【背景颜色】，如图 5-20所示。

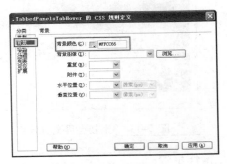

图 5-20　设置背景颜色

8 双击【CSS 样式】面板中".TabbedPanels-TabSelected"属性，在其打开的对话框中设置选定选项卡的【背景颜色】为白色（#FFFFFF），如图 5-21 所示。

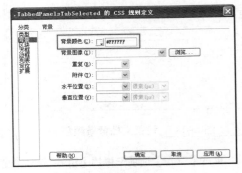

图 5-21　设置背景颜色

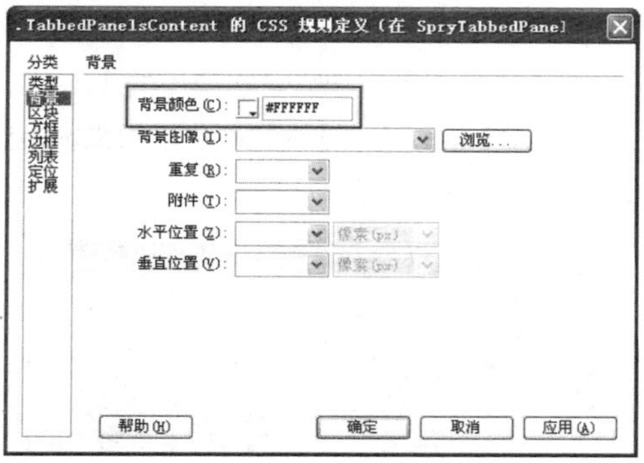

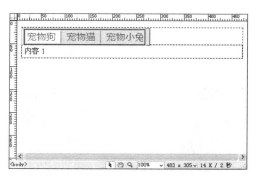

图 5-22 设置背景颜色

图 5-23 修改文本

9 打开".TabbedPanelsContent"属性的相应对话框,设置内容面板的【背景颜色】为白色(#FFFFFF),如图5-22所示。分别修改面板选项卡中的文本,如图5-23所示。

10 依次删除3个内容面板中的文本,然后单击【常用】选项卡中的【图像】按钮 图▼,分别插入本书配套光盘相应文件夹中的素材图像,如图5-24所示。

11 保存该文档,按F12快捷键可预览网页,单击面板选项卡可查看网页效果。

图 5-24 插入素材图像

5.6 实验指导:制作"西餐菜谱"网页

通过 CSS 规则,可以设置自定义样式的项目列表。例如,设置项目列表符号等。本练习将使用 CSS 设置的自定义项目列表制作一个西餐菜谱网页,如图5-25所示。

图 5-25 西餐菜谱浏览效果

操作步骤:

1️⃣ 新建空白文档,设置文档背景图像及【标题】,如图 5-26 所示。

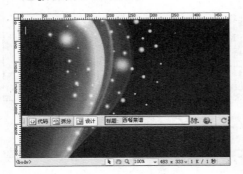

2️⃣ 单击【文本】选项卡中的【项目列表】按钮 ul,输入本书配套光盘相应文件夹中的素材文本,如图 5-27 所示。

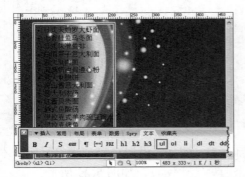

图 5-27 创建项目列表

3️⃣ 单击【新建 CSS 规则】按钮,在弹出的【新建 CSS 规则】对话框中设置参数值,如图 5-28 所示。

图 5-28 新建 CSS 规则

4️⃣ 单击【确定】按钮后,在弹出的【.liebiao 的 CSS 规则定义】对话框中设置文本的参数,如图 5-29 所示。

图 5-29 设置参数值

5️⃣ 在该对话框中,选择【方框】选项卡,设置【边界】的【上】为 80 像素,【左】为 300 像素,如图 5-30 所示。

图 5-30 设置参数值

6️⃣ 选择【列表】选项卡,在【项目符号图像】中,单击【浏览】按钮选择素材图像,然后设置【位置】为"内",如图 5-31 所示。

图 5-31 设置参数值

7 单击【确定】按钮后，选择文档中的<body>标签，选择所有文本，然后在【属性】面板中设置【格式】为 liebiao，文本将自动套用该样式，如图 5-32 所示。

8 保存文档后，按 F12 快捷键打开 IE 窗口浏览网页效果。

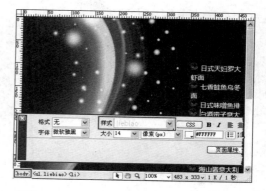

图 5-32 套用 CSS 样式

5.7 思考与练习

一、填空题

1. _____是一种用于网页设计的、无需编译的、由网页浏览器直接解析的标记语言。

2. 在 Dreamweaver 中编辑 CSS，需要使用到【CSS】面板。通过【CSS】面板，可以为网页添加_____、_____、_____、CSS 样式代码。

3. CSS 代码在网页中主要有 3 种存在的方式，即_____、_____和_____。

4. 在外部 CSS 文件中，通常需要在_____中创建 CSS 的文档声明，以定义 CSS 文档的一些基本属性。

5. Dreamweaver 提供了强大的 CSS 编辑功能。用户可以方便地为网页_____CSS 样式规则、_____CSS 规则和_____CSS 规则。

6. _____是 CSS 代码的对外接口。网页浏览器就是根据 CSS 代码的选择器，以实现和_____代码的匹配。

7. _____是指大部分 CSS 属性共同使用的一些属性值。这些属性值通常为数值，且有固定的_____。

8. _____是 XHTML 中非常重要的标签对象，主要功能是_____，以及用于网页布局。

二、选择题

1. 外部 CSS 是一种独立的 CSS 样式，其一般将 CSS 代码存放在一个独立的文本文件中，扩展名为"_____"。

A. .css

B. .swf

C. .html

D. .jpg

2. 使用内部 CSS 的好处在于可以将整个页面中所有的 CSS 样式集中管理，以选择器为_____供网页浏览器调用。

A. 集合

B. 样式

C. 函数

D. 接口

3. 内联 CSS 是利用 XHTML 标签的 style 属性设置的 CSS 样式，又称_____样式。

A. 外嵌式

B. 嵌入式

C. 外联式

D. 关联式

4. _____属性用于检测表格单元格中的内容，并根据其内容的有无而决定是否显示单元格的边框。

A. color

B. font

C. empty-cells

D. src

三、简答题

1. 概述 CSS 样式表的作用。

2. 简单介绍 CSS 样式的几种类型。

3. 简单介绍 CSS 选择器的概念。

4. 概述公共属性值的功能。

第6章

页面设计高级应用

在了解了基本的网页设计元素和 CSS 基础以后，用户已经可以将设计的网页连接起来，组成一个网站。在建立网站过程中，会经常遇到文本、图像、多媒体以及包含这些对象的表格等在多个网页中重复出现的情况。通常可以通过复制和粘贴等操作来提高制作这部分内容的效率。

事实上，还有一些其他的工具可以更快的速度制作和更新这部分网页内容，这就需要使用框架、模板和容器。例如，设计者可以将重复的内容制作成为一个单独的页面，通过框架将几个页面连接在一起，制成框架网页，可以有效地减少网页中重复的内容，减小网站中网页代码的体积。

本章学习要点：

- ➢ 了解模板的概念
- ➢ 掌握模板的创建及使用
- ➢ 了解容器的概念
- ➢ 掌握容器的布局方式
- ➢ 了解框架的概念
- ➢ 掌握框架的创建及使用

6.1　模板网页

模板是一种提高网页制作效率的有效工具。在网页设计中，同一个网站在设计上经常会遇到几十个风格基本一样的网页。如果每次都使用 XHTML 设计网页的结构，并使用 CSS 来定义网页对象的样式，那么其效率将非常低。借助 Dreamweaver 的模板功能，可以用几步简单的操作，快速生成大量类似网页，可以有效地节省制作网页的时间。

6.1.1　模板概述

模板是生成网页的基础文档。在制作网页时，内容会频繁更新，但需要将页面的部分元素长时间保留。这时，可将长时间不变的页面元素制作成模板，需要时仅修改少量内容即可。

使用模板生成的文档是仍然可以修改的。当改变模板时，可以同时更新所有使用该模板创建的网页文档。在模板以及应用了模板的网页文档中，可以用可编辑区域和非可编辑区域将不同的版块区分开。这些区域将用不同的颜色亮度显示。通过设置 Dreamweaver 的首选项，可以更改这些区域的显示颜色。模板具有 3 大优点。

❑ **风格一致**

在网站制作过程中使用模板创建网页，可以生成大量风格一致的网页，使整个网站看起来更加系统化，而且可以避免进行大量重复的工作。

❑ **便于修改**

由模板创建的网页构成的网站在修改上非常方便。例如，对整个网站风格进行修改，仅仅需要修改网站的模板，就可以使整个网站快速更换样式。

❑ **轻松备份**

没有使用模板的网站，如果需要备份网站样式，需要将整个网站中所有的网页复制下来，而使用了模板，在备份网站样式时只需要备份网站模板即可。

6.1.2　创建模板

在 Dreamweaver 中，用户可以创建新的模板，然后根据需要为模板添加内容，将其保存，也可以通过其他方式获取模板。在默认状态下，模板文档通常存放在本地站点根目录下的 Templates 目录下，其扩展名为 dwt。

创建模板的方法主要有两种，即新建模板文件和将其他的网页文档修改为模板。创建模板区域后，还需要在模板中插入各种区域，使模板可以发挥作用。

1. 创建空白模板

在 Dreamweaver 中可以建立空白的模板文件。打开 Dreamweaver，执行【文件】|【新建】命令（或按 Ctrl+N 组合键），即可打开【新建文档】对话框。在该对话框中单击【空模板】按钮，即可在右侧选择模板使用的技术以及布局类型，如图 6-1 所示。

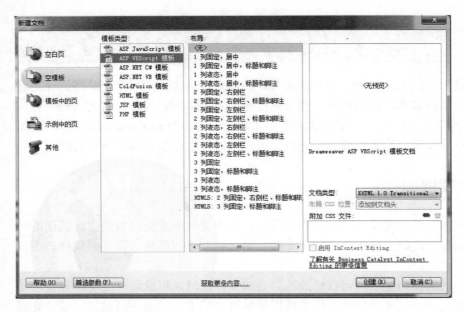

图 6-1 新建模板类型

选择需要创建的模板类型后，即可单击【创建】按钮 创建⑧，创建空白模板，并在模板中添加内容。

2. 转换模板

Dreamweaver 还支持将现有的已设计好的网页保存为模板格式。在 Dreamweaver 中首先打开已设计好的网页文档，如图 6-2 所示。

图 6-2 打开已设计好的网页

将已打开的网页中经常需要更新的部分内容删除，并执行【文件】|【另存为模板（M）】命令，即可将网页保存为 dwt 模板。

6.1.3 编辑模板

创建好的模板中各种属性往往是固定的，如页面布局、字体样式等。Dreamweaver 为了保护模板不会被随意更改，将会把模板中的普通区域锁定，要更改模板创建的网页内容，就需要为模板创建各种区域。在 Dreamweaver 中，提供了 4 种模板的区域。

1. 可编辑区域

可编辑区域是在模板中未锁定的区域，也是模板中唯一可以允许用户修改、添加内容的区域，模板的设计者可以将模板中任意区域指定为可编辑区域。在创建模板时，应让模板至少包含一个可编辑区域，否则只能创建与模板完全相同的网页文档，并且网页的所有区域都处于被锁定状态，如图 6-3 所示。

要为现有的模板添加可编辑区域，应从模板本身着手。在 Dreamweaver 中，有 3 种为模板添加可编辑区域的方法。用户可以选择需要添加模板的区域，右击执行【模板】|【新建可编辑区域（E）】命令（或按 Ctrl+Alt+V 组合键）；也可以在【插入】工具栏中单击【模板对象】按钮 🖼▾，在弹出的菜单中选择【可编辑区域】 🖾▾ 来实现。

在弹出的【新建可编辑区域】对话框中的【名称】对话框中输入可编辑区域的名称，并单击【确定】按钮即可创建可编辑区域，如图 6-4 所示。

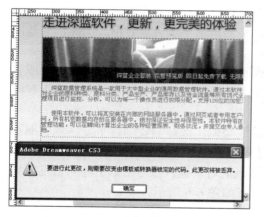

图 6-3　无法编辑的模板网页

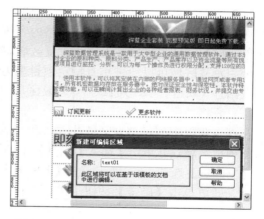

图 6-4　创建可编辑区域

在模板编辑过程中，可编辑区域是可以删除的。例如，需要将某个可编辑区域删除，可以先选择该区域，并执行【修改】|【模板】|【删除模板标签】命令。

2. 可选区域

可选区域是在创建模板时定义的一类特殊区域。在使用模板创建网页时，可以选择这些区域是否显示。使用可选区域，可以使模板更加多样化，使用一个模板即可制作出多种不同的页面。在 Dreamweaver 中，可选区域有以下两种。

❑ 普通可选区域

这类可选区域除了可以选择是否在模板中显示外，和模板其他锁定区域一样不可编辑。这类可选区域通常用于设置一些不需要变化的网页对象。

❑ 可编辑的可选区域

可编辑的可选区域是在可选区域中嵌套可编辑区域。这样，用户除了可以选择是否在模板中显示外，还可以在模板生成的网页中编辑该区域的内容。

在模板中添加可选区域，可在模板中选择需要建立可选区域的网页对象或模板区域，然后单击【插入】工具栏中的【模板对象】按钮，在弹出的菜单中选择【可选区域】选项，在弹出的【新建可选区域】对话框中设置可选区域的名称，以及是否默认显示，如图 6-5 所示。

在【高级】选项卡中，可以设置一些可选区域显示的条件。通过 JavaScript 检测这些条件，就可以实现简单的判定，决定网页是否显示该区域。可选区域在网页设计中，常用于多语言版本网页的显示与隐藏。删除可选区域的方法和删除可编辑区域的方法完全一样。

3. 重复区域

重复区域是可以根据需要在基于模板的网页文档中复制任意次数的模板区域。重复区域通常存在于表格以及表格的单元格内容等，经常用来显示大量数据。当然，其他网页对象或模板区域也可以被设置为重复区域。

使用重复区域可以通过重复特定项目来为网页布局。例如，目录项、说明布局或者重复数据行（表格、项目列表等）。重复区域可以使用两种重复区域模板对象，即重复区域和重复表格。

在网页模板中创建重复区域的方法和其他区域类似，选择需要创建重复区域的网页对象或模板区域，并单击【插入】工具栏中的【模板对象】按钮，在弹出的菜单中选择【重复区域】选项，即可打开【新建重复区域】对话框。在对话框中输入重复区域的名称，即可单击【确定】按钮，建立重复区域，如图 6-6 所示。

图 6-5 设置可选区域

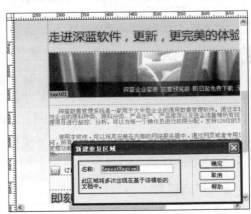

图 6-6 重复区域

4．标签属性

在 Dreamweaver 创建的模板中，还可以编辑各种标签的属性。例如，在模板中，某个网页对象使用的 CSS 类、ID、超链接对象等。在使用了可编辑的标签属性后，用户即可在用此模板创建的网页中编辑这些标签属性。

如要在模板文档中定义可编辑标签属性，首先应确定该标签具备这种属性。选择需要设置的标签，并执行【修改】|【模板】|【令属性可编辑】命令，即可打开【可编辑标签属性】的对话框，如图 6-7 所示。

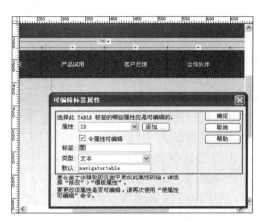

图 6-7　可编辑标签属性

在该对话框中，主要有如下一些参数，详细介绍如下。

❑ **属性**　该参数主要用于选择当前标签中哪些属性可以在网页中编辑。如果需要编辑的属性没有列在【属性】的下拉菜单中，则可以单击【添加】按钮，然后在打开的对话框中输入想要添加的属性名称，并单击【确定】按钮。

❑ **令属性可编辑**　该参数用于判断选择的属性是否允许在模板创建的网页中编辑。

❑ **标签**　该参数用于设置编辑标签属性的名称。

❑ **类型**　在此下拉菜单中即可选择可编辑标签的属性值类型，见表 6-1。

表 6-1　可编辑标签的属性值类型

属性值	说　明
文本	英文、数字以及符号组成的文本，通常用于 CSS 类、ID 等
Boolean	布尔值，即真（True）或假(False)，通常用于判断
颜色	由 6 位十六进制数字组成的颜色值，不推荐在 XHTML 的 strict 文档类型中使用
URL	统一资源定位符，通常用于链接文件的相对或绝对位置
数字	整数，通常用于定义高度和宽度。不推荐在 XHTML 的 strict 文档类型中使用

❑ **默认**　表示模板中所选标签属性的默认值。即在基于模板创建的网页文档中，该参数的初始值。

6.1.4　使用模板

在 Dreamweaver 中，可以通过模板来创建与模板风格一致的网页。这种创建方式可以极大地提高网页制作的效率。本小节将介绍使用模板创建网页以及各种模板区域的使用方法。

1. 模板的基本使用

在 Dreamweaver 中，可以通过模板来创建新的网页。执行【文件】|【新建】命令，选择【模板中的页】选项，即可选择相应的站点和模板，创建新的网页，如图 6-8 所示。

在【新建文档】对话框中，可以选择是否当模板改变时更新页面。如选择当模板改变时更新页面，则模板中非可编辑区域的内容将不允许修改。如不选择该选项，则用户可以修改非可编辑区域的内容。但当模板改变时，网页将不能更新为新的模板样式。

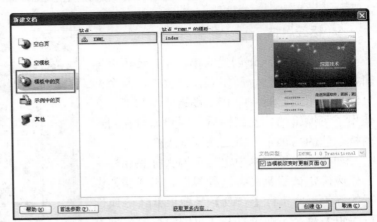

图 6-8　创建模板网页

除了从模板中创建网页外，现有的网页也可以应用已存在的模板的布局和样式。打开已创建的网页，即可执行【修改】|【模板】|【应用模板到页】命令，在弹出的【选择模板】对话框中，即可选择站点以及站点中相应的模板，如图 6-9 所示。

在选择模板过程中，同样可以选择当模板改变时是否更新页面。此时，如果文档中存在不能自动指定到模板区域的内容，将出现【不一致的区域名称】对话框。如有未解决的内容，可以为该内容选择一个目标，然后单击【选定】按钮，如图 6-10 所示。

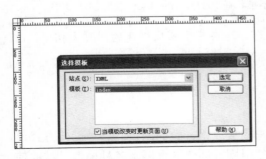

图 6-9　应用模板到页

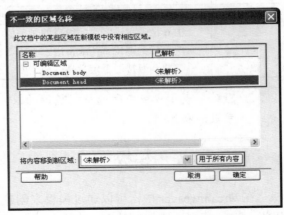

图 6-10　不一致的区域名称

由模板创建或应用过模板的网页文档还可以切断与模板的联系，这就需要将其与模板分离。打开需要分离的模板网页，然后执行【修改】|【模板】|【从模板中分离】命令，即可将网页与模板的联系完全切断。之后模板的更新将不会改变该网页，而该网页中的所有内容也都可以自由地编辑。

2. 嵌套模板

模板可以作为网页的一个普通块状对象或可编辑区域嵌套到另一个模板中。模板的嵌套功能可以使网站的开发、站点的维护以及更新变得非常方便。

嵌套模板可以帮助用户创建基本模板的副本，可以通过保存一个基于模板的文档，然后将该文档另存为一个新模板来创建嵌套模板。通过在网页中嵌套多个模板，可以更加精确地布局。

在 Dreamweaver 中创建嵌套的模板，首先应创建一个由模板生成的网页，或创建一个网页并为其应用模板（必须选择网页随模板更新）。然后，选择该文档中的可编辑区域，单击【插入】工具栏中的【模板对象】按钮 📄，在弹出的菜单中执行【创建嵌套模板】命令，在弹出的【另存模板】对话框中为模板输入名称，并单击【确定】按钮即可，如图 6-11 所示。

3. 重复区域的复制

重复区域是在由模板创建或应用模板的网页中复制的。如果模板当中有重复区域，则由该模板创建或应用过该模板的网页将可以复制这些区域。在这些网页中，重复区域上通常有一排操作按钮，包括添加重复区域 ➕、删除重复区域 ➖、将当前的重复区域下移 🔽 和将当前的重复区域上移 🔼，如图 6-12 所示。

图 6-11 另存模板

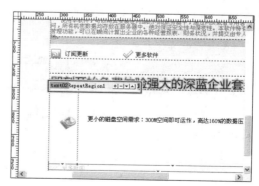

图 6-12 重复区域

在复制重复区域后，即可调整重复区域的位置，并在其中输入新的内容，如图 6-13

所示。

4．更新基于模板的文档

在 Dreamweaver 中，所有基于模板的网页都和模板保持着链接的关系。在修改模板后，通常 Dreamweaver 将提示是否将所有基于该模板的网页更新一遍。

如果因为某种原因未更新模板，则可以打开需要更新的模板网页，执行【修改】|【模板】|【更新页面】命令，打开【更新页面】对话框。在【查看】下拉菜单中有两个选项，如图 6-14 所示，其作用如下。

图 6-13　复制重复区域　　　　　　**图 6-14**　更新页面

❏ **整个站点**

选择该选项，Dreamweaver 将更新在后面下拉菜单中指定站点中的所有文档。

❏ **文件使用**

选择该选项后，Dreamweaver 将在后面的下拉菜单中列出当前站点中所用的模板。选择相应的模板，即可更新与该模板相关的文档。

在【更新】选项组中选择【模板】复选框，然后单击【开始】按钮，即可开始更新使用模板的文档。

> **提 示**
>
> 用模板更新网页时，必须确定该网页没有被 Dreamweaver 或其他网页编辑程序打开。正在编辑的网页是无法通过模板更新进行自动修改的。

6.2　容器

在标准化的 Web 页设计中，将 XHTML 中所有块状标签和部分可变标签视为网页内容的容器。使用 CSS 样式表，用户可以方便地控制这些容器性标签，为网页的内容布局，定义这些内容的位置、尺寸等布局属性。

6.2.1　了解 CSS 盒模型

盒模型是一种根据网页中的块状标签结构抽象化而得出的一种理想化模型。其将所有网页中的块装标签看作是一个矩形的盒子，通过 CSS 样式表定义盒子的高度、宽度、填充、边框以及补白等属性，实现网页布局的标准化。

盒模型理论是 Web 标准化布局的基础。理解盒模型，有助于将复杂的 Web 布局简化为一个个简单的矩形块，从而提高布局的效率。

1. 盒模型结构

在 CSS 中，所有网页都被看作一个矩形框，或者称为标签框。CSS 盒模型正是描述这些标签在网页布局中所占的空间和位置的基础，如图 6-15 所示。

在 CSS 盒模型中，将网页的标签拆分为 4 个组成部分，即内容区域、填充、边框、补白等。使用 CSS 样式表，用户可以方便地定义盒模型各部分的属性。

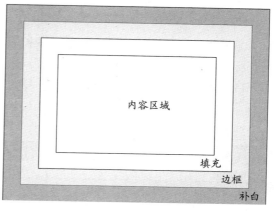

图 6-15 盒模型结构

2. 设置内容区域属性

在 CSS 样式表中，允许用户定义内容区域的尺寸，包括内容区域的宽度、高度、最大宽度、最小宽度以及最大高度和最小高度等 6 种属性，见表 6-2。

表 6-2 内容区域属性

属　　性	作　　用
width	定义内容区域的宽度
height	定义内容区域的高度
max-width	定义内容区域的最大宽度
min-width	定义内容区域的最小宽度
max-height	定义内容区域的最大高度
min-height	定义内容区域的最小高度

以上 6 种定义内容区域尺寸的属性，其属性值均为关键字 auto 或长度值。其中，关键字 auto 为这 6 种属性的默认值。例如，定义某个网页标签的尺寸为 320px×240px，代码如下所示。

```
width : 320px ;
height : 240px ;
```

在处理一些特殊的网页标签时，往往需要为网页标签指定一个尺寸范围，例如定义网页标签的宽度在 100px 到 200px 之间，则可使用内容区域的最大宽度和最小宽度属性，代码如下。

```
min-width : 100px ;
max-width : 200px ;
```

同理，在处理高度在某个范围的网页标签时，也可以使用 min-height 和 max-height 等属性。

3．设置填充属性

填充是网页标签边框线内部的一种扩展区域。其与内容区域的区别在于，用户如为网页标签添加了各种文本、图像等内容，则这些内容只会在内容区域显示，无法显示于填充区域。填充可以拉开网页标签内容与边框之间的距离。在 CSS 样式表中，用户可以通过 5 种属性定义网页标签的填充尺寸，见表 6-3。

表 6-3　设置填充属性

属　　性	作　　用
padding	定义网页标签 4 个方向的填充尺寸
padding-top	定义网页标签顶部的填充尺寸
padding-right	定义网页标签右侧的填充尺寸
padding-bottom	定义网页标签底部的填充尺寸
padding-left	定义网页标签左侧的填充尺寸

以上 5 种填充属性的属性值为表示填充尺寸的长度值。其中，padding 属性可使用 1 到 4 个长度值作为属性值。

当 padding 属性的属性值为一个独立的长度值时，其表示所有的 4 个方向填充尺寸均为该长度值。例如，定义某个标签的 4 个方向均填充 20px，代码如下。

```
padding : 20px ;
```

当 padding 属性的属性值为以空格隔开的 2 个长度值时，则第一个长度值表示顶部和底部的填充尺寸，第二个长度值表示左侧和右侧的填充尺寸。例如，定义某个标签的顶部和底部填充 20px，左侧和右侧填充 15px，代码如下所示。

```
padding : 20px 15px ;
```

当 padding 属性的属性值为以空格隔开的 3 个长度值时，则第一个长度值表示顶部的填充尺寸，第二个长度值表示左侧和右侧的填充尺寸，第三个长度值表示底部的填充尺寸。例如，定义某个标签的顶部填充 20px，左侧和右侧填充 15px，底部填充 0px，代码如下所示。

```
padding : 20px 15px 0px ;
```

当 padding 属性的属性值为以空格隔开的 4 个长度值时，则分别表示网页标签顶部、右侧、底部和左侧等 4 个方向的填充尺寸。例如，定义某个网页标签顶部填充 30px，右侧填充 25px，底部填充 20px，左侧填充 15px，其代码如下所示。

```
paddinkg : 30px 25px 20px 15px ;
```

4．设置补白属性

补白是网页标签边框线外部的一种扩展区域。为网页标签建立补白，可以使网页标签与其父标签和其他同级别标签拉开距离，从而实现各种复杂的布局效果。

与填充属性类似，CSS 样式表提供了 5 种补白属性，用于定义网页标签的补白尺寸，见表 6-4。

表6-4　补白属性

属　　性	作　　用
margin	定义网页标签 4 个方向的补白尺寸
margin-top	定义网页标签顶部的补白尺寸
margin-right	定义网页标签右侧的补白尺寸
margin-bottom	定义网页标签底部的补白尺寸
margin-left	定义网页标签左侧的补白尺寸

以上 5 种补白属性的属性值与填充属性相同，都为表示补白尺寸的长度值。其中，margin 属性可以使用 1 到 4 个长度值作为属性值。

当 margin 属性的属性值为一个独立长度值时，表示所有的 4 个方向补白尺寸均为该长度值。例如，定义某个标签在 4 个方向的填充尺寸均为 20px，代码如下。

```
margin : 20px ;
```

当 margin 属性的属性值为以空格隔开的 2 个长度值时，则第一个长度值表示顶部和底部的补白尺寸，第二个长度值表示左侧和右侧的补白尺寸。例如，定义某个标签顶部和底部补白 30px，左侧和右侧补白 20px，代码如下所示。

```
margin ：30px 20px ;
```

当 margin 属性的属性值为以空格隔开的 3 个长度值时，则其分别表示顶部、左侧和右侧、底部的补白尺寸。例如，定义某个标签的顶部补白 25px，左侧和右侧补白 20px，底部补白 30px，代码如下所示。

```
margin : 25px 20px 30px ;
```

当 margin 属性的属性值为以空格隔开的 4 个长度值时，则分别表示网页标签顶部、右侧、底部和左侧等 4 个方向的补白尺寸。例如，定义某个网页标签的顶部补白 30px，右侧补白 25px，底部补白 20px，左侧补白 15px，代码如下所示。

```
margin : 30px 25px 20px 15px ;
```

6.2.2　流动布局

在 Web 标准化布局中，通常包括 3 种基本的布局方式，即流动布局、浮动布局和绝对定位布局。其中，最简单的布局方式就是流动布局，其特点是将网页中各种布局元素按照其在 XHTML 代码中的顺序，以类似水从上到下的流动一样依次显示。

在流动布局的网页中，用户无需设置网页各种布局元素的补白属性，例如，一个典型的 XHTML 网页，其 body 标签中通常包括头部、导航条、主题内容和版尾等 4 个部分，使用 div 标签建立这 4 个部分所在的层后，代码如下所示。

```
<div id="header"></div>
```

```
<!--网页头部的标签。这部分主要包含网页的 logo 和 banner 等内容-->
<div id="navigator"></div>
<!--网页导航的标签。这部分主要包含网页的导航条-->
<div id="content"></div>
<!--网页主题部分的标签。这部分主要包含网页的各种版块栏目-->
<div id="footer"></div>
<!--网页版尾的标签。这部分主要包含尾部导航条和版权信息等内容-->
```

在上面的 XHTML 网页中，用户只需要定义 body 标签的宽度、外补丁，然后即可根据网页的设计，定义各种布局元素的高度，即可实现各种上下布局或上中下布局。例如，定义网页的头部高度为 100px，导航条高度为 30px，主题部分高度为 500px，版尾部分高度为 50px，代码如下所示。

```
body {
  width : 1003px ;
  margin : 0px ;
}//定义网页的 body 标签宽度和补白属性
#header { height : 100px ; }
//定义网页头部的高度
#navigator{ height : 30px; }
//定义网页导航条的高度
#content{ height : 500px; }
//定义网页主题内容部分的高度
#footer{ height : 50px; }
//定义网页版尾部分的高度
```

流动布局方式的特点是结构简单，兼容性好，所有的网页浏览器对流动布局方式的支持都是相同的，不需要用户单独为某个浏览器编写样式。然而，其无法实现左右分栏的样式，因此只能制作上下布局或上中下布局，具有一定的应用局限性。

6.2.3 浮动布局

浮动布局是符合 Web 标准化规范的最重要的一种布局方式。其特点是将所有的网页标签设置为块状标签的显示方式，然后再进行浮动处理，最后，通过定义网页标签的补白属性来实现布局。

浮动布局可以将各种网页标签紧密地分布在页面中，不留空隙，同时还支持左右分栏等样式，因此是目前最主要的布局手段。

在使用浮动布局方式时，用户需要先将网页标签设置为块状显示。即设置其 display 属性的值为 block。然后，还需要使用 float 属性，定义标签的浮动显示。

float 属性的作用是定义网页布局标签在脱离网页的流动布局结构后显示的方向。其在网页设计中主要可应用于两个方面，即实现文本环绕图像或实现浮动的块状标签布局。float 属性主要包含 4 个关键字属性值，见表 6-5。

网页设计与网站组建标准教程（2013—2015 版）

⫶⫶⫶ 表 6-5　float 属性

属性值	作　　　用
none	默认值，定义网页布局标签以流动方式显示不浮动
left	定义网页布局标签以左侧浮动的方式脱离流动布局
right	定义网页布局标签以右侧浮动的方式脱离流动布局
inherit	定义网页布局标签继承其父标签的浮动

　　float 属性通常和 display 属性结合使用，先使用 display 属性定义网页布局标签以块状的方式显示，然后再使用 float 属性，定义其向左浮动或向右浮动，代码如下所示。

```
display : block ;
float : left ;
```

提　示

所有的网页浏览器都支持 float 属性，但是，其 inherit 属性值只有在 Firefox 等非 Internet Explorer 浏览器中才被支持。任何版本的 Internet Explorer 浏览器都不支持 float 属性的 inherit 属性值。

　　以网页设计中最常见的 div 布局标签为例，在默认状态下，块状的 div 布局标签在网页中会以上下流动的方式显示，如图 6-16 所示。

　　在将布局标签设置为块状方式显示并定义其尺寸后，这些标签仍然会以流动的方式显示，如图 6-17 所示。

　　在为"网页左侧栏标签"和"网页右侧栏标签"两个标签定义浮动属性后，即可使其左右分列布局，如图 6-18 所示。

　　在上面的布局中，左侧栏标签的 CSS 样式代码如下所示。

```
display : block ;
float : left ;
width : 150px ;
height : 60px ;
line-height : 60px ;
background-color : #6CF ;
```

　　右侧栏标签的 CSS 样式代码如下所示。

```
display : block ;
float : left ;
width : 350px ;
height : 60px ;
```

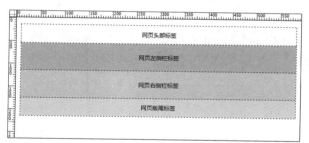

◯ 图 6-16　上下流动

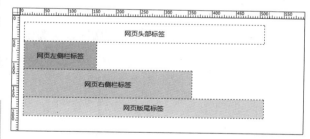

◯ 图 6-17　流动

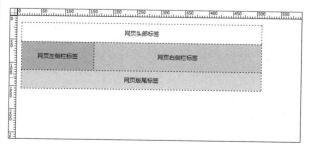

◯ 图 6-18　左右分列

```
line-height : 60px ;
background-color:#FCO;
```

6.2.4 绝对定位布局

除了使用流动布局和浮动布局等两种布局方式外，用户还可以使用绝对定位的方式为网页标签布局。绝对定位布局的原理是为每一个网页标签进行定义，精确地设置标签在页面中的具体位置和层叠次序。

1. 设置精确位置

设置网页标签的精确位置，可使用 CSS 样式表的 position 属性先定义标签的性质。position 属性的作用是定义网页标签的定位方式，其属性值为 4 种关键字，见表 6-6。

表 6-6 精确位置

属性值	作　用
static	默认值，无特殊定位，遵循网页布局标签原本的定位方式
absolute	绝对定位方式，定义网页布局标签按照 left、top、bottom 和 right 等 4 种属性定位
relative	定义网页布局标签按照 left、top、bottom 和 right 等 4 种属性定位，但不允许发生层叠，即忽视 z-index 属性设置
fixed	修改的绝对定位方式，其定位方式与 absolute 类似，但需要遵循一些规范，例如，position 属性的定位是相对于 body 标签的，fixed 属性的定位则是相对于 html 标签的

将网页布局标签的 position 属性值设置为 relative 后，可以通过设置左侧、顶部、底部和右侧等 4 种 CSS 属性，定义网页布局标签在网页中的偏移方式。其结果与通过 margin 属性定义网页布局标签的补白类似，都可以实现网页布局的相对定位。

将网页布局标签的 position 属性定义为 absolute 之后，会将其从网页当前的流动布局或浮动布局中脱离出来。此时，用户必须最少通过定义其左侧、上方、右侧和下方等 4 种针对 body 标签的距离属性中的一种，来实现其定位。否则 position 的属性值将不起作用（通常需要定义顶部和左侧等两种）。例如，定义网页布局标签距离网页顶部为 100px，左侧为 30px，代码如下所示。

```
position : absolute ;
top : 100ox ;
left : 30px ;
```

position 属性的 fixed 属性值是一种特殊的属性值。通常在网页设计过程中，绝大多数的网页布局标签定位（包括绝对定位）都是针对网页中的 body 标签的。而 fixed 属性值所定义的网页布局标签则是针对 html 标签的，因此可以设置网页标签在页面中漂浮。

提　示

在绝大多数主流浏览器中，都支持 position、left、top、right、bottom 和 z-index 等 6 种属性。但是在 Internet Explorer 6.0 及其以下版本的 Internet Explorer 浏览器中，不支持 position 属性的 fixed 属性值。

2. 设置层叠次序

使用 CSS 样式表，除了可以精确地设置网页标签的位置外，还可以设置网页标签的层叠顺序。其需要先通过 CSS 样式表的 position 属性定义网页标签的绝对定位，然后再使用 CSS 样式表的 z-index 属性。

在重叠后，将按照用户定义的 z-index 属性决定层叠位置，或自动按照其代码在网页中出现的顺序依次层叠显示。z-index 属性的值为 0 或任意正整数，无单位。z-index 的值越大，则网页布局标签的层叠顺序越高。例如，两个 id 分别为 div1 和 div2 的层，其中 div1 覆盖在 div2 上方，则代码如下所示。

```
#div1 {
  position : absolute ;
  z-index : 2 ;
}
#div2 {
  position : absolute ;
  z-index : 1 ;
}
```

3. 布局可视化

布局可视化是指通过 CSS 样式表，定义各种布局标签在网页中的显示情况。在 CSS 样式表中，允许用户使用 visibility 属性，定义网页布局标签的可视化性能。该属性有 4 种关键字属性值可用，见表 6-7。

表 6-7　布局可视化

属 性 值	作 用
visible	默认值，定义网页布局标签可见
hidden	定义网页布局标签隐藏
collapse	定义表格的行或列隐藏，但可被脚本程序调用
inherit	从父网页布局标签中继承可视化方式

在 visibility 属性中，用户可以方便地通过 visible 和 hidden 等两种属性值切换网页布局标签的可视化性能，使其显示或隐藏。

visibility 属性与 display 属性中的设置有一定的区别。在设置 display 属性的值为 none 之后，被隐藏的网页布局标签往往不会在网页中再占据相应的空间，而通过 visibility 属性定义 hidden 的网页布局标签则通常会保留其占据的空间，除非将其设置为绝对定位。

提　示

> 绝大多数主流浏览器都支持 visibility 属性。然而，所有版本的 Internet Explorer 浏览器都不支持其 collapse 属性和 inherit 属性。在 Firefox 等非 Internet Explorer 浏览器中，visibility 属性的默认属性值是 inherit。

4. 布局剪切

在 CSS 样式表中，还提供了一种可剪切绝对定位布局标签的工具，可以将用户定义的矩形作为布局标签的显示区域，所有位于显示区域外的部分都将被剪切掉，使其无法在网页中显示。

在剪切绝对定位的布局标签时，需要使用到 CSS 样式表的 clip 属性，其属性值包括 3 种，即矩形、关键字 auto 以及关键字 inherit。auto 属性值是 clip 属性的默认关键字属性，其作用为不对网页布局标签进行任何剪切操作，或剪切的矩形与网页布局标签的大小和位置相同。

矩形属性值与颜色、URL 类似，都是一种特殊的属性值对象。在定义矩形属性值时，需要为其使用 rect() 方法，同时将矩形与网页的 4 条边之间的距离作为参数，填写到 rect() 方法中。例如，定义一个距离网页左侧 20px，顶部 45px，右侧 30px，底部 26px 的矩形，代码如下所示。

```
rect(20px 45px 30px 26px)
```

用户可以方便地将上面代码的矩形应用到 clip 属性中，以对绝对定位的网页布局标签进行剪切操作，代码如下所示。

```
position : absolute ;
clip : rect(20px 45px 30px 26px) ;
```

提　示

clip 属性只能应用于绝对定位的网页布局元素中。所有主流的网页浏览器都支持 clip 属性，但是任何版本的 Internet Explorer 浏览器均不支持其 inherit 属性值。

6.3　框架网页

框架是网页设计中经常使用的方式之一。通过框架可以在一个浏览器窗口下将网页划分为多个区域，而每一个区域显示单独的网页，这样就实现了在一个浏览器窗口中显示多个页面的效果。使用框架可以非常方便地完成导航工作，让网站的结构更加清晰，而且各个框架之间互不影响。

6.3.1　框架概述

在之前的 XHTML 文档结构类型的介绍中，已经介绍了框架网页所需要使用的 DTD 文档类型。使用框架有许多优点，如可以轻松地为网页布局、节省大量重复制作的网页内容，以及使长页面的导航更加便于使用等。

1. 框架和框架集

框架和框架集是两个不同的事物。框架仅仅是网页中的一个区域，在该区域中可以显示与浏览器窗口中其他区域内容无关的 XHTML 文档。通常两个或两个以上的框架可以组合成一个网页。

框架集则是一种 HTML 文档的类型。其定义一组框架的布局方式以及属性，如框架的数目、大小、位置以及在每个框架中初始显示的 URL。框架集文件本身不包含要在浏览器中显示的 HTML 内容。其仅仅是为浏览器提供显示各个框架的方法和规范。通常所说的框架网页，就是包含框架的框架集构成的网页。

2. 框架网页的优点

框架网页有着鲜明的特点。因此在设计网页过程中，使用框架必须符合简单、易用、便于浏览和维护的条件。

❑ 布局简单

在使用 Dreamweaver 设计网页时，为网页布局最常用的工具是层<div>或者表格<table>。在使用层或表格布局时，通常需要不断地在网页中插入各种标签和对象，并为这些对象设置属性等。而使用框架则布局非常简单，通过鼠标单击几次就可以实现网页的整体布局，所有的大小宽窄都可以通过鼠标拖动来实现。

❑ 制作方便

在使用 Dreamweaver 制作整个网站时，网站的每个页面都有一些相同的元素，例如，导航条、版尾等。之前已经介绍了使用库来实现轻松插入这些元素。其实可以使用框架设计网页，将导航条和版尾等保存为单独的网页，并通过框架来调用，一个导航条页面和一个版尾页面可以供整个网站所有网页使用。

❑ 适用于长页面

在一些比较长的网页中（例如大段的文章或博客，以及网站的后台程序页面等），用户可能需要拖动滚动条来浏览整个网页。在普通的网页中，当用户浏览完网页后，通常需要将滚动条拖回网页顶部才可以继续使用导航条。如果在网页中使用了框架并将导航条作为单独框架，则用户无须拖动滚动条即可直接使用导航条。正因为该优点，很多论坛都喜欢用框架来制作导航条。

> **提　示**
>
> 在设计网页时，使用过多的框架后，有可能使 IE 在打开网页时加载时间过长，因此框架的使用必须适度。

6.3.2　创建框架集

在 Dreamweaver 中有两种创建框架集的方法：一种是从若干个预定义的框架集中选择；另一种是自己设计框架集。

1. 创建空的预定义框架集

选择预定义的框架集能够为页面布局创建所需的框架和框架集，它是迅速创建框架布局页面的最简单方法。

在 Dreamweaver 中，执行【文件】|【新建】命令，在弹出的【新建文档】对话框中

单击【示例中的页】选项卡，在【示例文件夹】列表中选择【框架页】选项，然后在【示例页】列表中选择一种布局框架即可创建框架集，如图 6-19 所示。

2．创建预定义框架集

除了可以直接创建基于框架布局的文档外，还可以在已存在的文档中插入预定义框架集。

将光标置于文档中的任意位置，执行【插入】|【HTML】|【框架】命令，或者单击【插入】面板【布局】选项卡中【框架】按钮右侧的小三角形图标□，在弹出的菜单中即可创建所需的预定义框架集，如图 6-20 所示。

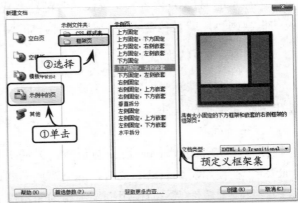

图 6-19　创建框架集

在默认情况下，当选择预定义的框架集后会弹出【框架标签辅助功能属性】对话框，在该对话框中可以为框架集中的每一个框架（frame）设置标题名称，如图 6-21 所示。

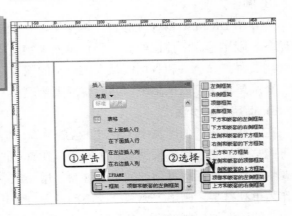

图 6-20　创建预定义框架集

3．创建自定义框架集

如果所有预定义的框架集并不能满足用户的需求，则还可以创建自定义的框架集。

将光标置于文档中，执行【修改】|【框架集】命令，在弹出的菜单中选择相应的【拆分项】子命令，如【拆分上框架】、【拆分左框架】等。可以重复执行这些命令，直至达到所需的框架集，如

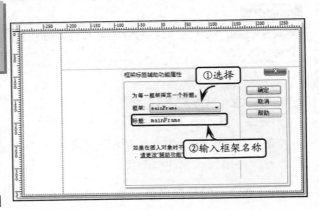

图 6-21　输入框架名称

网页设计与网站组建标准教程（2013—2015版）

图 6-22 所示。

6.3.3 选择框架和框架集

如果要更改框架或框架集的属性，首先要选择要更改的框架或框架集。用户可以在【文档】窗口中选择框架或框架集，也可以通过【框架】面板进行选择。

1. 在【框架】面板中选择

【框架】面板提供框架集内各个框架的可视化表示形式，它能够显示框架集的层次结构，而这种层次结构在【文档】窗口中的显示可能不够直观。

在文档中执行【窗口】|【框架】命令，打开【框架】面板。通过该面板可以选择整个框架集或者其所包含的各个框架。如果要选择整个框架集，可以单击环绕框架集的边框，如图 6-23 所示。

如果要选择框架集中的某个框架，则直接单击【框架】面板中所对应的框架区域即可。当选择后，框架的周围会显示一个选择轮廓，如图 6-24 所示。

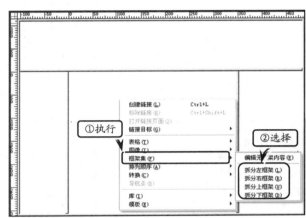

图 6-22　拆分框架

提　示

在【框架】面板中，环绕每个框架集的边框非常粗，而环绕每个框架的是较细的灰线，并且每个框架由框架名称标识。

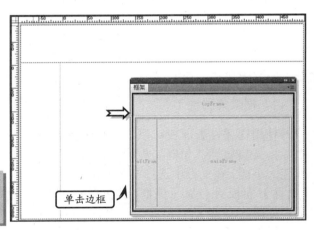

图 6-23　单击边框

2. 在【文档】窗口中选择

在【文档】窗口的【设计】视图中，当选择一个框架后，其边框被虚线环绕；当选择一个框架集后，该框架集内各个框架的所有边框都被淡颜色的虚线环绕。

在文档的【设计】视图中，同时按住 Shift 键和 Alt 键不放，然后单击框架集中所要选择的框架区域，即可选择该框架，如图 6-25 所示。

如果要选择整个框架集，可以在【设计】视图中单击框架集的内部框架边框，也可以单击框架集四周的边框，如图 6-26 所示。

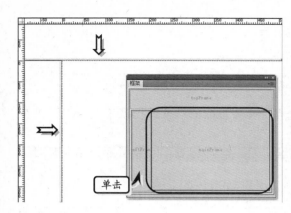

图 6-24 选择轮廓

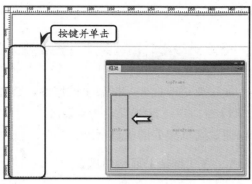

图 6-25 选择框架

提 示

如果看不到框架边框，则可以执行【查看】|【可视化助理】|【框架边框】命令，以使框架边框可见。在【框架】面板中选择框架集通常比在【文档】窗口中选择框架集容易。

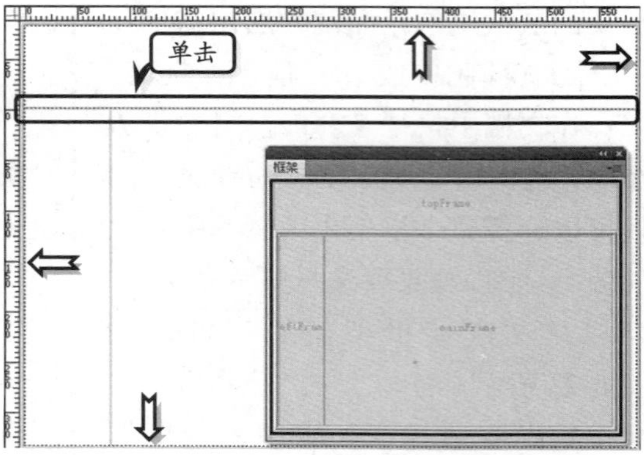

6.3.4 设置框架和框架集

由于在布局框架中包括有框架集、框架、框架网页，所以选择的对象不同，【属性】面板中显示的属性也不尽相同。

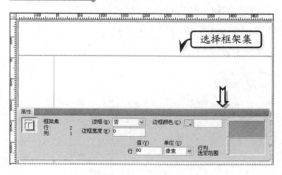

图 6-26 选择框架集

1. 框架集属性

使用【属性】面板可以查看和设置大多数框架集属性，如框架集标题、边框和框架大小等。在文档中选择整个框架集后，【属性】面板将会显示该框架集的各个选项，如图 6-27 所示。

框架集【属性】面板中各个选项的名称及说明介绍见表 6-8。

图 6-27 框架集【属性】面板

表 6-8 框架集【属性】面板

选 项 名 称	说　　明
边框	指定在浏览器中查看文档时是否显示框架周围的边框
边框宽度	指定框架集中所有边框的宽度。数字 0 表示无边框
边框颜色	设置边框的颜色。使用【颜色选择器】选择一种颜色，或者输入颜色的十六进制值
行列选定范围	单击【行列选定范围】区域中的选项卡，可以选择文档中相应的框架
行/列	设置行高或者列宽，单位可以选择像素、百分比和"相对"
像素	将选择的列或行的大小设置为一个绝对值。对于应始终保持相同大小的框架来说，该选项是最佳选择

选 项 名 称	说 明
百分比	指定选择列或行就为相当于其框架集的总宽度或总高度的一个百分比
相对	指定在为像素和百分比框架分配空间后，为选择列或行分配其余可用空间。剩余空间在大小设置为"相对"的框架之间按比例划分

在【属性】面板中，单击【行列选定范围】区域的【行】或【列】选项卡，可以在【值】文本框中输入数值，以设置选择行或列的大小，如图 6-28 所示。

提示

如果所有宽度都是以像素为单位指定的，而指定的宽度对于访问者查看框架集所使用的浏览器而言太宽或太窄，则框架将按比例伸缩以填充可用空间。这同样适用于以像素为单位指定的高度。

2. 框架属性

使用【属性】面板可以查看和设置大多数框架属性，包括边框、边距以及是否在框架中显示滚动条。选择框架集中的某一个框架，【属性】面板中将会显示该框架的各个选项，如图 6-29 所示。

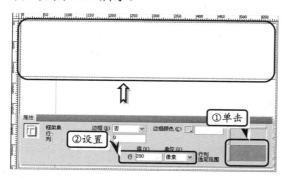

图 6-28　设置大小

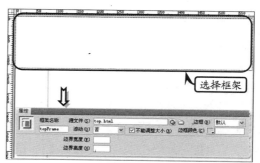

图 6-29　显示选项

框架【属性】面板中各个选项的名称及说明介绍见表 6-9。

表 6-9　框架【属性】面板

选 项 名 称	说 明
框架名称	链接的 target 属性或脚本在引用框架时所使用的名称。框架名称必须是一个以字母开头的单词，允许使用下划线(_)，但不允许使用连字符(-)，句点(.)和空格。框架名称区分大小写
源文件	指定显示的源文件。可以直接输入源文件的路径或单击文件夹图标浏览并选择一个文件
滚动	指定在框架中是否显示滚动条。将该选项设置为"默认"将不设置相应属性的值，从而使各个浏览器使用其默认值。大多数浏览器默认为"自动"，表示只有在浏览器窗口中没有足够空间来显示当前框架的完整内容时才显示滚动条
不能调整大小	启用该复选框，可以防止用户通过拖动框架边框在浏览器中调整框架大小
边框	指定在浏览框架中显示或隐藏当前框架的边框。大多数浏览器默认为显示边框，除非父框架集已将【边框】选项设置为"否"。为框架选择【边框】选项将覆盖框架集的边框设置

选项名称	说 明
边框颜色	指定所有框架边框的颜色。该颜色应用于和框架接触的所有边框，并且重写框架集的指定边框颜色
边距宽度	以像素为单位设置左边距和右边距的宽度(框架边框与内容之间的距离)
边距高度	以像素为单位设置上边距和下边距的高度(框架边框与内容之间的距离)

如果要修改框架中文档的背景颜色，可以执行【修改】|【页面属性】命令，在弹出的对话框中选择背景颜色即可，如图 6-30 所示。

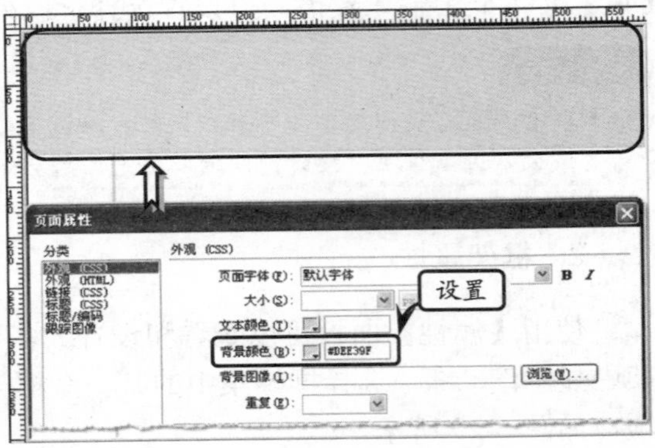

3．设置框架链接

如果要使用链接在其他框架中打开网页文档，必须设置链接目标。链接的【目标】属性指定打开所链接内容的框架或窗口。

例如，网页的导航条位于左框架，如果想要单击链接后在右侧的框架中显示链接文件，这时就需要将右侧框架的名称指定为每个导航条链接的目标。

选择左侧框架中的导航文字，在【属性】检查器中的【链接】文本框中输入链接文件的路径，然后，在【目标】下拉列表中选择要显示链接文件的框架或窗口（如 mainFrame），如图 6-31 所示。

在【属性】检查器中，【目标】下拉列表中包含有 4 个选项，用于指定打开链接文件的位置，这些选项的名称及作用介绍见表 6-10。

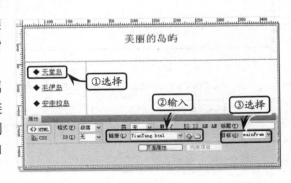

图 6-30 设置背景颜色

图 6-31 设置框架链接

表 6-10 【目标】属性

选项名称	作 用
_blank	在新的浏览器窗口中打开链接的文件，同时保持当前窗口不变
_parent	在显示链接的框架的父框架集中打开链接的文件，同时替换整个框架集
_self	在当前框架中打开链接的文件，同时替换该框架中的内容
_top	在当前浏览器窗口中打开链接的文件，同时替换所有框架

设置完成后预览效果，当单击左侧框架中的导航链接时，即会在主要内容框架中显示链接文件 TianTang.html 的内容，如图 6-32 所示。

6.3.5　保存框架和框架集文件

在浏览器中预览框架集前，必须保存框架集文件以及要在框架中显示的所有文档。可以单独保存框架集文档和每个框架文件，也可以同时保存框架集文档和框架中出现的所有文档。

在【文档】窗口或【框架】面板中选择框架集，执行【文件】|【保存框架页】命令，即可保存框架集文件，如图 6-33 所示。

如果要保存单个框架文档，首先在【文档】窗口中单击该框架区域的任意位置，然后执行【文件】|【保存框架页】命令，即可保存该框架中所包含的文档，如图 6-34 所示。

6.3.6　浮动框架

浮动框架（iframe）又被称作嵌入帧，是一种特殊的框架结构。其可以像层一样插入到普通的 XHTML 网页中，并且可以自由地移动位置。可以将其理解为一种可在网页中浮动的框架。

1．浮动框架概述

在网页中使用普通的框架，必须将 XHTML 的 DTD 文档类型设置为框架型，并且将框架的代码写在网页主题内容元素之外，因此，限制较多。而浮动框架是一种灵活的框架，是一种块状对象，其与层（div）的属性非常类似，所有普通块状对象的属性都可以应用在浮动框架中。当然，浮动框架的标签也必须遵循 XHTML 的规则，例如，必须闭合等。在网页中使用浮动框架，其代码如下所示。

图 6-32　显示内容

图 6-33　保存框架

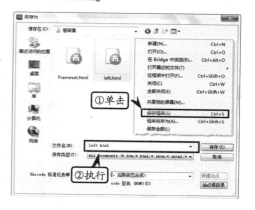

图 6-34　保存框架

```
<iframe src="index.html" id="newframe"></iframe>
```

浮动框架可以使用所有块状对象可以使用的 CSS 属性以及 XHTML 属性。IE5.5 以上版本的浏览器已开始支持透明的浮动框架。只需将浮动框架的 allowTransparency 属性设置为 true，并将嵌入的文档背景颜色设置为 allowTransparency，即可将框架设置为透明。

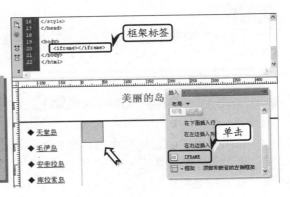

图 6-35 创建浮动框架

提 示

在使用浮动框架时需要了解和注意，该标签仅在微软的 IE4.0 以上版本浏览器中被支持。并且该标签仅仅是一个 HTML 标签，而非 XHTML 标签。因此在使用浮动框架时，网页文档的 DTD 类型不能是 Strict（严格型）。在 XHTML1.1 中并不支持浮动框架。

2．创建浮动框架

如果想要在一个 HTML 网页的局部显示另外一个 HTML 网页，就需要用到浮动框架。浮动框架可以在空白页面中创建，也可以在网页元素中创建。

将光标置于要插入浮动框架的位置，单击【插入】面板【布局】选项卡中的 IFRAME 按钮 ，此时【文档】窗口将切换至【拆分】视图，并在代码区域中插入 <iframe></iframe> 标签，同时文档中显示一个灰色的方框（即浮动框架），如图 6-35 所示。

在【设计】视图中选择浮动框架，可

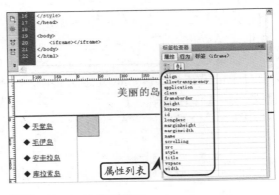

图 6-36 设置属性

以发现【属性】面板中并没有显示该框架的各个属性。此时就需要执行【窗口】|【标签检查器】命令，在【标签检查器】面板中设置浮动框架的各个属性，如图 6-36 所示。

在【标签查检器】面板中，浮动框架（IFRAME）的常用属性名称及说明见表 6-11。

表 6-11 【标签查检器】面板

选项名称	说　明
align	指定浮动框架在其父元素中的对齐方式，其属性值包括 5 种：top（顶部对齐）、middle（居中对齐）、left（左侧对齐）、right（右侧对齐）、bottom（底部对齐）
frameborder	指定是否显示框架的边框。其属性值为 0 或者 1，0 表示不显示，1 表示显示
height	指定浮动框架的高度，其属性值可以为一个数值或百分比
longdesc	定义获取描述浮动框架的网页的 URL。通过该属性可以用网页作为浮动框架的描述
marginheight	指定浮动框架与父元素顶部和底部的边距，其值为整数与像素组成的长度值
marginwidth	指定浮动框架与父元素左侧和右侧的边距，其值为整数与像素组成的长度值
name	指定浮动框架的唯一名称。通过设置名称，可以用 JavaScript 或 VBScript 等脚本语言来使用浮动框架对象
scrolling	指定浮动框架的滚动条显示方式，其属性值包括：auto、no 和 yes。auto 表示由浏览器窗口决定是否显示滚动条；no 表示禁止浮动框架出现滚动条；yes 表示允许浮动框架出现滚动条
src	指定浮动框架中显示的文件的 URL 地址，该地址可以是绝对路径，也可以是相对路径
width	指定浮动框架的宽度，其属性值可以为一个数值或百分比

例如，设置浮动框架的尺寸为 440×330 像素、四周的边距均为 0、禁止显示滚动条、不显示边框，且指定浮动框架中显示的文件为 image.jpg，如图 6-37 所示。

设置完成后预览效果，可以发现该框架以固定的大小显示指定的图像，且无框架边框和滚动条，如图 6-38 所示。

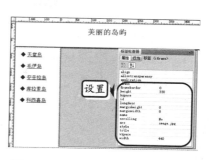

图 6-37　设置属性

6.3.7　框架标签

创建框架集后，在【代码】视图中可以发现，选择单个框架和选择框架集的代码是不同的，这是因为页面所有框架标签都需要放置一个 HTML 文档。

1. frameset 标签

frameset 为框架集的标签，它被用来组织多个框架，每个框架存有独立的文档。在其最简单的应用中，frameset 标签仅仅会使用 rows 或 cols 属性指定在框架集中存在多少行或多少列，如图 6-39 所示。frameset 标签中的各个属性名称和作用介绍见表 6-12。

图 6-38　预览

图 6-39　frameset 标签

> **提　示**
>
> 不能与<frameset></frameset>标签一起使用<body></body>标签。

表 6-12　frameset 标签

属性名称	作　用
rows	水平划分框架集结构，接受整数值、百分比，*符号表示占用剩余的空间。数值的个数表示分成的窗口数目并以逗号分隔
cols	垂直划分框架集结构，接受整数值、百分比，*符号表示占用剩余的空间。数值的个数表示分成的窗口数目并以逗号分隔
framespacing	指定框架与框架之间保留的空白距离
frameborder	指定是否显示框架周围的边框，0 表示不显示，1 表示显示
border	以像素为单位指定框架的边框宽度
bordercolor	指定框架边框的颜色

> **提　示**
>
> frameset 标签中的各个属性参数与【属性】面板中各个选项相对应，所以既可以在【属性】面板中设置，也可以在【代码】视图中设置。

2．frame 标签

frame 标签为单个框架标签，用来表示一个框架。frame 标签包含在 frameset 标签中，并且该标签为空标签，如图 6-40 所示。

提 示

在 HTML 中，<frame>标签没有结束标签；在 XHTML 中，<frame>标签必须被正确地关闭。

> 图 6-40 frame 标签

frame 标签中的各个属性名称和作用介绍见表 6-13。

表 6-13   frame 标签

属性名称	作　　用
frameborder	指定是否显示框架周围的边框，0 表示不显示，1 表示显示
longdesc	定义获取描述框架的网页的 URL，可为那些不支持框架的浏览器使用此属性
marginheight	指定框架中的顶部和底部边距，其值为整数与像素组成的长度值
marginwidth	指定框架中的左侧和右侧边距，其值为整数与像素组成的长度值
name	指定框架的唯一名称。通过设置名称，可以用 JavaScript 或 VBScript 等脚本语言来使用该框架对象
noresize	当设置为 noresize 时，用户无法对框架调整尺寸
scrolling	指定框架的滚动条显示方式，其属性值包括：auto、no 和 yes。auto 表示由浏览器窗口决定是否显示滚动条；no 表示禁止框架出现滚动条；yes 表示允许框架出现滚动条
src	指定显示在框架中的文件的 URL，该地址可以是绝对路径，也可以是相对路径

6.4 实验指导：制作"音乐之声"模板网页

在很多网站中，其子页面外观相似，特别是企业网站，每个子页面都套用同一个模板而使其具有相同的主题外观，这就是接下来要讲述的如何制作网页模板。制作出的音乐之声网页模板效果，如图 6-41 所示。

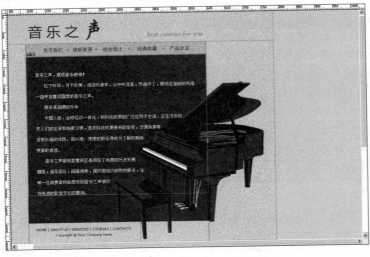

> 图 6-41 模板网页浏览效果

操作步骤:

1 新建【标题】为"音乐之声"的空白文档，然后执行【文件】|【另存为模板】命令，在弹出的【另存模板】对话框中输入模板名称，如图 6-42 所示。

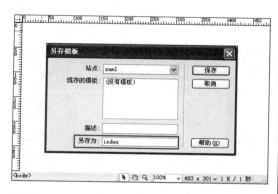

图 6-42　创建空白模板

2 单击【页面属性】按钮，在弹出的【页面属性】对话框中设置文档【背景颜色】为"#EED6B0"，并设置【上边距】和【下边距】分别为 0 像素，如图 6-43 所示。

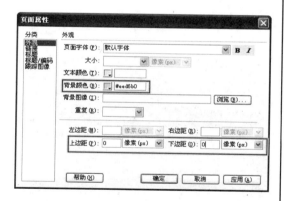

图 6-43　设置页面属性

3 在文档中插入一个 2 行×1 列且【宽度】为 775 像素的表格，在第 1 行单元格中插入本书配套光盘相应文件夹中的素材图像，如图 6-44 所示。

4 在第 2 行单元格中，插入一个 1 行×3 列的表格，并在【属性】面板中设置各个单元格的【宽】，如图 6-45 所示。

图 6-44　创建表格并插入图像

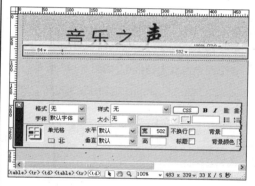

图 6-45　设置单元格属性

5 在【属性】面板中，分别设置该表格的第 1 列单元格和第 3 列单元格的【背景】和【高】，如图 6-46 所示。

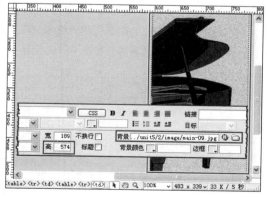

图 6-46　设置单元格属性

6 将光标放置于第 2 列单元格中，然后插入一个 3 行×1 列的表格，并在此表格的第 1 行单元格中插入 1 行×5 列的嵌套表格，如

图 6-47 所示。

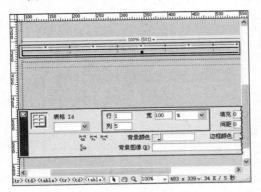

图 6-47 插入嵌套表格

7 单击【图像】按钮 ■·，在嵌套表格的 5 个
单元格中分别插入网页导航素材图像，并为
各个图像设置【链接】，如图 6-48 所示。

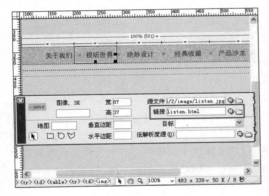

图 6-48 插入图像

8 将表格放置于表格的第 2 行单元格中，在【属
性】面板中设置其属性，如图 6-49 所示。

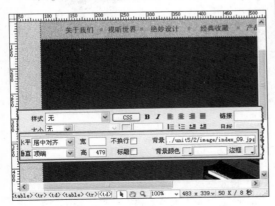

图 6-49 设置单元格属性

9 在此单元格中右击执行【模板】|【新建可编
辑区域】命令，在弹出的【新建可编辑区域】
对话框中，设置【名称】为 edit，单击【确
定】按钮后，将创建可编辑区域，如图 6-50
所示。

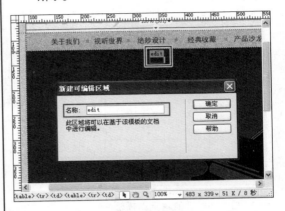

图 6-50 创建可编辑区域

10 在此区域中插入 1 行×1 列且【宽】为"90%"
的嵌套表格，并设置该表格的【水平】为"居
中对齐"，【垂直】为"顶端"，如图 6-51
所示。

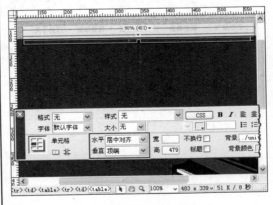

图 6-51 设置表格属性

11 在表格中输入素材所提供的文本，并设置文
本的【大小】为 14 像素，【文本颜色】为
"#FFFFCC"，【水平】为"左对齐"，如图 6-52
所示。

12 在表格的第 3 行单元格中，插入一个 1 行×
2 列的嵌套表格。然后在第 1 行第 1 列的单

网页设计与网站组建标准教程（2013—2015版）

元格中插入图像，为其创建热区；在第 1 行第 2 列的单元格中设置【背景图像】，并设置其属性，如图 6-53 所示。

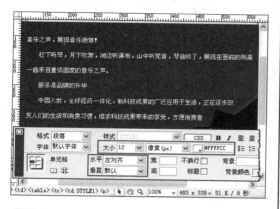

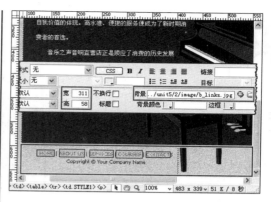

13 网页模板制作完毕，保存该模板。网页模板不能直接在 IE 中浏览，但可以在 Dreamweaver 中查看制作效果。

6.5　实验指导：创建"唯美鲜花"网页

框架网页是在 Dreamweaver 中布局网页的好方法，其可以在不改变网页布局的情况下大量地显示网页信息，且框架是由若干个独立的 HTML 文件组成的，因此可以单独地制作各个框架网页。使用框架制作的网页效果如图 6-54 所示。

操作步骤：

1 在 Dreamweaver 中，新建一个"下方固定，左侧嵌套"的框架集页面，如图 6-55 所示。

2 选择框架集，设置文档【标题】为"唯美鲜花"，如图 6-56 所示。

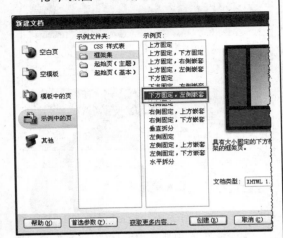

图 6-55　创建框架集网页

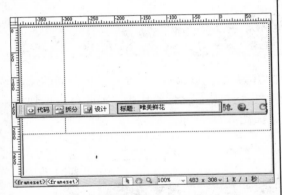

图 6-56　设置文档标题

3 选择【文件】|【保存全部】命令，保存框架集为 index.html。然后依次保存底部框架网页 foot.html，右侧框架网页为 main.html，左侧框架网页为 left.html，如图 6-57 所示。

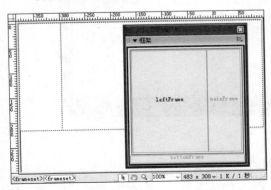

图 6-57　保存框架集

4 选择【框架】面板中的左右框架网页，在【属性】面板中设置【列】为 336 像素，如图 6-58 所示。

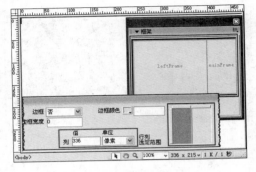

图 6-58　设置框架集属性

5 继续选择左右框架网页，在【属性】面板中选择【行列选定范围】的右侧区域，并设置【列】为 667 像素，如图 6-59 所示。

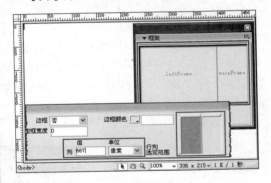

图 6-59　设置框架集属性

6 选择框架集，然后选择【行列选定范围】的上方区域，设置【列】为 559 像素，如图 6-60 所示。

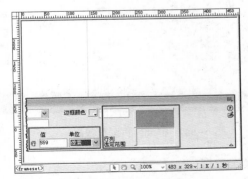

图 6-60　设置框架集属性

7 继续选择框架集，选择【行列选定范围】的下方区域，然后设置【列】为 41 像素，如图 6-61 所示。

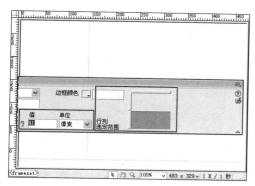

图 6-61 设置框架集属性

8 将光标放置在左侧框架中，在【页面属性】对话框中设置其属性，如图 6-62 所示。

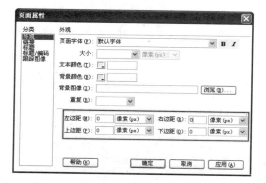

图 6-62 设置页面属性

9 插入一个 2 行 ×1 列且【宽度】为 336 像素的表格，在第 1 行单元格中插入素材图像。然后设置第 2 行单元格的【高】与【背景】，如图 6-63 所示。

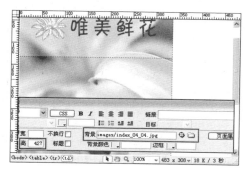

图 6-63 设置单元格属性

10 将光标放置于右侧框架网页中，插入一个 7 行 ×1 列且【宽度】为 667 像素的表格，分别设置各个单元格的【高】和【背景】，如图 6-64 所示。

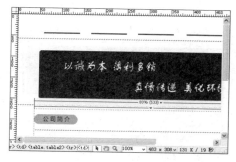

图 6-64 设置单元格属性

11 在第 1 行单元格中插入一个 1 行 ×5 列的嵌套表格，选择表格，单击【CSS 样式】面板中的【新建 CSS 规则】按钮，在弹出的【新建 CSS 规则】对话框中设置参数，如图 6-65 所示。

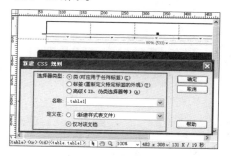

图 6-65 设置参数值

12 单击【确定】按钮后，在弹出的【.table1 的 CSS 规则定义】对话框中，选择【方框】选项卡，然后设置【边界】的【左】为 70 像素，如图 6-66 所示。

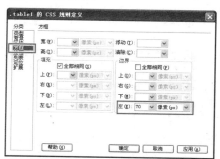

图 6-66 设置 CSS 规则

13 继续选择表格，在【属性】面板中设置【类】为 table1，如图 6-67 所示。

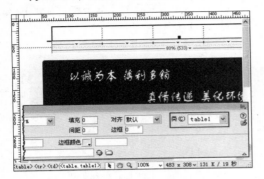

 图 6-67 设置表格属性

14 在各个单元格中输入文本，选择文本，为其创建【选择器】为 "a:link" 的 CSS 规则，并设置参数值，如图 6-68 所示。

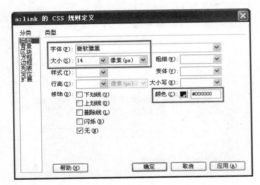

图 6-68 设置 CSS 规则

15 分别为文本创建 a:hover、a:active 和 a:visited 规则，并设置其参数值。为文本创建链接后，文本将自动套用已创建好的 CSS 规则，如图 6-69 所示。

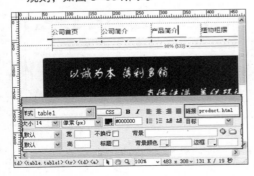

图 6-69 设置文本属性

16 在第 3 行单元格中插入 2 行×1 列的嵌套表格，然后在该表格的第 1 行单元格中插入素材图像，在第 2 行单元格中输入文本。选择表格，为表格创建 ".table2" CSS 规则，如图 6-70 和 6-71 所示。

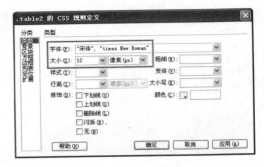

图 6-70 创建 CSS 规则

17 按照相同方法，分别在第 4 行、第 5 行、第 6 行和第 7 行的单元格中插入 2 行×1 列的表格，并套用名称为 ".table2" 的 CSS 规则，如图 6-72 所示。

图 6-71 创建 CSS 规则

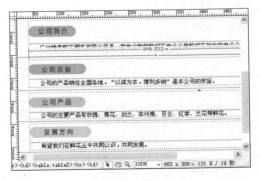

图 6-72 套用 CSS 规则

18 将光标放置于底部框架网页，插入一个 1 行 × 1 列且【宽度】为 1003 像素的表格，在其中输入文本。然后为表格创建 ".table3" CSS 规则，如图 6-73 所示。

19 用同样的方法，制作 product.html 页面。使导航中文本的链接与 main.html 页面中的链接相同，保存所有文件，按 F12 快捷键可浏览框架网页。

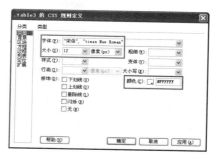

图 6-73　创建 CSS 规则

6.6　实验指导：创建"儿童动画剧场"网页

Dreamweaver 中的浮动框架是一个特殊的独立框架，使用该框架可以实现很多网页效果。要想在网页中的某个固定区域中显示更多的网页信息，那么就要用到浮动框架了。下面将介绍关于儿童动画剧场网页的制作过程，浏览效果如图 6-74 所示。

图 6-74　浮动框架网页浏览效果

操作步骤：

1 在【标题】为"儿童动画剧场"空白文档中，设置页面的【左边距】和【上边距】，然后插入一个 4 行 × 3 列的表格，如图 6-75 所示。

2 合并第 1 行中的单元格，然后在第 3 行第 1 列和第 3 行第 3 列的单元格中，分别插入一个 2 行 × 1 列的嵌套表格，如图 6-76 所示。

3 设置各个单元格的【属性】，然后插入本书配套光盘相应文件夹中的素材图像，如图 6-77 所示。

4 单击【布局】选项卡中的【IFRAME】按钮，在第 3 行第 2 列的单元格中插入浮动框架，如图 6-78 所示。

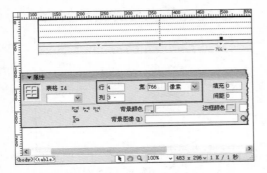

图 6-75　插入表格

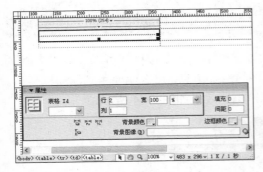

图 6-76　插入嵌套表格

图 6-77　插入图像

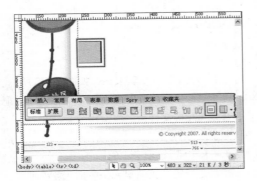

图 6-78　插入浮动框架

5 此时文档从设计视图转换为拆分视图。在该视图中，将光标插入浮动框架标签，输入代码，然后设置浮动框架的属性，如图 6-79 所示，输入代码如下。

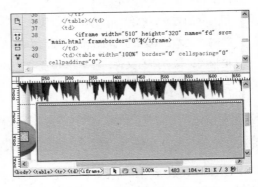

图 6-79　输入代码

```
<td>
    <iframe width="510" height=
    "320" name="fd" src="main.
    html" frameborder="0">
    </iframe>
</td>
```

6 新建 main.html 页面，通过表格和嵌套表格制作页面的主体结构，并在表格中插入相应的图像及文本，如图 6-80 所示。

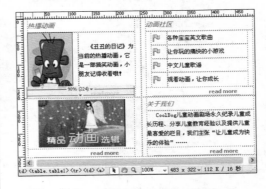

图 6-80　制作 main.html 页面

7 按照同样方法，制作 flash.html 页面，并使得该页面能够链接到主页面中，如图 6-81 所示。

8 返回到主页面中，在图像中创建热点，并设置【链接】为 "flash.html"，【目标】为 "fd"，如图 6-82 所示。

网页设计与网站组建标准教程（2013—2015 版）

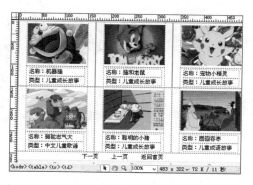

图 6-81 制作 flash.html 页面

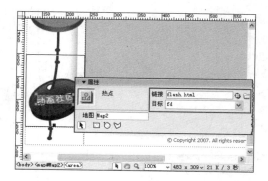

图 6-82 设置参数值

6.7 思考与练习

一、填空题

1. 模板具有三大优点：＿＿＿＿、＿＿＿＿、轻松备份。

2. 在默认状态下，模板文档通常存放在本地站点根目录下的＿＿＿＿目录下，其扩展名为＿＿＿＿。

3. Dreamweaver 为了保护模板不会被随意更改，将会把模板中的＿＿＿＿锁定。要更改模板创建的网页内容，就需要为模板创建各种＿＿＿＿。

4. ＿＿＿＿是在模板中未锁定的区域，也是模板中唯一可以允许用户＿＿＿＿、＿＿＿＿内容的区域。

5. 使用＿＿＿＿，用户可以方便地控制这些容器性标签，为网页的内容＿＿＿＿，定义这些内容的位置、尺寸等布局属性。

6. ＿＿＿＿将所有网页中的块状标签看作是一个矩形的盒子，通过 CSS 样式表定义盒子的高度、宽度、填充、边框以及补白等属性，实现＿＿＿＿的标准化。

7. 在 CSS 盒模型中，将网页的标签拆分为 4 个组成部分，即＿＿＿＿、＿＿＿＿、边框、补白等。

8. ＿＿＿＿的特点是将网页中各种布局元素按照其在 XHTML 代码中的顺序，以类似水＿＿＿＿的流动一样依次显示。

二、选择题

1. 浮动布局是符合 Web 标准化规范的最重要的一种布局方式，其特点是将所有的网页标签设置为＿＿＿＿的显示方式。

    A. 条状标签　　　　　B. 星状标签
    C. 块状标签　　　　　D. 点状标签

2. 选择＿＿＿＿的框架集能够为页面布局创建所需的框架和框架集，它是迅速创建框架布局页面的最简单方法。

    A. 预定义　　　　　　B. 流动布局
    C. 块　　　　　　　　D. 模板

3. 【框架】面板提供框架集内各个框架的可视化表示形式，它能够显示框架集的＿＿＿＿，而这种层次结构在【文档】窗口中的显示可能不够直观。

    A. CSS　　　　　　　B. HTML
    C. 块结构　　　　　　D. 层次结构

4. ＿＿＿＿又被称做嵌入帧，是一种特殊的框架结构。其可以像层一样插入到普通的 XHTML 网页中，并且可以自由地移动位置。

    A. CSS　　　　　　　B. 浮动框架
    C. 绝对框架　　　　　D. 流动框架

三、简答题

1. 概述模板的作用。
2. 简单介绍使用模板的方法。
3. 简单介绍容器的概念。
4. 概述框架的功能。

第 7 章

网页交互行为

　　为了丰富网页内容，使网页新颖有风格，设计者在制作网页时通常会添加各种特效。网页中的特效一般是由 JavaScript 脚本代码完成的，对于没有任何编程基础的设计者而言，可以使用 Dreamweaver 中内置的行为。行为丰富了网页的交互功能，它允许访问者通过与页面的交互来改变网页内容，或者让网页执行某个动作。

　　在本章节中，主要介绍了行为的概念，以及 Dreamweaver 中常用内置行为的使用方法，使读者能够在网页中添加各种行为以实现与访问者的交互功能。

本章学习要点：

➢ 了解网页行为的概念

➢ 了解 APDiv 的概念

➢ 掌握 APDiv 的创建及应用

➢ 了解 JavaScript 概念

➢ 掌握 JavaScript 基础知识及语法

7.1 网页行为概述

行为是用来动态响应用户操作、改变当前页面效果或者是执行特定任务的一种方法，可以使访问者与网页之间产生一种交互。

行为是由某个事件和该事件所触发的动作组合的。任何一个动作都需要一个事件激活，两者相辅相成。事件是触发动态效果的条件，例如，当访问者将鼠标指针移动到某个链接上时，浏览器将为该链接生成一个 onMouseOver 事件。

提 示

> 不同的网页元素定义了不同的事件。例如，在大多数浏览器中，onMouseOver 和 onClick 是与链接关联的事件，而 onLoad 是与图像和文档的 body 部分关联的事件。

动作是一段预先编写的 JavaScript 代码，可用于执行以下的任务：打开浏览器窗口、显示或隐藏 AP 元素、交换图像、弹出信息等。Dreamweaver 所提供的动作提供了最大程度的跨浏览器兼容性。

行为可以被添加到各种网页元素上，如图像、文字、多媒体文件等，也可以被添加到 HTML 标签中。当行为添加到某个网页元素后，每当该元素的某个事件发生时，行为即会调用与这一事件关联的动作（JavaScript 代码）。

例如，将"弹出消息"动作附加到一个链接上，并指定它将由 onMouseOver 事件触发，则只要将指针放在该链接上，就会 1 弹出消息。

在 Dreamweaver 中，用户在【行为】面板中首先指定一个动作，然后再指定触发该动作的事件，即可将行为添加到网页文档中。

7.2 APDiv 元素的创建与应用

AP 元素（绝对定位元素）是分配有绝对位置的 HTML 页面元素，具体地说，就是 DIV 标签或其他任何标签。AP 元素可以包含文本、图像或其他任何可放置到 HTML 文档正文中的内容。

7.2.1 创建 APDiv 元素

用户可以在页面上轻松地创建和定位 AP Div，也可以创建嵌套的 AP Div。并且，所创建的 AP Div 可以在【设计】视图中显示 AP Div 的外框，而将指针移到块上面时还会高亮显示该块。

1. 绘制一个或多个 AP Div

在【插入】窗口中，单击【布局】选项卡中的【绘制 AP Div】按钮，并拖动以绘制一个 AP Div，如图 7-1 所示。如果用户按住 Ctrl 键，可以连续绘制多个 AP Div，如图 7-2 所示。

提 示

在 AP Div 中，可以像 div 标签一样，插入网页元素。当然，也可以插入 div 标签、表格等。

提 示

选择 AP Div，可以执行【查看】|【可视化助理】命令，然后启用/禁用【AP Div 外框】或【CSS 布局外框】选项，来改变 AP 元素外边框的显示及隐藏效果。

2. 嵌套 AP Div

AP 元素与表格都具有嵌套方式，而嵌套 AP Div 与层叠 AP Div 表面上看不出来。不过，在【代码】视图中嵌套的 AP Div，代码包含在另一个 AP Div 的标签内的 AP Div。嵌套 AP Div 随其父 AP Div 一起移动，并且可以设置为继承其父级的可见性。

在【布局】选项卡中，单击【绘制 AP Div】按钮，在【设计】视图中，绘制于现有 AP Div 的内部一个 AP Div。如果已经在【AP 元素】首选参数中禁用了【嵌套】功能，可以按住 Alt 键，并拖动鼠标进行绘制操作，如图 7-3 所示。

7.2.2 设置 APDiv 元素的属性

当绘制并选择 AP 元素时，可以在【属性】面板中设置其参数选项，以改变其在【文档】窗口中的位置等，如图 7-4 所示。

在【属性】面板中，单击右下角的展开箭头查看所有属性（如果这些属性尚未展开）。用户可以对 AP Div 设置一些参数选项，见表 7-1。

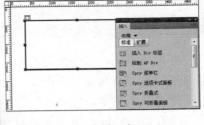

图 7-1 绘制一个 AP Div

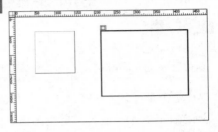

图 7-2 绘制多个 AP Div

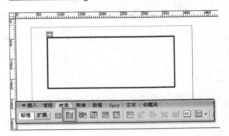

图 7-3 绘制嵌套 AP Div

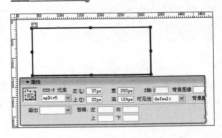

图 7-4 AP Div 属性

表 7-1 设置 AP Div 参数选项

参 数 选 项	含 义
CSS-P 元素	为选定的 AP 元素指定一个 ID。只应使用标准的字母数字字符，而不要使用空格、连字符、斜杠或句号等特殊字符。每个 AP 元素都必须有各自的唯一 ID
左和上	指定 AP 元素的左上角相对于页面（如果嵌套，则为父 AP 元素）左上角的位置
宽和高	指定 AP 元素的宽度和高度。如果 AP 元素的内容超过指定大小，AP 元素的底边会延伸以容纳这些内容
Z 轴	确定 AP 元素的 Z 轴或堆叠顺序。在浏览器中，编号较大的 AP 元素出现在编号较小的 AP 元素的前面。值可以为正，也可以为负。当更改 AP 元素的堆叠顺序时，使用输入特定的 z 轴值更为简便

参数选项		含义
可见性	默认	不指定可见性属性。当未指定可见性时，大多数浏览器都会默认为"继承"
	继承	将使用AP元素的父级的可见性属性
	可见	将显示AP元素的内容，而与父级的值无关
	隐藏	将隐藏AP元素的内容，而与父级的值无关
背景图像		指定AP元素的背景图像
背景颜色		指定AP元素的背景颜色。将此选项留为空白意味着指定透明的背景
类		指定用于设置AP元素的样式的CSS类
溢出	可见	控制当AP元素的内容超过AP元素的指定大小时，显示额外的内容
	隐藏	指定不在浏览器中显示额外的内容
	滚动	指定浏览器应在AP元素上添加滚动条，而不管是否需要滚动条
	自动	使浏览器仅在需要时（即当内容超过其边界时）才显示AP元素的滚动条
剪辑		定义AP元素的可见区域。指定左、上、右和下坐标以在AP元素的坐标空间中定义一个矩形

7.2.3 APDiv元素的基本操作

在div标签或者AP Div布局中，其页面中的AP Div数目非常多。而管理不好AP Div，则浏览的网页会造成堆叠、凌乱的效果。

1. AP元素面板

使用【AP元素】面板来管理文档中的AP元素，它可以防止重叠、更改AP元素的可见性、嵌套或堆叠AP元素，以及选择一个或多个AP元素。

AP元素将按照z轴的顺序显示为一列名称；默认情况下，第一个创建的AP元素（z轴为1）显示在列表底部，最新创建的AP元素显示在列表顶部。不过，可以通过更改AP元素在堆叠顺序中的位置来更改它的z轴。

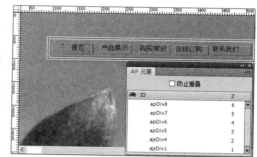

图7-5　显示【AP元素】面板

在【插入】窗口中，通过AP Div创建页面内容，并执行【窗口】|【AP元素】命令，显示【AP】面板，如图7-5所示。

而当在【文档】窗口中的AP Div为嵌套格式时，则在【AP元素】面板中以父子结构方式显示，如图7-6所示。

2. 更改AP元素的堆叠顺序

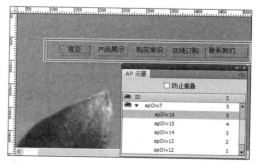

图7-6　嵌套AP Div

使用【属性】面板或【AP元素】面板可更改AP元素的堆叠顺序。【AP元素】面板列表顶部的 AP 元素位于堆叠顺序的顶部，并出现在其他 AP 元素之前。

AP 元素的 z 轴值越高，该 AP 元素在堆叠顺序中的位置就越高。可以在【AP 元素】面板更改每个 AP 元素的 z 轴。例如，先给 apDiv1 设置一个背景颜色，将 apDiv1 的值修改为 10，如图 7-7 所示。

当用户修改 apDiv1 的 z 轴值后，则自动跳转到最上面，并且【文档】窗口中的 apDiv1 也置于最上层，叠盖在相同位置区域内的 AP 元素。

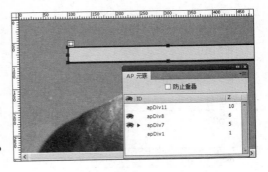

图 7-7　修改 z 轴值

3．显示与隐藏 AP 元素

AP 元素与表格相比，具有一定的灵活性。在【AP 元素】面板中，用户可以手动显示/隐藏 AP Div，以查看页面在不同条件下的显示方式。

在【AP 元素】面板中，单击 apDiv 前面的"眼睛"图标，即可改变显示/隐藏的状态，如图 7-8 所示。在 AP 元素的眼形图标列内单击可以更改其可见性。

❑ 眼睛睁开表示 AP 元素是可见的。
❑ 眼睛闭合表示 AP 元素是不可见的。

如果没有眼形图标，AP 元素通常会继承其父级的可见性（如果 AP 元素没有嵌套，父级就是文档正文，而文档正文始终是可见的）。

另外，如果未指定可见性，则不会显示眼形图标（这表示【可见性】为【默认】选项）。

图 7-8　隐藏 AP 元素

4．防止 AP 元素重叠

由于表格单元格不能重叠，因此 Dreamweaver 无法基于重叠的 AP 元素创建表格。如果要将文档中的 AP 元素转换为表格，应约束 AP 元素的移动和定位，使 AP 元素不会重叠。例如，在【AP 元素】面板中，可以启用【防止重叠】复选框，如图 7-9 所示。

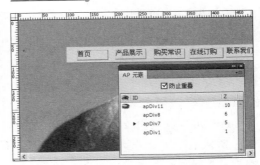

图 7-9　防止重叠

当启用此选项时，不能在现有 AP 元素上方创建 AP 元素，或将 AP 元素移动到现有 AP 元素的上方，或在现有 AP 元素内嵌套一个 AP 元素。如果已经创建重叠的 AP 元素，则可以拖动每个重叠的 AP 元素以使其分离。

7.3　网页行为

行为是一种由 Dreamweaver 提供的可视化特效编辑工具。其主要用来使网页可以动态地响应用户操作、改变当前页面效果或执行某些特定的任务。Dreamweaver 的行为是由 JavaScript 代码预先编写成的代码。这些代码可以被网页设计者通过简单的操作调用并嵌入到网页中，通过一些特定的事件触发代码的执行。

7.3.1 标签检查器面板与行为

在网页中添加行为，必须为其提供 3 个组成部分，即对象、事件和动作。对象是产生行为的主体，网页中的对象大多可以直接作为行为中的对象，如文本、图像、表格等；事件是触发行为的条件，通过事件才可以发生行为；动作是行为的主体，该部分决定激活后行为完成什么样的工作或网页对象变成什么样的状态。

Dreamweaver 提供了一个面板来专门管理和编辑行为，即【行为】面板。在 Dreamweaver 中执行【窗口】|【行为】命令（按 Shift+F4 组合键）即可打开该面板。使用【行为】面板，可以为对象添加所有的行为，还可以修改当前选择行为的一些参数，如图 7-10 所示。

图 7-10 行为面板

【行为】面板中，共有 6 个按钮可以使用，其作用见表 7-2。

表 7-2 行为面板中的按钮

按钮图标	名　称	功　能
显示设置事件	显示设置事件	显示添加到当前文档的事件
显示所有事件	显示所有事件	显示所有可添加的行为事件
+	添加行为	为网页中的对象添加行为事件
−	删除事件	从当前列表中删除已添加的事件
▲	增加事件值	将同一对象的事件向上移动，提高事件的执行优先级
▼	降低事件值	将同一对象的事件向下移动，降低事件的执行优先级

使用这些按钮可以方便地为网页中各种对象添加行为，以及管理已添加的各种行为事件。

Dreamweaver 内置的各种行为，形成了一个 JavaScript 程序库。用户只需用鼠标选择各种动作，并设置一些简单的参数，即可为其设置激发的事件，将库中的 JavaScript 代码应用到网页中。

在编辑行为前首先应选择对象。在 Dreamweaver 中，可以将网页中所有的标签（包括整个网页、网页中各种文本、图像、多媒体、表格、层、框架等）作为行为的对象。不同的对象可以添加不同的行为，并可以设置各种触发动作的事件。在 Dreamweaver 中，支持所有 JavaScript 事件作为行为触发的条件，见表 7-3。

表 7-3　常见的 JavaScript 行为

事 件 类 型	浏览器支持	应 用 对 象	事 件 含 义
onAbort	IE4.0、NetScape3.0	图像、页面等	中断对象载入触发该事件
onAfterUpdate	IE4.0	图像、页面等	对象更新时触发事件
onBeforeUpdate	IE4.0	图像、页面等	对象更新前触发事件
onBlur	IE3.0、NetScape2.0	按钮、链接、文本框等	对象移开焦点触发事件
onBounce	IE4.0	滚动字幕等	框元素延伸至边界外时触发事件
onChange	IE3.0、NetScape3.0	表单等	改变对象值时触发事件
onClick	IE3.0、NetScape2.0	所有元素	单击对象
onDblClick	IE4.0、NetScape4.0	所有元素	双击对象
onError	IE4.0、NetScape3.0	图像、页面等	载入对象时发生错误触发事件
onFinish	IE4.0	滚动字幕等	框元素完成一个循环时触发事件
onFocus	IE3.0、NetScape2.0	按钮、链接、文本框等	对象获取焦点时触发事件
onHelp	IE4.0	图像等	调用帮助时触发事件
onKeyDown	IE4.0、NetScape4.0	链接图像、文字等	按下键盘上某个键时触发事件
onKeyPress	IE4.0、NetScape4.0	链接图像、文字等	按下键盘上某个键并释放时触发事件
onKeyUp	IE4.0、NetScape4.0	链接图像、文字等	释放被按下的键时触发事件
onLoad	IE3.0、NetScape2.0	页面、图像等	当对象被完全载入时触发事件
onMouseDown	IE4.0、NetScape4.0	链接图像、文字等	按下鼠标左键时触发事件
onMouseMove	IE3.0、NetScape4.0	链接图像、文字等	鼠标指针移动时触发事件
onMouseOut	IE4.0、NetScape3.0	链接图像、文字等	鼠标指针离开对象范围时触发事件
onMouseOver	IE3.0、NetScape2.0	链接图像、文字等	鼠标指针移到对象范围上方时触发事件
onMouseUp	IE4.0、NetScape4.0	链接图像、文字等	鼠标左键按下后松开时触发事件
onMove	IE4.0、NetScape4.0	页面等	浏览器窗口被移动时触发事件
onReadyStateChange	IE5.0	图像等	对象初始化属性值发生变化时触发事件
onReset	IE4.0、NetScape3.0	表单等	对象属性被激发时触发事件
onResize	IE4.0、NetScape4.0	主窗口、帧窗口等	浏览器窗口大小被改变时触发事件
onRowEnter	IE5.0	Shockwave 等	数据发生变化并有新数据时触发事件
onRowEixt	IE5.0	Shockwave 等	数据将要发生变化时触发事件
onScroll	IE4.0	主窗口、帧窗口等	滚动条位置发生变化时触发事件
onSelect	IE4.0	文字段落或选择相等	文本内容被选择时触发事件
onStart	IE4.0、NetScape4.0	滚动字幕等	对象开始显示内容时触发事件
onSubmit	IE3.0、NetScape2.0	表单等	对象被递交时触发事件
onUnload	IE3.0、NetScape2.0	主页面等	对象将被改变时触发事件

编辑行为的触发事件，可以直接在行为面板中选择已添加好的行为，单击行为的触发事件，即可在弹出的下拉菜单中选择相应的事件或直接在事件的菜单文本框中输入事件的类型。

7.3.2 文本信息行为

文本是网页中最常见的对象，也是最重要的对象之一。因此，在 Dreamweaver 中专门设置了文本信息行为供用户使用。通过文本信息行为，可以设置一些网页中常见的文本信息特效。

1. 设置文本域文字

【设置文本域文字】顾名思义是用于设置文本域的一些特殊效果。为网页添加该效果时，应首先选择相应的文本域，在【行为】面板中单击【添加行为】按钮，执行【设置文本】|【设置文本域文字】命令，即可为文本域中的文字设置特效，如图 7-11 所示。

在上面【设置文本域文字】的对话框中选择需要的文本域，并保持新建文本为空，并设置该行为的激活事件为 onClick，则当浏览者鼠标单击该文本域时，文本域中的初始值将消失，如图 7-12 所示。

图 7-11　设置文本域文字

2. 设置容器文本

【设置容器的文本】行为主要的作用是将页面上已有容器中的内容替换为指定的内容。其使用方法是选择网页中指定的块状对象，单击【行为】面板中的【添加行为】按钮，执行【设置文本】|【设置容器的文本】命令，在弹出的【设置容器的文本】对话框中，设置文本的容器以及在容器中显示的文本内容 HTML 代码，如图 7-13 所示。

如果网页中有多个块状对象，则在【设置容器的文本】的对话框中，【容器】属性的值将是一个下拉菜单。通过该菜单，可以选择所有网页中的块状对象。【新建 HTML】属性的值可以是普通的文本内容，也可以是 XHTML 代码或其他网页中可解析的代码。

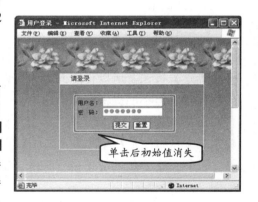

图 7-12　设置文本域文字行为

图 7-13　设置容器的文本

> **提示**
>
> 在将表格、表格单元格、段落等普通块状对象设置为容器时，需要为其设置 ID。设置容器的文本只有通过对象的 ID 才能控制文本的内容切换。

3. 设置状态栏文本

在浏览器默认情况下，其状态栏显示的是鼠标焦点处的地址或提示信息。而为网页添加【设置状态栏文本】行为后，状态栏处将显示网页设计者自定义的文本信息。

【设置状态栏文本】可以是针对整个网页的行为，因此在设置该行为时无须选择任何对象，直接单击【添加行为】按钮 ➕ 即可。当该行为设置整个网页时，其触发的事件通常是 onLoad，如图 7-14 所示。

【设置状态栏文本】也可以是针对网页中某个对象的行为。例如，为网页中一个浮动的层设置状态栏文本，并将该行为的激发事件设置为 onMouseOver，其效果如图 7-15 所示。

7.3.3 窗口信息行为

窗口信息行为也是一种比较常见的浏览器特效。该特效主要包括两种窗口信息，即弹出对话框和弹出窗口。在网页设计中，这两种窗口信息通常用于广告以及一些提示信息。

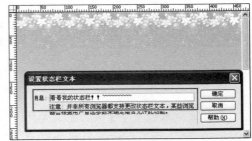

图 7-14 设置状态栏文本

1．弹出信息

【弹出信息】行为用于弹出一个显示预设信息的 JavaScript 警告框。由于该警告框只有一个【确定】按钮，所以使用此行为可以为用户提供信息，但不能提供选择操作。

选择文档中的某一对象，单击【行为】面板中的【添加行为】按钮 ➕，执行【弹出信息】命令。然后在弹出的对话框中输入文字信息，如图 7-16 所示。

添加完成后，即可单击【确定】并保存文档。按 F12 快捷键浏览该网页，即可单击链接，查看弹出的对话框。

图 7-15 预览状态栏文本

> **提　示**
>
> 可以在文本中嵌入任何有效的 JavaScript 函数调用、属性、全局变量或其他表达式。如果要嵌入一个 JavaScript 表达式，请将其放置在大括号({})中。如果要显示大括号，需要在它前面加一个反斜杠(\{)。

2．弹出窗口

使用【打开浏览器窗口】行为可以在一个新的窗口中打开页面。同时，还可以指定该新窗口的属性、特性和名称。

选择文档中的某一对象，在【行为】面板中的【添加行为】菜单中执行【打开浏览器窗口】命令。然后，在弹出的对话框中选择或输入要打开的 URL，并设置新窗口的属性，如图 7-17 所示。

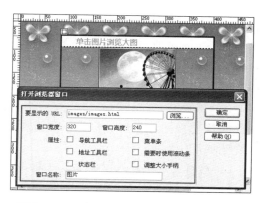

图 7-16　设置弹出信息　　　　　　图 7-17　打开浏览器窗口

在【打开浏览器窗口】的对话框中，可以设置弹出窗口的各种属性，见表 7-4。

表 7-4　弹出窗口的属性

属 性 名 称		说　明
要显示的 URL		设置弹出窗口的 URL 地址。其可以用相对地址，也可以用绝对地址
窗口宽度		设置弹出浏览器窗口的宽度。其值为数字，单位为 px（像素）
窗口高度		设置弹出浏览器窗口的高度，其值为数字，单位为 px（像素）
属性	导航工具栏	设置弹出的浏览器窗口是否显示前进、后退等导航工具栏
	菜单条	设置弹出的浏览器窗口是否显示文件、编辑、查看等菜单条
	地址工具栏	设置弹出的浏览器窗口是否显示地址工具栏
	使用滚动条	设置弹出的浏览器窗口是否显示滚动条
	状态栏	设置弹出的浏览器窗口底部是否显示状态栏
	调整大小手柄	设置弹出的浏览器窗口是否允许浏览者调节大小
窗口名称		设置弹出的浏览器窗口标题的名称

打开浏览器窗口的 URL 地址，其链接的文件可以是网页文档，也可以是浏览器支持打开的文件类型，例如，jpg 图像和 bmp 图像等。在【打开浏览器窗口】对话框中设置了弹出窗口的类型后，即可按 F12 快捷键浏览网页，如图 7-18 所示。

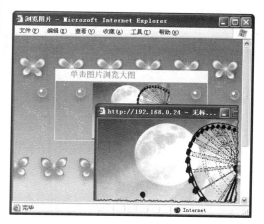

7.3.4　图像效果行为

在 Dreamweaver 中，很多行为可以应用在各种图像中，为图像添加各种特效。例如，交换图像特效、改变图像的属性以及位置等。使用图像效果，可以使网页看起来更有动感。

图 7-18　弹出窗口特效

1. 交换图像

交换图像行为是通过更改<img>标签的 src 属性将一个图像和另一个图像进行交换，或者交换多个图像。

如果要添加【交换图像】行为，首先在文档中插入一个图像。然后选择该图像，单击【行为】面板中的【添加行为】按钮，执行【交换图像】命令，在弹出的对话框中选择另外一张要换入的图像，如图 7-19 所示。

在【交换图像】对话框中，复选框选项介绍如下。

□ 启用【预先载入图像】复选框，可以在加载页面时对新图像进行缓存，这样可以防止当图像应该出现时由于下载而导致延迟。

□ 启用【鼠标滑开时恢复图像】复选框，可以在鼠标指针离开图像时，恢复到以前的图像源，即打开浏览器时的初始化图像。

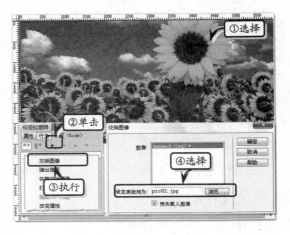

图 7-19 设置属性

设置完成后预览页面，可以发现当鼠标指针经过浏览器中的源图像时，该图像即会转换为另外一张图像；当鼠标指针离开图像时，则又恢复到源图像，如图 7-20 所示。

图 7-20 图像交换

2．增大/收缩

【增大/收缩】行为可以将网页中指定的对象按照百分比放大或缩小。并且，在用事件触发该行为后，其效果是逐渐进行增大或收缩的。设置【增大/收缩】行为，应首先为要设置行为的图像或其他网页对象设置 ID。然后选择触发行为的对象（可以是按钮、超链接等），在【行为】面板中执行【效果】|【增大/收缩】命令，打开【增

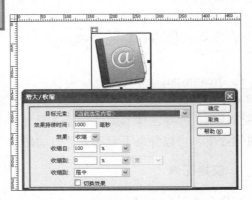

图 7-21 增大/收缩

大/收缩】对话框，如图 7-21 所示。

【增大/收缩】对话框有 7 种属性。通过这 7 种属性可以定义各种增大/收缩的效果，见表 7-5。

表 7-5　【增大/收缩】对话框的属性

属　　性	说　　明
目标元素	该属性用于设置增大或收缩的对象。其默认值为当前选择的对象，单击其下拉列表还可以选择目前网页中已添加 ID 的所有对象
效果持续时间	该属性用于设置对象增大或收缩的过程所需的时间。其单位为毫秒
效果	该属性用于选择增大/收缩的类型
收缩自	该属性用于定义对象在【增大/收缩】行为被事件触发时的大小。其属性值可为百分比（默认值）或 px（像素）
收缩到（大小）	该属性用于定义对象在【增大/收缩】行为结束时的大小。其属性值可为百分比（默认值）或 px（像素）
收缩到（位置）	该属性用于设置对象在增大或收缩时的中心点。其属性值可为左上角或对象的中心位置
切换效果	该属性用于设置【增大/收缩】的行为是否可逆。如选择该复选框，则该行为可逆

为网页对象添加【增大/收缩】行为后，即可为行为设置触发的事件，并保存网页，按 F12 快捷键浏览效果。如图 7-22 和图 7-23 所示。

3．挤压

为网页对象设置【挤压】行为可以将网页对象缩小至消失。该行为是一个固定的过渡效果，只需要为其添加行为命令，不需要为其设置各种参数，如图 7-24 所示。设置完行为后，即可在【行为】面板中为行为设置触发的事件，保存网页。

图 7-22　收缩

7.3.5　效果行为

AP 元素行为是为 AP 元素设置特效的行为。这些行为主要用于设置 AP 元素的位置、大小等属性。

1．改变属性

【改变属性】行为可以用来动态地改变某个网页对象的属性。例如，改变 AP 元素的背景与图像的大小。在使用该行为之前首先必须选

图 7-23　增大

择一个网页对象，单击【行为】面板中的【添加行为】按钮 ，执行【改变属性】命令，打开【改变属性】对话框，如图 7-25 所示。

图 7-24 添加挤压行为

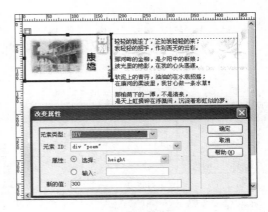

图 7-25 设置改变属性

在【改变属性】对话框中有 5 个参数可以设置，见表 7-6。

表 7-6 改变属性的参数

参 数 名 称		作　　用
元素类型		允许设计者从下拉列表中选择当前网页中存在的各种网页对象，用于定义要改变属性的网页对象类型
元素 ID		允许设计者从下拉列表中选择已确定类型的网页对象 ID，用于定义要改变属性的网页对象
属性	选择	允许设计者从下拉列表中选择需要改变属性的网页对象的属性
	输入	允许设计者自行输入需要改变属性的网页对象的属性
新的值		允许设计者为选择的属性设置新的属性值

在【改变属性】对话框中设置网页对象的类型、ID 以及改变的属性和属性值后，即可单击【确定】按钮，在【行为】面板中设置触发该行为的事件。【改变属性】的效果如图 7-26 和图 7-27 所示。

图 7-26 显示前

图 7-27 显示后

2．拖动 AP 元素

【拖动 AP 元素】行为是一种交互性的行为。其作用是创建可拖动的 AP 元素。通过为 AP 元素添加该行为，可以使页面浏览者自由拖动网页中的 AP 元素，制作各种图像的拼接特效。例如，拼图游戏、滑块等。

由于该行为仅能应用于 AP 元素，为网页添加【拖动 AP 元素】特效，必须先在网页中创建 AP 元素。创建 AP 元素后，需选择网页的 body 标签，才可选择【添加行为】按钮 ➕。【拖动 AP 元素】对话框分为【基本】和【高级】两个选项卡，如图 7-28 和图 7-29 所示。

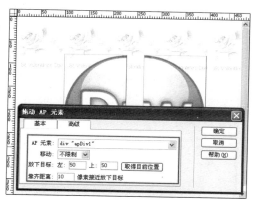

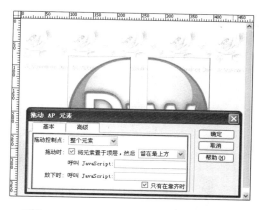

图 7-28　【基本】选项卡　　　　　图 7-29　【高级】选项卡

其中【基本】选项卡用于设置拖动 AP 元素被时的限制，见表 7-7。

表 7-7　【基本】选项卡属性

属　　　性		说　　　明
AP 元素		允许用户在下拉列表中选择要拖动的 AP 元素
移动	限制	允许用户设置将 AP 元素限制在一定的范围之内，通常用于滑块控制或可移动的各种布景
	不限制	选择该选项，则 AP 元素不会被限制在一定范围内，通常用于拼图或拖动、放下的游戏内容
放下目标		在文本框中输入数值，设置其相对于浏览器左上角的距离。用于确定该 AP 元素的目的点坐标
靠齐距离		允许用户输入一个数值，当 AP 元素被拖动到与目的点距离小于此数值时，AP 元素才会被认为移动到了目的点并自动拖放到指定目的点上去

【高级】选项卡中的属性用于设置拖动元素时的控制方式，见表 7-8。

表 7-8　【高级】选项卡属性

属　　　性	说　　　明
拖动控制点	该属性用于设置 AP 元素中可被用于拖动的区域。当选择【整个元素】则拖动的控制点可以是整个 AP 元素。当选择【元素内的区域】选项，并在其后设置坐标，则拖动的控制点仅是 AP 元素指定范围内的部分
拖动时	选择【将元素置于顶层】选项则在拖动时，AP 元素在网页所有 AP 元素的顶层
然后	选择【留在最上方】则拖动后的 AP 元素保持其顶层位置，如选择【恢复 Z 轴】选项，则该元素恢复回原层叠位置。该下拉列表仅在【拖动时】被设置为【将元素置于顶层】时有效
呼叫 JavaScript	在浏览者拖动 AP 元素时执行一段 JavaScript 代码

属　　性	说　　明
放下时：呼叫 JavaScript	在浏览者完成拖动 AP 元素后执行一段 JavaScript 代码
只有在靠齐时	选择该选项，则只有在浏览者拖动完成 AP 元素并将其靠齐后才会执行 JavaScript 代码

在为 AP 元素设置【拖动 AP 元素】行为后，即可单击【确定】按钮，按 F12 快捷键预览。同一个网页的 body 标签，可以设置多个【拖动 AP 元素】选项，如图 7-30 和图 7-31 所示。

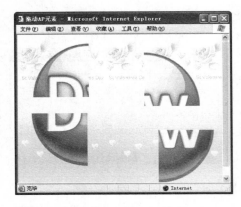

图 7-30　拖动 AP 元素前

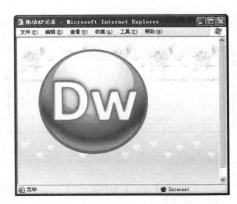

图 7-31　拖动 AP 元素后

3. 显示-隐藏元素

【显示-隐藏元素】行为也是一种交互行为。为 AP 元素设置该行为后，网页的浏览者可以通过单击超链接、图像、按钮等对象控制 AP 元素的显示或隐藏。

为 AP 元素设置【显示-隐藏元素】行为，可以先为 AP 元素设置 ID，然后选择触发事件的网页对象，单击【行为】面板中的【添加行为】按钮 ，执行【显示-隐藏元素】命令。在【显示-隐藏元素】对话框中可以设置网页对象触发哪些 AP 元素显示或隐藏，如图 7-32 所示。

一个网页对象激发的事件，可以控制多个 AP 元素的显示或隐藏。通过【显示-隐藏元素】行为，可以方便地制作弹出菜单等常见的网页特效，如图 7-33 所示。

图 7-32　显示-隐藏元素

图 7-33　显示-隐藏元素效果

7.4 JavaScript 语言

在互联网中，很多网站设计者都会通过脚本语言编写行为，控制网页中的对象，实现动态的效果，这些动态效果可以使网页更加丰富多彩。在制作动态效果时，可使用两种语言：一种是 JavaScript 语言，另一种则是 VBScript 语言。在这两种脚本语言中，JavaScript 语言使用最为广泛。

7.4.1 JavaScript 概述

在网页设计领域，特效发挥着非常重要的作用。使用网页特效，可以使网页具备更强的交互性、欣赏性，也可使网页更加智能化。在编写各种特效时，最流行的脚本语言就是 JavaScript 脚本语言。

1．JavaScript 简介

JavaScript 是一种面向网络应用的、面向对象编程的脚本语言，是互联网中最流行且应用最广泛的脚本语言。

在目前所有的主流浏览器中，几乎都支持这一脚本语言。JavaScript 的语法规范和语义目前由 ECMA 国际（欧洲计算机制造商协会）维护，当前标准为 ECMA-262。

最新的 JavaScript 标准为 ECMA357，已被一些 JavaScript 衍生的语言使用，但目前尚未有浏览器支持。由于 JavaScript 的标准被 ECMA 国际维护，因此，JavaScript 脚本语言又被称作 ECMAScript。

由 JavaScript 衍生的脚本语言包括微软的 JScript 以及 Adobe 的 ActionScript 等。前者语法语义和 JavaScript 非常相似，主要应用于微软的 IE 浏览器及各种服务器端程序中。后者语法与 JavaScript 有略微的区别，主要应用于 Flash 动画中。

JavaScript 被设计来为网页添加交互行为，因此其可直接被嵌入到 HTML 页面中，被各种浏览器解析，无需编译即可执行。同时，JavaScript 是一种免费语言，任何人无需购买许可证即可使用。

2．与 Java 的区别

JavaScript 与 Java 语言的名称非常类似，很多人都会认为 JavaScript 是 Java 的衍生品，类似 Visual Basic 与 VBScript 的关系。事实上，JavaScript 与 Java 完全没有关系。

Java 语言是升阳计算机拥有版权的一种服务器端高级语言，而 JavaScript 最早由网景公司开发，并免费发布。JavaScript 的语法和语义更接近于 C 语言。

3．JavaScript 的应用

JavaScript 是一种简单的面向对象脚本语言，其使用者无需了解太多的编程理论和编译方法，即可将代码嵌入到网页中。JavaScript 最主要的用途包括 6 种。

❑ **输出动态文本** JavaScript 可以通过程序将文本内容输出到网页文档流中。

❑ **响应交互事件**　JavaScript 可以作为事件的监听者，获取用户交互事件的触发，并对其进行处理，实现简单用户交互。

❑ **读写 XHTML 文档对象**　JavaScript 可以通过 DOM（ 文档对象模型 ）读取 XHTML 文档中的各种对象，并写入数据。

❑ **验证数据**　JavaScript 可以通过正则表达式等方法检测数据是否符合要求，并根据检测结果执行各种命令。

❑ **检测用户端浏览器**　JavaScript 可以通过简单的方法获取用户端浏览器的各种信息，并返回相应的数据。

❑ **读写 Cookie**　JavaScript 可以读写用户本地计算机的 Cookie，掌握用户对网站的访问情况。

7.4.2　JavaScript 基础知识

JavaScript 是一种基于对象的事件驱动，并且具有较强安全性的脚本语言。它使得信息和用户之间不仅只是一种显示和浏览的关系，而是实现了一种实时的、可交互式的表达能力。

1. JavaScript 在网页中的用法

JavaScript 脚本语言可以通过嵌入或导入的方法，实现在 HTML 语言中的功能，详细介绍如下。

❑ **嵌入式**

JavaScript 的脚本程序需要放置在<script></script>标签之间，并且为<script>标签的 language 属性设置值为 javascript。JavaScript 脚本程序可以嵌入到 HTML 语言中的任何标签之间，代码如下所示。

```
<html>
<head>
<title>JavaScript 在网页中的用法</title>
</head>
<body>
<script language="javascript">
document.write("嵌入 JavaScript 脚本程序！");
</script>
</body>
</html>
```

> **提　示**
>
> <script language="javascript">标签用来告诉浏览器这是用 JavaScript 编写的程序。其中，document.write() 语句表示将括号中的字符串输出到浏览器窗口中。

JavaScript 脚本程序还可以在放置到 HTML 语言中的任何标签之外，成为单独的一段程序，代码如下所示。

```
<html>
<head>
<title>JavaScript 在网页中的用法</title>
</head>
<body>
</body>
</html>
<script language="javascript">
document.write("嵌入 JavaScript 脚本程序！");
</script>
```

❏ 导入式

如果已经存在一个 JavaScript 源文件（以 js 为扩展名），则可以采用导入的方式应用该程序。

例如，在 HTML 网页中导入名称为 example 的 js 文件，代码如下所示。

```
<html>
<head>
<title>JavaScript 在网页中的用法</title>
</head>
<body>
<script language="javascript" src="example.js"></script>
</body>
</html>
```

2．JavaScript 的变量

变量是程序中数据的临时存放场所。使用变量之前首先进行声明，在 JavaScript 脚本程序中使用 var 关键字来声明变量，代码如下所示。

```
<script language="javascript">
var num;
//声明单个变量
var num,str,boo;
//单个 var 关键字声明多个变量
var num=10,str="声明变量",boo=true;
//一条语句中的变量声明和初始化
</script>
```

上面程序中的 "//" 双斜杠表示 JavaScript 程序的注释部分，即从 "//" 开始到行尾的字符都被忽略。

注 意

JavaScript 是一种区别大小写的语言，因此在声明变量时，一定要注意变量名称的大小写。

变量的名称可以是任意长度，但是创建合法的变量名称应该遵循一定的规则，介绍如下：

❑ 第一个字符必须是一个 ASCII 字母（大小写均可），或一个下划线（_）。注意第一个字符不能是数字。

❑ 后续的字符必须是字母、数字或下划线。

❑ 变量名称一定不能是保留字。

3. JavaScript 的数据类型

数据类型是编程语言最基本的元素。在编程语言中，数据类型越多，说明处理数据的功能越强。JavaScript 有 5 种数据类型。

❑ **Number 类型**

该类型也就是数值数据类型，包括整型和浮点型。在 JavaScript 中，整型只能是正数，浮点型数也就是通常所说的小数，其表示方法见表 7-9。

表 7-9　数值数据表示方法

<table>
<tr><th colspan="2">名　　称</th><th>说　　明</th></tr>
<tr><td rowspan="3">整型数</td><td>十进制表示法</td><td>与平常所用的数字形式相同，如 0，68，100</td></tr>
<tr><td>十六进制表示法</td><td>在十六进制数中有 10 个数字和 6 个字母，即 0~9、A~F 或 a~f。表示十六进制时，必须以 0x 开头，如 0xF、0x10</td></tr>
<tr><td>八进制表示法</td><td>在八进制数字中共有 8 个数字，即 0~7。表示八进制数时，必须以 0 开头，如 0168</td></tr>
<tr><td rowspan="2">浮点型数</td><td>普通表示法</td><td>将浮点数全部直接写出来，如 54.658、0.002</td></tr>
<tr><td>科学记数法</td><td>通过 E 或 e 来表示浮点数，如 2.9E+5 或 2.9e+5</td></tr>
</table>

例如，使用 var 关键字声明 Number 类型的变量，代码如下所示。

```
<script language="javascript">
var num1 = 100;
//整型数
var num2 = 0xA;
//十六进制数
var num3 = 0147;
//八进制数
var num4 = 10.00001;
//浮点数
</script>
```

❑ **String 类型**

String 类型也称为字符串型，它在 JavaScript 中有两种等价的表示方法。用单引号表示一个字符串，如'JavaScript'；还可以用双引号表示一个字符串，如"JavaScript"。声明 String 类型的变量，代码如下所示。

```
<script language="javascript">
var str = 'JavaScript';
```

```
//单引号表示字符串
var str = "JavaScript";
//双引号表示字符串
</script>
```

❑ **Boolean 类型**

Boolean 类型也称为布尔型，它的数值只有两个值：真用 true 或 1 表示；假用 false 或 0 表示。声明 Boolean 类型的变量，代码如下所示。

```
<script language="javascript">
var bool = true;
//值为真
var bool = 0;
//值为假
</script>
```

注　意

为 Boolean 类型的变量赋 0 或 1 值，首先需要声明该变量值的数据类型为 Boolean 类型。

❑ **Undefined 类型**

一个为 undefined 类型的值就是指在变量被创建后，但未给该变量赋值。声明 Undefined 类型的变量，代码如下所示。

```
<script language="javascript">
var test;
</script>
```

❑ **Null 类型**

Null 类型的值即为空值，也就是说该变量没有保存有效的数值、字符串、boolean 等。通过给一个变量赋 null 值可以清除变量中存储的内容，代码如下所示。

```
<script language="javascript">
var test = null;
</script>
```

4．JavaScript 的运算符

JavaScript 具有全范围的运算符，包括算术运算符、逻辑运算符、位运算符、赋值运算符、比较运算符、字符串运算符和特殊运算符。

❑ **算术运算符**

算术运算符可以将指定的数值（常量或变量）进行计算，并返回一个数值。算术运算符的符号及描述见表 7-10。

表 7-10　算术运算符

名称	符号	描　　述
加法	+	将两个数相加
自增	++	将数值变量加一，并返回给原变量

名称	符号	描述
减法	-	将两个数相减
自减	--	将数值变量减一，并返回给原变量
乘法	*	将两个数相乘
除法	/	将两个数相除
求余	%	求两个数相除的余数

❑ **逻辑运算符**

逻辑运算符用 Boolean 值（布尔逻辑值）作为操作数，并返回 Boolean 值。逻辑运算符的符号及描述见表 7-11。

表 7–11　逻辑运算符

名称	符号	描述
逻辑与	&&	如果两个操作数都是真的话则返回真，否则返回假
逻辑或	||	如果两个操作数都是假的话则返回假，否则返回真
逻辑非	!	如果其单一操作数为真，则返回假，否则返回真

❑ **位运算符**

位运算符执行位运算时，运算符会将操作数看作一串二进制位（1 和 0），而不是十进制、十六进制或八进制数字。位运算符的符号及描述见表 7-12。

表 7–12　位运算符

名称	符号	描述
按位与	&	如果两个操作数对应位都是 1 的话，则在该位返回 1
按位异或	^	如果两个操作数对应位只有一个 1 的话，则在该位返回 1
按位或	|	如果两个操作数对应位都是 0 的话，则在该位返回 0
求反	~	反转操作数的每一位
左移	<<	将第一操作数的二进制形式的每一位向左移位，所移位的数目由第二操作数指定。右面的空位补零
算术右移	>>	将第一操作数的二进制形式的每一位向右移位，所移位的数目由第二操作数指定。忽略被移出的位
逻辑右移	>>>	将第一操作数的二进制形式的每一位向右移位，所移位的数目由第二操作数指定。忽略被移出的位，左面的空位补零

❑ **赋值运算符**

赋值运算符会将其右侧操作数的值赋给左侧操作数。最基本的赋值运算符是等号（=），它会将右侧操作数的值直接赋给左侧操作数。赋值运算符的符号及描述见表 7-13。

表 7–13　赋值运算符

名称	符号	描述
赋值	=	将第二操作数的值赋给第一操作数
和赋值	+=	将两个数相加，并将和赋值给第一操作数
差赋值	-=	将两个数相减，并将差赋值给第一操作数
积赋值	*=	将两个数相乘，并将积赋值给第一操作数

名　　称	符号	描　　述
商赋值	/=	将两个数相除，并将商赋值给第一操作数
余数赋值	%=	计算两个数相除的余数，并将余数赋值给第一操作数
按位异或赋值	^=	执行按位异或，并将结果赋值给第一个操作数
按位与赋值	&=	执行按位与，并将结果赋值给第一个操作数
按位或赋值	|	执行按位或，并将结果赋值给第一个操作数
左移赋值	<<=	执行左移，并将结果赋值给第一个操作数
算术右移赋值	>>=	执行算术右移，并将结果赋值给第一个操作数
逻辑右移赋值	>>>=	执行逻辑右移，并将结果赋值给第一个操作数

❑ 比较运算符

比较运算符用来比较其两边的操作数，并根据比较结果返回逻辑值。操作数可以是数值或字符串值，如果使用的是字符串值的话，比较是基于标准的字典顺序的。比较运算符的符号及描述，见表7-14。

表7-14　比较运算符

名　　称	符号	描　　述
等于	==	如果操作数相等的话，则返回真
不等于	!=	如果操作数不相等的话，则返回真
大于	>	如果左侧操作数大于右侧操作数，则返回真
大于等于	>=	如果左侧操作数大于等于右侧操作数，则返回真
小于	<	如果左侧操作数小于右侧操作数，则返回真
小于等于	<=	如果左侧操作数小于等于右侧操作数，则返回真

❑ 字符串运算符

字符串运算符可以将两个字符串连接在一起，并返回连接的结果。字符串运算符的符号及描述，见表7-15。

表7-15　字符串运算符

名　　称	符　　号	描　　述
字符串加法	+	连接两个字符串
字符串连接赋值	+=	连接两个字符串，并将结果赋给第一个操作数

❑ 特殊运算符

特殊运算符是指一些具有特殊含义的运算符，其符号及描述见表7-16。

表7-16　特殊运算符

名称	符号	描　　述
条件	?:	执行一个简单的"if…else"语句
删除	delete	允许删除一个对象的属性或数组中指定的元素
new	new	允许创建一个用户自定义对象类型或内置对象类型的实例
this	this	可用于引用当前对象的关键字
typeof	typeof	返回一个字符串，表明未计算的操作数类型
void	void	指定要计算一个表达式但不返回值

7.4.3 JavaScript 语句

与多数高级编程语言类似，JavaScript 也可以通过语句控制代码执行的流程。JavaScript 的语句可以分为两大类，即条件语句、循环语句等。

1. 选择结构

选择结构通常用来指明程序代码的多个运行顺序或方向，并为这些顺序或方向创建一个交叉点。选择结构的程序又可以分为 4 种，如下所示。

❑ **单一选择结构**

单一选择结构是指使用 JavaScript 语句测试一个条件，当条件满足测试需求时，则执行某些命令。单一选择结构需要使用 if 语句，如下所示。

```
var a =2;//为变量 a 赋值为 2
var b =1;//为变量 b 赋值为 1
if (a > b)//当条件满足变量 a 大于变量 b 时，则执行以下语句块
{
    alert("a");//弹出对话框，输出 a 的值
}
```

❑ **双路选择结构**

双路选择结构是指用 JavaScript 测试一个条件，当条件满足测试需求时，执行一段命令。当条件不满足测试的需求时，则执行另一段命令。由于程序在测试后会出现两个选项，故被称作双路选择结构。双路选择结构需要使用"if…else"语句，如下所示。

```
var a =10;//为变量 a 赋值为 10
var b =12;//为变量 b 赋值为 12
if (a>b)//当条件满足变量 a 大于 b 时，则执行以下语句块
{
    alert("a");//弹出对话框，输出 a 的值
}
else//否则，执行以下语句块
{
    alert("b");//弹出对话框，输出 b 的值
}
```

❑ **内联三元运算符**

JavaScript 还支持隐式的条件格式，这类格式的条件要在之后使用一个问号（?）。这类条件如需要指定两个选项，可在两个选项之间加冒号（:）隔开，如下所示。

```
var a =2;//为变量 a 赋值为 2
var b =1;//为变量 b 赋值为 1
var sum =(a>b)?1:2;
//当 a 和 b 满足条件 a 大于 b 时，sum 等于 1，否则 sum 等于 2
alert(sum);//弹出对话框，输出 sum 的值
```

网页设计与网站组建标准教程（2013—2015 版）

❑ **多路选择结构**

之前介绍的选择结构均是单路或双路选择结构，JavaScript 还支持多路选择结构。如果需要测试多个条件，可以为程序添加"switch…case"语句，如下所示。

```
switch (a)//根据变量 a 进行判断
{
    case (1)://当 a 的值为 1 时
        alert("a=1");//弹出对话框，输出"a=1"
        break;//停止程序
    case (2): //当 a 的值为 2 时
        alert("a=2");//弹出对话框，输出"a=2"
        break; //停止程序
    case (3); //当 a 的值为 3 时
        alert("a=3");//弹出对话框，输出"a=3"
        break; //停止程序
}
```

2．循环结构

在 JavaScript 中，还可以使用循环结构。循环结构的特点是根据一定的条件多次执行，直到满足一定的条件后停止。例如，打印输出九九乘法表的程序，就需要使用这种结构。

❑ **由计数器控制的循环**

这种循环需要用 for 语句指定一个计数器变量，一个测试条件以及更新计数器的操作。在每次循环的重复之前，都将测试该条件。如果测试成功，将运行循环中的代码；如果测试不成功，则不执行循环中的代码，程序继续运行紧跟在循环后的第一行代码，如下所示。

```
for(i=0;i<10;i++)//开始循环，循环条件为整数 i 大于等于 0 且 i 小于 10。
{
    alert(i);//弹出对话框，输出 i 的值
}
```

在执行循环后，计算机变量将在下一次循环之前被更新。如果循环条件被满足，则循环将停止执行。如果测试条件不会被满足，则将导致无限循环，即死循环。在设计程序时，应极力避免死循环的发生。

❑ **对对象的每个属性都进行操作**

JavaScript 还提供了一种特别的循环方式来遍历一个对象的所有用户定义的属性或者一个数组的所有元素。for...in 循环中的循环计数器是一个字符串，而不是数字。它包含当前属性的名称或者当前数组元素的下标，如下所示。

```
var arr = new Array(1,2,3,4,5,6,7,8,9)//创建数组，数组的值为 1~9 的整数
for (a in arr)//使用 a 遍历数组的属性值
{
    alert(arr[a]);//弹出对话框，输出 a 的值
}
```

❏ **在循环开头测试表达式**

如果希望控制语句或语句块的循环执行，需要不只是"运行该代码 n 次"，而是更复杂的规则，则需要使用 while 循环。while 循环和 for 循环相似，其区别在于 while 循环没有内置的计数器或更新表达式，如下所示。

```
var a=0;//为变量 a 赋值为 0
while (a !=10 )//开始循环，循环条件为 a 的值不等于 10
{
    a=a+1;//将变量 a 的值加 1 并返回原变量
    alert(a);//弹出对话框，并输出 a 的值
}
```

❏ **在循环的末尾测试表达式**

在 JavaScript 中，还有一种"do...while"语句循环，它与 while 循环相似，不同处在于它总是至少执行一次，因为它是在循环的末尾检查条件，而不是在开头。例如，上面例子的代码也可以用如下的方法编写。

```
var a=0; //为变量 a 赋值为 0
do//开始循环
{
    a=a+1;//将变量 a 的值加 1 并返回原变量
    alert(a); //弹出对话框，并输出 a 的值
}
while (a!=10)//检查循环条件，a 是否等于 0。如是，则停止循环
```

7.4.4 JavaScript 对象

JavaScript 的一个重要功能就是基于对象功能。通过基于对象的程序设计，可以用更直观、模块化和可重复使用的方法进行程序开发。为了能够熟练使用 JavaScript 编程，首先需要了解其中一些常用的对象。

❏ **String 对象**

String 对象是 JavaScript 最重要的核心对象之一，所有程序只要使用字符串数据，就需要 String 对象。创建一个 String 对象最简单、有效的方法就是给一个变量赋予字符串形式的值，代码如下所示。

```
<script language="javascript">
var str = "创建一个 String 对象";
</script>
```

另外，还有一种严格按照创建对象的方法来创建 String 对象，需要使用 new 关键字，代码如下所示。

```
<script language="JavaScript">
var str = new String("创建一个 String 对象");
</script>
```

网页设计与网站组建标准教程（2013—2015 版）

String 对象的一个重要属性为 length，表示字符串的字符个数。该属性为只读，在程序中不可以为其赋值。length 属性的使用方法如下所示。

```
<script language="JavaScript">
var str = new String("String 对象的长度");
var num = str.length;
//将字符串的长度赋给变量 num，值为 11
</script>
```

String 对象还提供了一些方法，以便处理字符串。String 的主要方法见表 7-17。

表 7-17　String 对象的主要方法

方　　法	功　　能
charAt(index)	返回位于 String 对象中由 index 确定的字符
indexOf(character)	返回特定字符在字符串中的位置
substring(start,end)	返回一个字符串的子串
toLowerCase()	将字符串中的字符转换为小写
toUpperCase()	将字符串中的字符转换为大写
contact(string)	合并两个字符串
fontcolor	设置<FONT>标签的 color 属性
fontsize	设置<FONT>标签的 size 属性
italics()	创建一个<I></I>的 HTML 代码，使字符串以斜体显示

❑ **document 对象**

document 对象即为文档对象，用来描述当前窗口或指定窗口对象的文档，它包含文档从<head>到</body>之间的内容。

document 对象的 write()和 writeln()方法用于向文档中写入数据，所写入的数据会以标准文档 HTML 来处理，使用方法如下所示。

```
<script language="javascript">
var str = "write()和 writeln()方法";
document.writeln(str);
//将字符串写入到浏览器文档中
document.write(str);
//将字符串写入到浏览器文档中
</script>
```

提　示

writeln()与 write()的不同点在于，writeln()在写入数据以后会加一个换行。但换不换行要看插入 JavaScript 的位置，如在<pre>标记中插入，这个换行将会体现在文档中。

document 对象还提供了 open()、close()和 clear()方法。open()方法用来清除当前的网页，并向这个网页写入指定类型的数据流；close()方法用来关闭要写入的网页；clear()则用来清除当前网页。

例如，在变量 newPage 中保存了一个新网页的 HTML 标签和文字，通过 write()方法将该内容写入到当前网页中，然后调用 close()方法关闭输出流，代码如下所示。

```
<script language="javascript">
var newPage = "<html><head><title>document 对象</title></head>";
newPage += "<body>这是创建的新网页！</body></html>";
//新网页的 HTML 标签和文字
document.write(newPage);
//将新网页的 HTML 标签和文字写入到浏览器文档中
document.close();
//关闭输出流
</script>
```

document 对象的许多属性是对 HTML 中 BODY 标签属性的反映，其属性见表 7-18。

表 7-18　document 对象的属性

属　　性	描　　述
alinkColor	以十六进制表示的 alink 链接颜色值
links	包含网页中所有超链接的对象数组
bgColor	背景颜色
fgColor	前景颜色
forms	与页面中每个表单对应的数组
linkColor	表示链接 link 的颜色
location	定义网页的全部 URL 的对象
title	包含网页标题的字符串
referrer	包含当前网页 URL 的对象
vlinkColor	表示 vlink 链接的颜色

❏ **window 对象**

window 对象是浏览器显示内容的主要容器。通过该对象的属性和方法，可以实现对窗口各部分的操作，其主要属性和方法见表 7-19。

表 7-19　window 对象

属性与方法	描　　述
self	当前窗口用它来区别同名的窗口
top	最顶层的窗口
status	在窗口的状态条上显示的文本
defaultStatus	状态栏内显示的默认值
alert()	显示一个对话框
open()	打开具有指定文档的新窗口或在指定的命名窗口内打开文档
close()	关闭当前文档
setTimeout()	设置定时器，当定时器完成计数时，定时器停止，程序继续运行。设定时间的单位为毫秒数
clearTimeout	取消预先设置的定时器

利用 open()和 close()方法可以控制打开指定窗口以及窗口中包含的 HTML 文档。其中，open()方法的形式如下所示。

```
window.open("URL","windowName","windowStatus");
```

参数 URL 为打开的 HTML 文档；参数 windowName 为打开的文档指定一个标题名称；参数 windowStatus 指定窗口的各种状态，其包含的各项内容，见表 7-20。

表 7-20 窗口参数及说明

参　　数	说　　明
toolbar	指定工具栏是否显示
location	指定地址栏是否显示
directories	指定是否建立目录按钮
status	指定状态栏是否显示
menubar	指定菜单栏是否显示
scrollbars	指定滚动条是否显示
resizable	指定窗口是否可以更改大小
width	指定窗口的宽度
height	指定窗口的高度

注　意

windowstatus 是一个用逗号隔开参数的列表。除了 width 和 height 需要指定数值外，其他都使用 yes 或 1 设成 true，使用 no 或 0 设成 false。

例如，在新窗口中打开名称为 test.html 的文档，除设置高度和宽度外，其他状态均为不显示，代码如下所示。

```
<script language="javascript">
window.open("test.html","testName","toolbar=no,location=no,directories
=0,status=0,menubar=0,scrollbars=0,resizable=0,width=300,height=250");
</script>
```

❑ **Array 对象**

Array 对象即为数组对象，它是一个对象的集合，而且里边的对象可以为不同类型。数组下标可以被认为是对象的属性，用来表示其在数组中的位置。使用 new 运算符和 Array() 构造器可以生成一个新的数组，代码如下所示。

```
<script language="javascript">
var arr = new Array(7);
arr[0]="Sun";
arr[1]="Mon";
arr[2]="Tue";
arr[3]="Wed";
arr[4]="Thu";
arr[5]="Fri";
arr[6]="Sat";
</script>
```

另外，还可以在定义数组时直接初始化数据，代码如下所示。

```
<script language="javascript">
var arr = new Array("Sun","Mon","Tue","Wed","Thu","Fri","Sat");
</script>
```

Array 对象的 length 属性可以返回数组的长度，即数组中包含元素的个数。它等于数组中最后一个元素的下标加一，因此添加新元素可以用到该属性，代码如下所示。

```
<script language="javascript">
var arr = new Array(7);
arr[0]="Sunday";
arr[1]="Monday";
arr[2]="Tuesday";
arr[3]="Wednesday";
arr[4]="Thursday";
arr[5]="Friday";
arr[6]="Saturday";
arr[arr.length]="Day";
//为数组添加一个新的元素，其值为"day"
</script>
```

提示

当向用关键字 Array 生成的数组中添加元素时，JavaScript 自动改变属性 length 的值。

❑ **Date 对象**

Date 对象即为日期对象，可以用来表示任意的日期和时间，获取当前系统日期以及计算两个日期的间隔。使用 new 运算符创建一个新的 Date 对象，代码如下所示。

```
<script language="javascript">
var myDate = new Date();
</script>
```

上述方法使 myDate 成为日期对象，并且已有初始值（当前时间）。如果要自定义初始值，方法如下所示。

```
<script language="javascript">
var myDate = new Date(08,7,21);
//2008 年 8 月 21 日
var myDate = new Date('Aug21,2008')
//2008 年 8 月 21 日
</script>
```

Date 对象有很多方法，其中"get"表示获得某个数值，而"set"表示设定某个数值，详细方法介绍见表 7-21。

表 7-21　Date 对象的方法

方　　法	说　　明
get/setYear()	返回/设置年份数。2000 年以前为 2 位,2000(包含)以后为 4 位
get/setFullYear()	返回/设置完整的 4 位年份数
get/setMonth()	返回/设置月份数(0-11)
get/setDate()	返回/设置日期数(1-31)
get/setDay()	返回/设置星期数(0-6)

方 法	说 明
get/setHours()	返回/设置小时数(0-23)
get/setMinutes()	返回/设置分钟(0-59)
get/setSeconds()	返回/设置秒数(0-59)
get/setMilliseconds()	返回/设置毫秒(0-999)
get/setTime()	返回/设置从 1970 年 1 月 1 日零时正开始计算到日期对象所指的日期的毫秒数
toGMTString()	以 GMT 格式表示日期对象
toUTCString()	以 UTC 格式表示日期对象

❑ **Math 对象**

Math 对象即为数学对象，提供对数据的数学计算。使用 Math 对象的属性或方法时，采用 "Math.<名>" 这种格式，其属性和方法介绍见表 7-22。

表 7-22　Math 对象的属性和方法

属性与方法	说 明
E	返回常数 e（约为 2.718）
LN2	返回 2 的自然对数
LN10	返回 10 的自然对数
LOG2E	返回以 2 为底 e 的对数
LOG10E	返回以 10 为底 e 的对数
PI	返回 π
SQRT1_2	返回 1/2 的平方根
SQRT2	返回 2 的平方根
abs(x)	返回 x 的绝对值
acos(x)	返回 x 的反余弦值
asin(x)	返回 x 的反正弦值
atan(x)	返回 x 的反正切值
atan2(x,y)	返回复平面内点（x，y）对应的复数的幅角，用弧度表示
ceil(x)	返回大于等于 x 的最小整数
cos(x)	返回 x 的余弦
exp(x)	返回 e 的 x 次幂(ex)
floor(x)	返回小于等于 x 的最大整数
log(x)	返回 x 的自然对数
max(a,b)	返回 a,b 中较大的数
min(a,b)	返回 a,b 中较小的数
pow(n, m)	返回 n 的 m 次幂(nm)
random()	返回大于 0 小于 1 的一个随机数
round(x)	返回 x 四舍五入后的值
sin(x)	返回 x 的正弦
sqrt(x)	返回 x 的平方根
tan(x)	返回 x 的正切

7.4.5　JavaScript 事件

一个完整的事件过程包括事件源、监听以及对事件的处理等 3 个部分。下面将从这三方面进行详细介绍。

1．事件源和监听

在 JavaScript 中，事件源通常是指用户对网页文档进行的各种操作。事件源的监听者通常就是指网页浏览器。

网页浏览器可以监听用户对网页文档进行的任何操作。包括各种鼠标、键盘等操作。XHTML 为网页中的标签提供了 18 种属性，可以帮助用户对这些操作进行监控，见表 7-23。

表 7-23　事件源

事　件　源	监　听　属　性
表单元素失去光标指针	onblur
网页对象被鼠标单击	onclick
表单元素获得光标指针	onfocus
按住键盘某个按键不放	onkeypress
当页面被载入时（body 标签）	onload
鼠标光标在某个对象上滑过	onmousemove
鼠标光标滑到某个对象上	onmouseover
表单元素被重置	onreset
表单元素被提交	onsubmit
表单元素中内容被更改	onchange
网页对象被鼠标双击	ondblclick
按下键盘某个按键	onkeydown
释放键盘某个按键	onkeyup
按下鼠标左键	onmousedown
鼠标光标离开某个对象	onmouseout
释放鼠标左键	onmouseup
表单元素被选择	onselect
当页面被关闭时（body 标签）	onunload

在网页中，任何一个标签都可以通过上表中的各种属性，方便地对事件源进行归类处理。

2．事件的处理

事件通常会与函数结合使用。通过事件的监听属性，可以在事件发生时执行指定的函数，实现对事件的处理。例如，控制 id 为 apDiv 的层向左移动 50px，并设置其颜色为红色（#ff0000），需要首先编写一个函数，然后再通过监听属性，将函数添加到网页中。

```
<script language="javascript">
 <!--
   function changeDivAtt(){
```

```
      document.getElementById(apDiv).style.backgroundColor="#ff0000";
      document.getElementById(apDiv).style.left-=50px;
   }
  -->
</script>
```

然后，即可通过监听属性，将该函数添加到事件源中。

<div id="apDiv" onclick=" changeDivAtt()"></div>

3．消息框

输出各种运算结果是调试程序的重要手段。与其他依靠编译平台开发的编程语言不同，JavaScript 无需编译即可执行。因此，在 JavaScript 中，最简单的输出结果方式就是消息框。JavaScript 可以在网页中弹出 3 种消息框，即警告框、确认框和提示框。

❑ **警告框**

警告框的作用是确保网页浏览者得到某些信息。当警告框出现后，用户需单击【确定】按钮才能继续操作。

```
alert ("text");
```

在使用 alert()方法的语句中，text 表示警告框显示的文本内容。

❑ **确认框**

确认框的作用是使用户验证或接受某些信息。在确认框中，用户可以单击【确定】或【取消】按钮以进行下一步操作。

```
confirm ("text");
```

在使用 confirm()方法的语句中，text 表示确认框显示的文本内容。confirm()方法可以将用户单击按钮时选择的选项以布尔值的方式返回到某个变量中。

❑ **提示框**

提示框的作用是在用户进入页面前让用户输入某个值。当提示框出现后，用户需要输入某个值才能进一步操作。

```
prompt ("text");
```

在使用 prompt()方法的语句中，text 表示提示框显示的文本内容。用户在提示框中输入内容后，当用户单击【确定】按钮时，prompt()方法可以返回输入的值；而当用户单击【取消】按钮时，prompt()方法将返回 null（空值）。

了解了 3 种消息框的使用后，用户可以方便地在脚本代码中插入这些消息框，提取数据处理和运算的结果，对程序进行调试。

7.5 实验指导：拼图游戏

在 Dreamweaver 中，制作一个拼图游戏是十分简单的。将切割大小相同的小图片分别插入不同的 AP Div 中，然后为各个 AP Div 添加拖动 AP 元素行为即可。下面将制作一个拼图游戏，实现效果如图 7-34 所示。

图 7-34　游戏拼图浏览效果

操作步骤：

1 在【页面属性】对话框中，设置文档背景，如图 7-35 所示。

图 7-35　设置文档背景

2 单击【布局】选项卡中的【绘制 AP Div】元素按钮，在文档中绘制层，并设置其属性，如图 7-36 所示。

3 选择 AP Div，为其创建 CSS 规则。在弹出的【新建 CSS 规则】对话框中设置参数值，如图 7-37 所示。

4 单击【确定】按钮后，在弹出的对话框中设置【边框】的参数值，如图 7-38 所示。

5 在 AP Div 中插入已切割好的素材图像。选择

<body>标签，然后单击【行为】面板中的【添加行为】按钮，执行【拖动 AP 元素】命令，如图 7-39 所示。

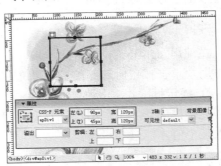

图 7-36　绘制 AP Div

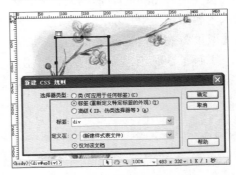

图 7-37　创建 CSS 规则

图 7-38 设置边框参数值

图 7-39 添加行为

6 在弹出的【拖动 AP 元素】对话框中，单击
【确定】按钮，如图 7-40 所示。

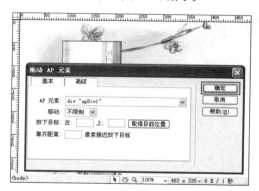

图 7-40 弹出对话框

7 创建 AP Div，并插入素材图像，在【属性】
面板中，设置 AP Div 的参数值，如图 7-41
所示。

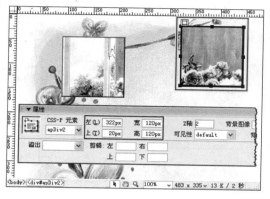

图 7-41 插入图像

8 为 AP Div 添加【拖动 AP 元素】行为，并在
弹出的对话框中，选择【AP 元素】下拉列表
中的 AP Div 的名称，如图 7-42 所示。

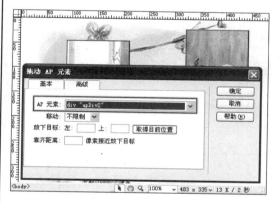

图 7-42 设置参数值

9 按照上述方法，分别创建其他 7 个 AP Div，
并设置其属性。保存该文档，按 F12 快捷键
可在浏览器中拖动各个 AP 元素。

7.6 实验指导：制作工具提示

在网页中添加一些 JavaScript 特效，可以使网页表现形式更加丰富、活泼。比如当
鼠标滑过链接或文字时出现一个提示框，而鼠标离开后，该提示框自动隐藏。本例将通
过 JavaScript 代码，实现鼠标滑过特效，如图 7-43 所示。

图 7-43 效果图

操作步骤:

1 打开素材页面,切换至【代码】视图,在<head></head>标签之间,添加 JavaScript 代码,用来声明变量和定义弹出窗口的样式,如图 7-44 所示。

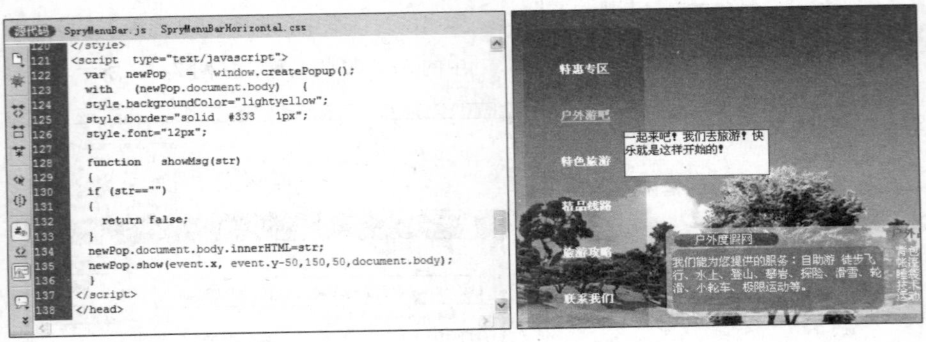

```
120 </style>
121 <script type="text/javascript">
122 var newPop = window.createPopup();
123 with (newPop.document.body) {
124 style.backgroundColor="lightyellow";
125 style.border="solid #333 1px";
126 style.font="12px";
127 }
128 function showMsg(str)
129 {
130 if (str=="")
131 {
132 return false;
133 }
134 newPop.document.body.innerHTML=str;
135 newPop.show(event.x, event.y-50,150,50,document.body);
136 }
137 </script>
138 </head>
```

图 7-44 添加代码

```
<script type="text/javascript">
<!--
var newPop = window.createPopup();
//将弹出的新窗口存储在 newPop 变量。

with (newPop.document.body) {
//使用 with 语句,设置 newPop.document.body 为默认的对象。

style.backgroundColor="lightyellow";
//定义弹出窗口的背景颜色

style.border="solid #333 1px";
//定义弹出窗口的边框类型、颜色和大小

style.font="12px";
//定义弹出窗口里字体的大小。

}
```

2 在 JavaScript 代码中,自定义一个显示弹出窗口内容的函数和声明弹出窗口的内容为变量,设置弹出窗口显示时的位置、高和宽等。

```
function   showMsg(str)
//自定义显示弹出窗口内容的函数，弹出窗口的内容为变量。
{
if (str=="")
{
  return false;
  //判断如果变量 str 为空，跳出函数则不执行下面程序语句
}
newPop.document.body.innerHTML=str;
//设置弹出窗口中的内容为 str
/*弹出窗口显示的时候调用 newPop.show 函数*/
}
//-->
</script>
```

3 在 ID 为 nav 的层中，将触发鼠标滑过和鼠标离开事件的代码添加至导航条超链接标签内。

```
<div id="nav">
  <ul>
    <li><a href="#" onmouseover="return   showMsg('不可泄密的快感体验，意
料之外的惠价请悄悄转告好友的好友。');" onmouseout="oPopup.hide();">特惠
专区</a></li>
    /*当鼠标滑过时调用函数 showMsg 显示弹出窗口。当鼠标离开调用函数 oPopup.hide
隐藏弹出窗口*/
    <li><a href="#" onmouseover="return   showMsg('一起来吧！我们去旅游！
快乐就是这样开始的！');"   onmouseout="newPop.hide();">户外游吧</a></li>
    <li><a href="#" onmouseover="return   showMsg('为您专业提供个性化、高
品质的特色旅游项目');"   onmouseout="newPop.hide();">特色旅游</a> </li>
    <li><a href="#" onmouseover="return   showMsg('国内外精品自驾游、半品
游及全品游线路推荐');"   onmouseout="newPop.hide();">精品线路</a></li>
    <li><a  href="#" onmouseover="return  showMsg('来度假吧,您可以找到最
新、最全的旅游资讯');"   onmouseout="newPop.hide();">旅游攻略</a> </li>
    <li><a href="#">联系我们</a></li>
  </ul>
<div id="nav">
```

7.7 实验指导：制作右下角弹出广告

在进入很多企业网站首页时，其右下角会自动弹出一个有关该企业产品广告或者在线服务的对话框，该对话框可以节省网站的空间。本例将通过 JavaScript 代码来实现打开网页时右下角弹出广告框的功能，如图 7-45 所示。

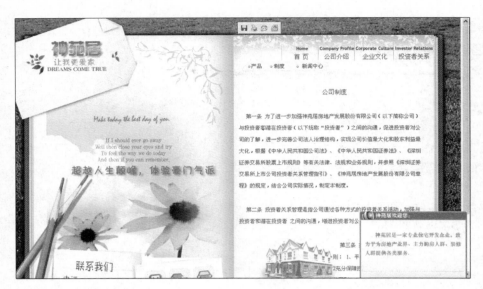

图 7-45　弹出广告

操作步骤：

1 打开素材页面，切换至【代码】视图，在<head></head>标签之间添加 JavaScript 代码，用来声明 oPpup 和 popTop 变量。

```
<script type="text/javascript">
 var oPopup = window.createPopup();
 /*通过 window 对象的 createpopup()方法创建一个窗口，并赋给 opopup 变量*/
var popTop=50;
/* 声明变量 popTop 并赋值 */
```

2 创建 popmsg()函数，该函数用来自定义弹出窗口中的内容，并通过调用 popshow()函数实现窗口显示功能。

```
 function popmsg(msgstr){
/*自定义窗口中内容的函数*/
var winstr="<table  width=\"241\" height=\"172\" border=\"0\" cellpadding=
\"0\" cellspacing=\"0\"  background=\"images/tan.jpg\" >";
winstr+="<tr><td height=\"30\"> </td></tr><tr><td align=\"center\">
<table width=\"90%\" height=\"110\" border=\"0\" cellpadding=\"0\"
cellspacing=\"0\">";
winstr+="</table></td></tr></table>";
oPopup.document.body.innerHTML = winstr;
/*将定义的内容及 HTML 显示在弹出窗口中*/
popshow();
/*调用 popshow()窗口显示的函数，用来显示弹出窗口*/
}
```

3 在 javascrip 代码中，自定义窗口显示的函数并调用函数显示窗口中的内容。

```
function popshow(){
/*定义窗口显示的函数*/
```

```
window.status=popTop;
/* 将 popTop 的值赋给 window.status*/
if(popTop>1720){
clearTimeout(mytime);
oPopup.hide();
return;
/*如果 popTop 的值大于 1720 则清除延时执行的时间，将窗口隐藏*/
}else if(popTop>1520&&popTop<1720){
oPopup.show(screen.width-250,screen.height,241,1720-popTop);
/*如果 popTop 的值在 1520 与 1720 之间，窗口的左上角横坐标为 screen.width-250，纵
坐标为 screen.height，窗口的高为 241，宽为 1720-popTop */
}else if(popTop>1500&&popTop<1520){
oPopup.show(screen.width-250,screen.height+(popTop-1720),241,172);
/*如果 popTop 的值在 1500 与 1520 之间，窗口的左上角横坐标为 screen.width-250，纵
坐标为 screen.height+(popTop-1720)，窗口的高为 241，宽为 172 */
}else if(popTop<180){
oPopup.show(screen.width-250,screen.height,241,popTop);
/*如果 popTop 的值小于 180，窗口的左上角横坐标为 screen.width-250，纵坐标为
screen.height，窗口的高为 241，宽为 popTop */
}else if(popTop<220){
oPopup.show(screen.width-250,screen.height-popTop,241,172);
/*如果 popTop 的值小于 220，窗口的左上角横坐标为 screen.width-250，纵坐标为
screen.height-popTop，窗口的高为 241，宽为 172 */
}
popTop+=10;
/*该值自增 10*/
var mytime=setTimeout("popshow();",50);
/*延时 50ms 执行*/
}
popmsg();
</script>
```

7.8 思考与练习

一、填空题

1．行为是用来动态响应用户_____、_____当前页面效果或者是执行特定任务的一种方法，可以使访问者与网页之间产生一种_____。

2．如果已经在【AP 元素】首选参数中禁用了【嵌套】功能，可以按住_____键，并拖动鼠标进行绘制操作。

3．使用【AP 元素】面板来管理文档中的 AP 元素。它可以防止_____、_____AP 元素的可见性、嵌套或堆叠 AP 元素，以及选择一个或多个 AP 元素。

4．默认情况下，第一个创建的 AP 元素（z 轴为 1）显示在_____，最新创建的 AP 元素显示在_____。

5．在网页中添加行为，必须为其提供 3 个组成部分，即对象、_____、_____。_____是产生行为的主体。

6．在将表格、表格单元格、段落等普通块状对象设置为容器时，需要为其_____。设置容器的文本只有通过对象的 ID 才能控制文本

的_____。

7. _____是一种面向网络应用的、_____编程的脚本语言，是互联网中最流行且应用最广泛的脚本语言。

二、选择题

1. 交换图像行为是通过更改<img>标签的_____将一个图像和另一个图像进行交换，或者交换多个图像。

    A. src 属性   B. font 属性
    C. txt 属性   D. color 属性

2. 每次将【交换图像】行为添加到某个对象时都会自动添加【恢复交换图像】行为，该行为可以将最后一组交换的图像恢复为它们以前的_____。

    A. 点   B. 布局
    C. 源图像   D. 模板

3. 为网页对象设置_____行为可以将网页对象缩小至消失。该行为是一个固定的过渡效果，只需要为其添加行为命令，不需要为其设置各种参数。

    A.【文本信息】   B.【交换图像】
    C.【挤压】   D.【效果】

4. JavaScript 的脚本程序需要放置在<script></script>标签之间，并且为<script>标签的_____属性设置值为 javascript。

    A. src   B. font
    C. color   D. language

5. JavaScript 可以通过语句控制代码执行的流程，JavaScript 的语句可以分为条件语句、_____两大类。

    A. 循环语句   B. 分支语句
    C. while 语句   D. 块语句

三、简答题

1. 概述网页行为的概念。
2. 简单介绍 AP Div 元素的创建。
3. 简单 JavaScript 语言的概念。
4. 概念 JavaScript 事件的概念。

第8章

网页表单

　　除了提供给用户各种信息资源外，网页还承担着一项重要的功能，就是收集用户的信息，并根据用户的信息提供反馈。这种收集信息和反馈结果的过程就是网页的交互过程。本章将详细介绍网页中的各种表单元素，以及 spry 表单验证的方法等相关知识，实现简单的人与网页之间的交互。

本章学习要点：

➢　了解表单的创建
➢　掌握文本表单
➢　掌握复选框和单选按钮
➢　掌握列表和菜单
➢　掌握按钮和文件域
➢　掌握 Spry 表单验证

8.1　创建表单

表单是实现网页互动的元素，通过与客户端或服务器端脚本程序的结合使用，可以实现互动性，如调查表、留言板等。

在 Dreamweaver 中，可以为整个网页创建一个表单，也可以为网页中的部分区域创建表单，其创建方法都是相同的。将光标置于文档中，单击【表单】选项卡中的【表单】按钮，即可插入一个红色的表单，如图 8-1 所示。

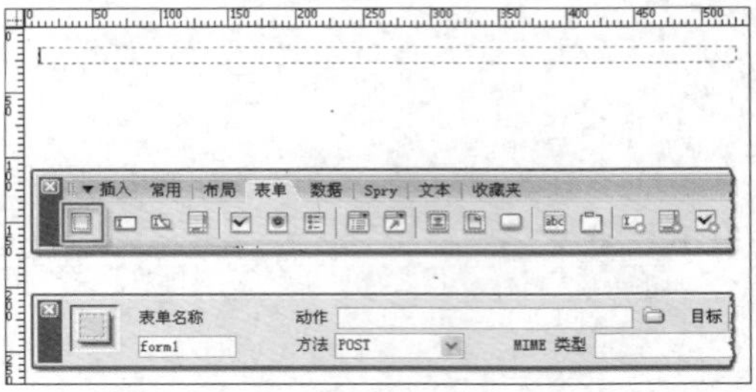

插入表单后，即会弹出表单【属性】面板，其各个选项名称及说明见表 8-1。

图 8-1　插入表单

表 8-1　表单选项名称及说明

名　　称		属　　性	说　　明
表单名称		Name	填入表单名称，该名称会在需要程序处理表单的时候使用
动作		Action	将表单数据进行发送，其值采用 URL 方式
方法	默认	method	使用浏览器默认的方式（一般为 GET）
	GET		使表单值添加给 URL，并向服务器发送 URL 请求
	POST		在消息正文中发送表单值，并向服务器发送 POST 请求
MIME 类型		Enctype	设置发送表单到服务器的 MIME 编码类型，它只在发送方法为 POST 时才有效
目标	_blank	Target	在未命名的新窗口中打开目标文件
	_parent		在显示当前文档的父窗口中打开目标文档
	_self		在提交表单所使用的窗口中打开目标文档
	_top		在当前窗口的窗体内打开目标文档

另外，用户还可以在【代码】视图模式中，通过输入<form></form>标签来创建表单，如图 8-2 所示。

提　示

表单对象需要放置在<form></form>标签之间，如文本字段、文本域、单选按钮、复选框、按钮等，可以是一个对象或多个对象。

图 8-2　表单代码

8.2　插入文本表单

文本表单是用于获取用户输入文本或显示指定文本的表单对象。网页中的文本表单包括文本字段和文本区域两种。

8.2.1 文本字段

文本字段是最基本的表单对象，其既可以显示单行文本或多行文本，也可显示密码文本。

在【插入】面板中选择【表单】|【文本字段】按钮`☐ 文本字段`，即可打开【输入标签辅助功能属性】对话框，为插入文本字段进行一些简单的设置，如图 8-3 所示。

在【输入标签辅助功能属性】对话框中，包括 6 种基本设置，见表 8-2。

表 8-2 【输入标签辅助功能属性】设置

设 置	作 用
ID	文本字段的 ID 属性，用于提供脚本的引用
标签	文本字段的提示文本
样式	提示文本显示的方式
位置	提示文本的位置
访问键	访问该文本字段的快捷键
Tab 键索引	在当前网页中的 Tab 键访问顺序

在完成【输入标签辅助功能属性】设置后，即可单击【确定】按钮，插入文本字段。然后，即可在【属性】面板中定义文本字段的各种属性，如图 8-4 所示。文本字段的属性主要包括 8 种，见表 8-3。

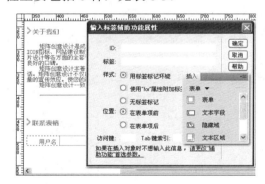

图 8-3 创建文本字段

图 8-4 属性面板

表 8-3 属性面板设置

属性名		作 用
文本域		文本字段的 id 和 name 属性，用于提供对脚本的引用
字符宽度		文本字段的宽度（以字符大小为单位）
最多字符数		文本字段中最多允许的字符数量
类型	单行	定义文本字段中的文本不换行
	多行	定义文本字段中的文本可换行
	密码	定义文本字段中的文本以密码的方式显示
初始值		定义文本字段中初始的字符
禁用		定义文本字段禁止用户输入（显示为灰色）
只读		定义文本字段禁止用户输入（显示方式不变）
类		定义文本字段使用的 CSS 样式

8.2.2 文本区域

文本区域也是一种基本的表单对象，其事实上是文本字段的一种表现形式。在 Dreamweaver 中，用户可单击【插入】面板中的【表单】|【文本区域】按钮 [文本区域]，通过在【输入标签辅助功能属性】中进行简单设置，然后在网页中插入文本区域，如图 8-5 所示。

在插入文本区域后，即可在【属性】面板中设置文本区域的各种属性，如图 8-6 所示。

文本区域的属性与文本字段非常类似。区别在于，文本区域中的【类型】属性默认选择"多行"，并且文本区域不需要设置【最多字符数】属性，只需要设置【行数】属性。

文本区域和文本字段是可以相互转换的。选中文本区域后，在【类型】选项中选择"单行"或"密码"，即可将文本区域转换为文本字段。而选中文本字段后，在【类型】选项中选择"多行"，也可将文本字段转换为文本区域。

8.3 插入复选框和单选按钮

复选框和单选按钮是一种重要的表单对象。其通常会提供一个或多个可单击的按钮框，并为按钮框赋值。当用户选择该按钮框后，即可将按钮框的值传递给交互程序。

8.3.1 复选框

在插入字段集后，用户即可为网页插入复选框。复选框是一种允许用户多项选择的表单对象。在同一字段集中，每个复选框用户都可随意设置选择或不选择。

在【插入】面板中单击【表单】|【复选框】按钮，然后在弹出的【输入标签辅助功能属性】对话框中设置复选框的 ID 和标签等属性，如图 8-7 所示。

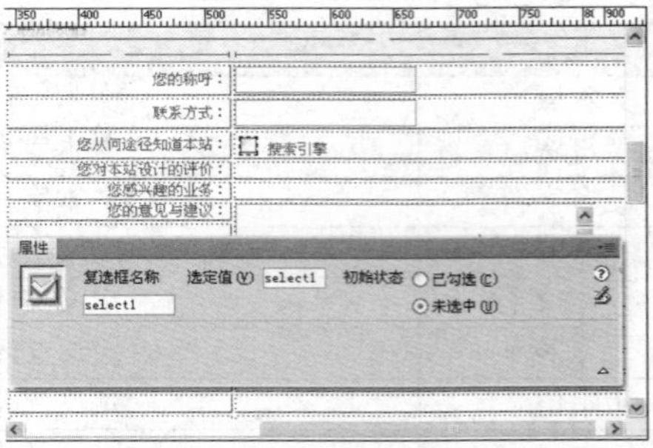

在插入复选框后，用户即可单击复选框，在

图 8-5 插入文本区域

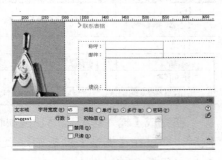

图 8-6 设置属性

图 8-7 插入复选框

图 8-8 设置属性

【属性】面板中设置复选框的各种属性，如图 8-8 所示。在【属性】面板中，主要包含 3 种属性设置，见表 8-4。

表 8-4　属性设置

属　性　名		作　　用
复选框名称		定义复选框的 id 和 name 属性，供脚本调用
选定值		如该项被选定，则传递给脚本代码的值
初始状态	已勾选	定义复选框初始化时处于被选中的状态
	未选中	定义复选框初始化时处于未选中的状态

在同一字段集中，用户可以插入多个复选框。每个复选框的 ID 和选定值都应不同。

8.3.2　单选按钮

单选按钮是一种不允许用户进行多项选择的表单对象。在同一字段集中，用户可以插入多个单选按钮，但只能对一个单选按钮进行选择操作。

使用 Dreamweaver 打开网页文档，然后用户即可单击【插入】面板的【表单】|【单选按钮】按钮 单选按钮 ，打开【输入标签辅助功能属性】对话框，在其中设置单选按钮的一些基本属性，如图 8-9 所示。

在插入单选框后，用户即可单击选择单选按钮，在【属性】面板中设置单选按钮的属性，如图 8-10 所示。

在同一字段集中，用户可插入多个单选按钮。也可通过【插入】面板中的【表单】|【单选按钮组】按钮 单选按钮组 ，直接插入一个单选按钮组。

8.3.3　复选框组

复选框组是由多个复选框组成的表单对象。在为网页插入复选框时，通常不需要插入字段集，Dreamweaver 会自动为每个复选框组添加字段集。

用 Dreamweaver 打开网页文档，然后将光标置于需要插入复选框组的位置，即可在【插入】面板中单击【表单】|【复选框组】按钮 复选框组 ，打开【复选框组】对话框，如图 8-11 所示。

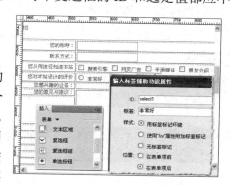

图 8-9　插入单选按钮

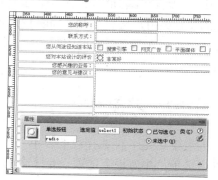

图 8-10　设置属性

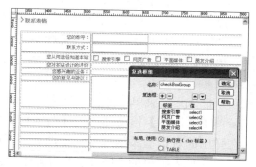

图 8-11　插入复选框组

在完成对【复选框组】对话框的设置后，即可单击右侧的【确定】按钮，将复选框组插入到网页中。在【复选框组】对话框中，包含 7 种参数设置，见表 8-5。

表 8-5　【复选框组】对话框

参　数　名	作　　用
名称	复选框组的名称
复选框列表菜单	用于显示和输入复选框的列表
添加项目按钮⊞	为复选框组添加复选框项目
删除项目按钮⊟	选中复选框列表菜单中的项目，即可单击该按钮将项目删除
上移项目按钮▲	选中复选框列表菜单中的项目，即可将其顺序向上移一位
下移项目按钮▼	选中复选框列表菜单下的项目，即可将其顺序向下移一位
布局，使用	选择复选框组各项目之间间隔的类型，以 br 标签换行或以表格分列

提　示

在 Dreamweaver 中，只允许用户为复选框组使用换行符或表格进行布局。用户可通过【代码】视图，将这些布局删除，并修改为用户需要的布局方式，以与网页整体布局相匹配。

8.4　插入列表和菜单

在本小节中，主要介绍列表菜单和跳转菜单，其中，列表菜单允许设置多个选项并设置相应的值，供用户进行选择。而跳转菜单同样也是一种列表菜单，但菜单中每个项目隐含一个超链接。

8.4.1　列表表单

列表菜单是一种选择性的表单，其允许设置多个选项，并为每个选项设定一个值，供用户进行选择。

单击【表单】选项卡中的【选择(列表/菜单)】按钮 选择(列表/菜单)，在弹出的【输入标签辅助功能属性】对话框中输入【标签文字】，然后单击【确定】按钮，即可插入一个列表菜单，如图 8-12 所示。

插入后，菜单中并无选项内容。此时，需要单击【属性】检查器中的【列表值】按钮，在弹出的对话框添加选项，如图 8-13 所示。

在列表菜单的【属性】检查器中，包含有 8 种基本属性，其名称及作用见表 8-6。

图 8-12　列表菜单

图 8-13　设置属性

表 8-6　【属性】检查器

名　称		作　用
选择		定义列表/菜单的 id 和 name 属性
类型	菜单	将列表/菜单设置为菜单
	列表	将列表/菜单设置为列表
高度		定义列表/菜单的高度
选定范围		定义列表/菜单是否允许多项选择
初始化时选定		定义列表/菜单在初始化时被选定的值
列表值		单击该按钮可制订列表/菜单的选项
类		定义列表/菜单的样式

8.4.2　跳转菜单

跳转菜单也是一种表单菜单，其可以在菜单的每个项目中隐含一个超链接。当用户选择跳转菜单的项目时，浏览器会自动打开菜单中相应的链接。

使用 Dreamweaver 打开网页文档，将光标移动到指定的位置后，即可单击【插入】面板中的【表单】|【跳转菜单】按钮　跳转菜单，打开【插入跳转菜单】对话框，如图 8-14 所示。

在【插入跳转菜单】对话框中，包括 7 种属性设置，见表 8-7。

图 8-14　跳转菜单

表 8-7　【插入跳转菜单】对话框

属　性　名	设　置
菜单项	为跳转菜单添加或删除菜单项，或调整菜单项的顺序
文本	菜单项在网页中显示的文本
选择时，转到 URL	菜单项跳转的 URL 地址
打开 URL 于	打开 URL 的方式
菜单 ID	跳转菜单标签的 id 和 name 属性，供脚本调用
菜单之后插入前往按钮	选中该项，将在跳转菜单后插入一个前往的按钮。这样，当用户选择跳转菜单中的项目后，必须单击该按钮才能打开超链接
更改 URL 后选择第一个项目	选中该项后，当用户选择了跳转菜单的项目并打开超链接后，跳转菜单将自动返回其首个项目

在插入跳转菜单后，用户可以通过【属性】面板设置跳转菜单的各种属性。这些属性与列表/菜单类似，在这里就不再赘述。

8.5　插入按钮和文件域

按钮和域也是非常重要的表单对象。按钮可以触发各种事件，而域则可以进行一些复杂的交互动作。

8.5.1　按钮

按钮既可以触发提交表单的动作，也可以在用户需要修改表单时将表单恢复到初始状态。

将鼠标光标移动到文档中的指定位置，单击【插入】面板中的【按钮】按钮 <kbd>□ 按钮</kbd>，即可插入一个按钮，如图 8-15 所示。

在插入按钮之后，用户选择该按钮，然后在【属性】检查器中可以设置其属性，如图 8-16 所示。

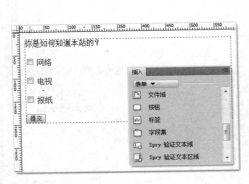

○ 图 8-15　按钮　　　　　　　　　　○ 图 8-16　设置属性

在按钮表单对象的【属性】检查器中，包含 4 种属性设置，其名称及作用见表 8-8。

表 8-8　【属性】检查器

名　称		作　用
按钮名称		按钮的 id 和 name 属性，供各种脚本引用
值		按钮中显示的文本值
动作	提交表单	将按钮设置为提交型，单击即可将表单中的数据提交到动态程序中
	重设表单	将按钮设置为重设型，单击即可清除表单中的数据
	无	根据动态程序定义按钮触发的事件
类		定义按钮的样式

8.5.2　文件域

文件域是一种特殊的表单。通过文件域，用户可选择本地计算机中的文件，并将文件上传到服务器中。文件域的外观与其他文本域类似，只是文件域包含一个【浏览】按钮。用户可手动输入要上传的文件 URL 地址，也可以使用【浏览】按钮定位并选择该文件。

以 Dreamweaver 打开网页文档，然后将光标置于指定的位置，即可单击【插入】面板中的【表单】|【文件域】按钮 <kbd>□ 文件域</kbd>，打开【输入标签辅助功能属性】对

话框，如图 8-17 所示。

　　在【输入标签辅助功能属性】对话框中设置文件域的属性后，即可为网页文档插入文件域。与其他类型表单对象类似，用户可单击文件域，然后在【属性】面板中设置文件域的各种属性，包括文件域的名称、字符宽度、最多字符数和类等，如图 8-18 所示。

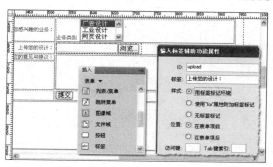

图 8-17 文件域

图 8-18 设置属性

8.6　Spry 表单验证

　　Spry 表单验证是一种 Dreamweaver 内建的用户交互元素。其类似 Dreamweaver 的行为，可以根据用户对表单进行的操作执行相应的指令。Dreamweaver 共包含 7 中 Spry 表单验证元素，以验证 7 大类表单对象中的内容。

8.6.1　验证文本域

　　Spry 验证文本域的作用是验证用户在文本字段中输入的内容是否符合要求。通过 Dreamweaver 打开网页文档，并选中需要进行验证的文本域。然后，即可单击【插入】面板的【表单】|【Spry 验证文本域】按钮 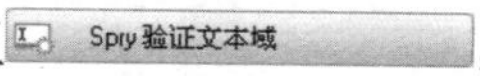 Spry 验证文本域 ，为文本域添加 Spry 验证，如图 8-19 所示。

图 8-19 验证文件域

提　示

在插入表单对象后，可单击相应的 Spry 验证表单按钮，为表单添加 Spry 验证。如尚未为网页文档插入表单对象，则可直接将光标放置在需要插入 Spry 验证表单对象的位置，然后单击相应的 Spry 验证表单按钮，Dreamweaver 会先插入表单，然后再为表单添加 Spry 验证。

　　在插入 Spry 验证文本域或为文本域添加 Spry 验证后，即可单击蓝色的 Spry 文本域边框，然后在【属性】面板中设置 Spry 验证文本域的属性，如图 8-20 所示。

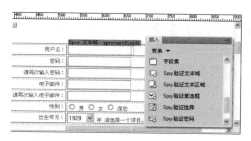

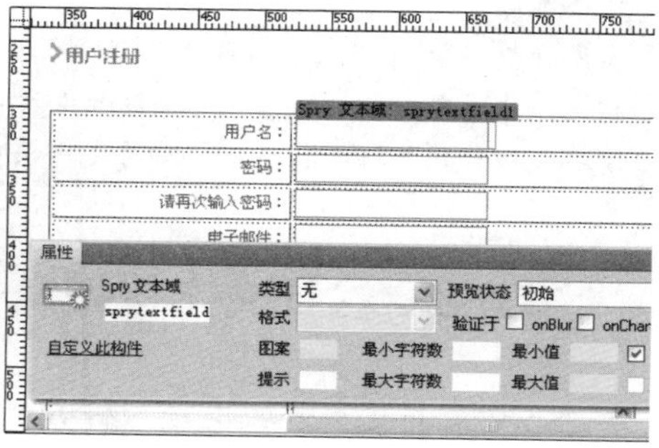

图 8-20 设置属性

Spry 验证文本域有多种属性可以设置，包括设置其状态、验证的事件等，见表 8-9。

表 8-9　验证文本域属性

属　性　名		作　　　用
Spry 文本域		定义 Spry 验证文本域的 id 和 name 等属性，以供脚本引用
类型		定义 Spry 验证文本域所属的内置文本格式类型
预览状态	初始	定义网页文档被加载或用户重置表单时 Spry 验证的状态
	有效	定义用户输入的表单内容有效时的状态
验证于	onBlur	选中该项目，则 Spry 验证将发生于表单获取焦点时
	onChange	选中该项目，则 Spry 验证将发生于表单内容被改变时
	onSubmit	选中该项目，则 Spry 验证将发生于表单被提交时
最小字符数		设置表单中最少允许输入多少字符
最大字符数		设置表单中最多允许输入多少字符
最小值		设置表单中允许输入的最小值
最大值		设置表单中允许输入的最大值
必需的		定义表单为必需输入的项目
强制模式		定义禁止用户在表单中输入无效字符
图案		根据用户输入的内容，显示图像
提示		根据用户输入的内容，显示文本

在【属性】面板中，定义任意一个 Spry 属性，在【预览状态】的下拉菜单中都会增加相应的状态类型。

选中【预览状态】菜单中相应的类型后，用户即可设置该类型状态时网页显示的内容和样式。例如，定义【最小字符数】为 8，则【预览状态】的菜单中将新增【未达到最小字符数】的状态，选中该状态后，即可在【设计视图】中修改该状态，如图 8-21 所示。

图 8-21　修改状态

8.6.2　验证文本区域

Spry 验证文本区域也是一种 Spry 验证内容，其主要用于验证文本区域内容，以及读取一些简单的属性。在 Dreamweaver 中，用户可直接单击【插入】面板中的【表单】|【Spry 验证文本区域】按钮 ☐ Spry 验证文本区域 ，创建 Spry 验证文本区域。

如网页文档中已插入了文本区域，则用户可选中已创建的普通文本区域，用同样的方法为表单对象添加 Spry 验证方式，如图 8-22 所示。

在【设计视图】中选择蓝色的 Spry 文本区域后，即可在【属性】面板中定义 Spry 验证文本区域的内容，如图 8-23 所示。

在 Spry 验证文本区域的【属性】面板中，比 Spry 验证文本域增加了两个选项，介绍如下。

❏ **计数器**

计数器是一个单选按钮组，提供了 3 种选项供用户选择。当用户选择"无"时，将不在 Spry 验证结果的区域显示任何内容。如用户选择"字符计数"，则 Dreamweaver 会为 Spry 验证区域添加一个字符技术的脚本，显示文本区域中已输入的字符数。当用户设置了最大字符数之后，Dreamweaver 将允许用户选择"其余字符"选项，以显示文本区域中还允许输入多少字符。

❏ **禁止额外字符**

如用户已设置最大字符数，则可选择"禁止额外字符"复选框，其作用是防止用户在文本区域中输入的文本超过最大字符数。当选择该复选框后，如用户输入的文本超过最大字符数，则无法再向文本区域中输入新的字符。

8.6.3 验证复选框

Spry 验证复选框的作用是在用户选择复选框时显示选择的状态。与之前几种 Spry 验证表单不同，Dreamweaver 不允许用户为已添加的复选框添加 Spry 验证，只允许用户直接添加 Spry 复选框。

用 Dreamweaver 打开网页文档，然后即可单击【插入】面板中的【表单】|【Spry 验证复选框】按钮 Spry 验证复选框 ，打开【输入标签辅助功能属性】对话框，在对话框中简单设置，然后单击【确定】按钮添加复选框，如图 8-24 所示。

用户可单击复选框上方的蓝色【Spry 复选框】标记，然后在【属性】面板中定义 Spry 验证复选框的属性，如图 8-25 所示。

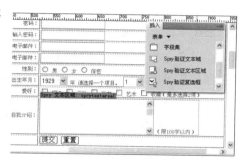

图 8-22 文本区域

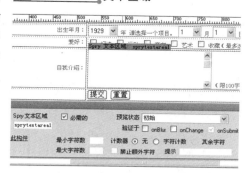

图 8-23 设置属性

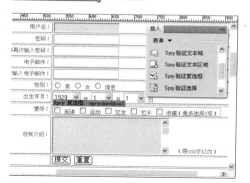

图 8-24 验证复选框

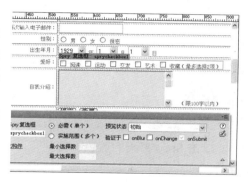

图 8-25 设置属性

Spry 复选框有两种设置方式：一种是作为单个复选框而应用的【必需】选项，另一种则是作为多个复选框（复选框组）而应用的【实施范围】选项。

在用户选择【实施范围】选项后，将可定义 Spry 验证复选框的【最小选择数】和【最大选择数】等属性。在设置了【最小选择数】和【最大选择数】后，【预览状态】的列表中，会增加【未达到最小选择数】和【已超过最大选择数】等项目。选择相应的项目，即可对 Spry 复选框的返回信息进行修改。

8.6.4 验证选择

Spry 验证选择的作用是验证列表/菜单和跳转菜单的值，并根据值显示指定的文本或图像内容。在 Dreamweaver 中，单击【插入】面板中的【表单】|【Spry 验证选择】按钮，即可为网页文档插入 Spry 验证选择，如图 8-26 所示。

选中 Spry 选择的标记，即可在【属性】面板中编辑 Spry 验证选择的属性，如图 8-27 所示。

在 Spry 验证选择的【属性】面板中，允许用户设置 Spry 验证选择中不允许出现的选择项以及验证选择的事件类型等属性。

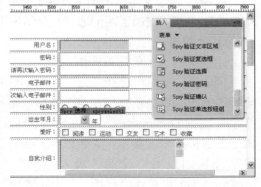

图 8-26 验证选择

8.6.5 Spry 验证密码

Spry 验证密码的作用是验证用户输入的密码是否符合服务器的安全要求。在 Dreamweaver 中，单击【插入】面板中的【表单】|【Spry 验证密码】按钮，即可为密码文本域添加 Spry 验证。

图 8-27 设置属性

如尚未为网页文档插入密码文本域，则可直接单击【插入】面板中的【表单】|【Spry 验证密码】按钮，Dreamweaver 将自动为网页文档插入一个密码文本域，然后添加 Spry 验证，如图 8-28 所示。

提 示

在为文本域添加 Spry 密码验证时，需要确保文本域已被设置为密码文本域，否则，将出现脚本错误。

单击 Spry 密码的蓝色标签，即可在【属性】面板中设置验证密码的方式，如图 8-29 所示。

在 Spry 验证密码的【属性】面板中，包含 10 种验证属性，见表 8-10。

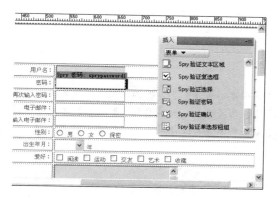

图 8-28 验证密码

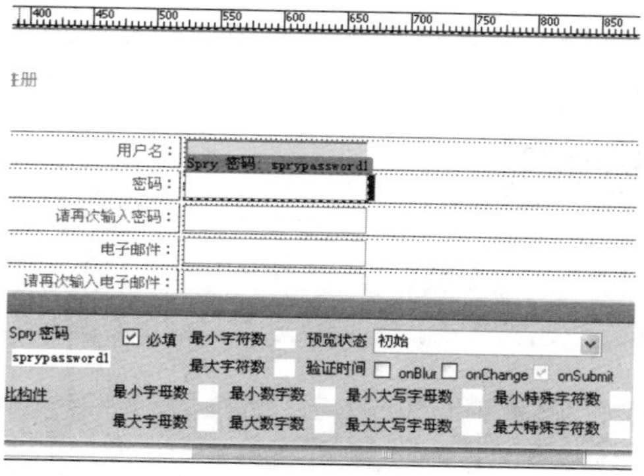

图 8-29 设置属性

表 8-10 【属性】面板

验证属性名	作　　用
最小字符数	定义用户输入的密码最小位数
最大字符数	定义用户输入的密码最大位数
最小字母数	定义用户输入的密码中最少出现多少小写字母
最大字母数	定义用户输入的密码中最多出现多少小写字母
最小数字数	定义用户输入的密码中最少出现多少数字
最大数字数	定义用户输入的密码中最多出现多少数字
最小大写字母数	定义用户输入的密码中最少出现多少大写字母
最大大写字母数	定义用户输入的密码中最多出现多少大写字母
最小特殊字符数	定义用户输入的密码中最少出现多少特殊字符（标点符号、中文等）
最大特殊字符数	定义用户输入的密码中最多出现多少特殊字符（标点符号、中文等）

8.6.6 验证确认

Spry 验证确认的作用是验证某个表单中的内容是否与另一个表单内容相同。在 Dreamweaver 中，用户可选择网页文档中的文本字段或文本域，然后单击【插入】面板中的【表单】|【Spry 验证确认】按钮 `Spry 验证确认`，为文本字段或文本域添加 Spry 验证确认。

用户也可以直接在网页文档的空白处单击【插入】面板中的【表单】|【Spry 验证确认】按钮 `Spry 验证确认`，Dreamweaver 将自动先插入文本字段，然后为文本字段添加 Spry 验证确认，如图 8-30 所示。

选中 Spry 确认的蓝色标记，然后即可在【属性】面板中设置其属性，如图 8-31 所示。

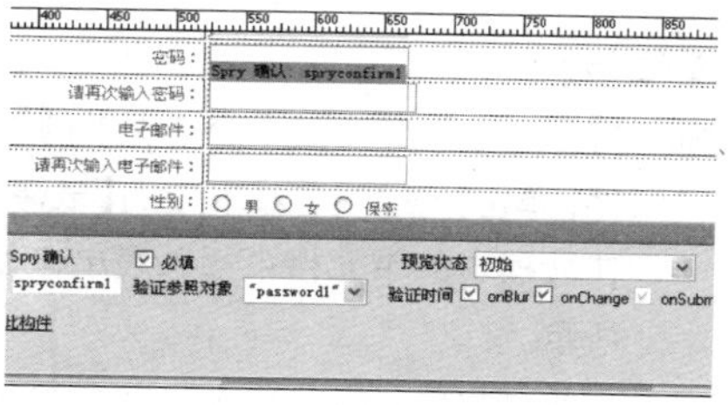

在 Spry 确认的【属性】面板中，用户可将该文

图 8-30 验证确认

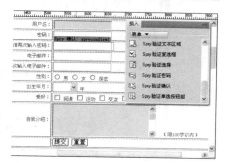

图 8-31 设置属性

本字段或文本域设置为必填项或非必填项，也可选择验证参照的表单对象。除此之外，用户还可以定义触发验证的事件类型等。

8.7 实验指导：企业网站留言板

留言板是网站中必不可少的子页面，尤其是企业网站，当访问者浏览网站时，如果对某项内容或产品感兴趣，就可以通过留言板来留下访问者的信息和联系方式。下面将通过表单来制作一个关于糕点静态网站的留言板页面，浏览效果如图 8-32 所示。

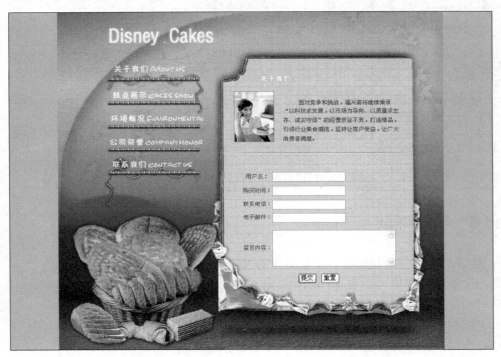

图 8-32　留言板浏览效果

操作步骤：

1 打开本书配套光盘相应文件中的素材网页文件，单击【表单】选项卡中的【表单】按钮▢，在文档中的单元格中插入表单，如图 8-33 所示。

2 在文档的单元格中插入一个 6 行×2 列的表格，然后分别设置两列单元格的【宽】，如图 8-34 所示。

3 在表格的第 1 列所有单元格中，分别输入"用户名"、"购买时间"、"联系电话"、"电子邮件"和"留言内容"文本。然后设置文本的属性，如图 8-35 所示。

4 在第 1 行第 2 列的单元格中，单击【Spry】选项卡中的【Spry 验证文本域】按钮▢。在弹出的【插入标签辅助功能属性】对话框中，设置【ID】为"name"，如图 8-36 所示。

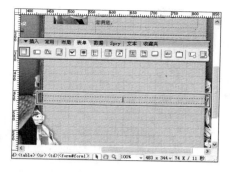

图 8-33 插入表单

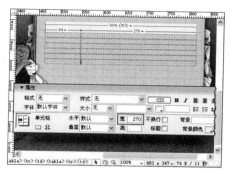

图 8-34 设置单元格属性

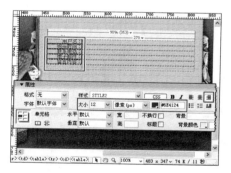

图 8-35 设置文本属性

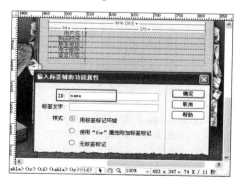

图 8-36 插入验证文本域

5 单击【确定】按钮后，在第 2 行第 2 列的单元格中，插入一个 ID 为 date 的 Spry 验证文本域。然后设置其【类型】为【日期】，并启用 onBlur 复选框，如图 8-37 所示。

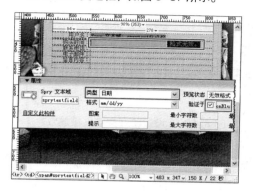

图 8-37 设置验证文本域

6 在第 3 行第 2 列的单元格中，插入一个 ID 为 tel 的验证文本域。然后设置【预览状态】为【必填】，并启用 onBlur 复选框，如图 8-38 所示。

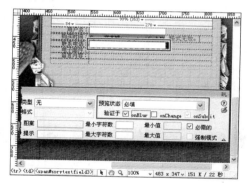

图 8-38 设置验证文本域

7 在第 4 行第 2 列的单元格中插入 ID 为 email 的验证文本域。然后在第 5 行第 2 列的单元格中，单击【Spry 验证文本区域】按钮 ，插入 ID 为 message 验证文本区域，并设置其【最小字符数】和【最大字符数】，启用 onBlur 复选框，如图 8-39 所示。

8 合并第 6 行中的单元格，单击【表单】选项卡中的【按钮】按钮 ，分别插入【提交】按钮和【重置】按钮，如图 8-40 所示。保存该文档，然后按 F12 快捷键可预览含有表单的网页。

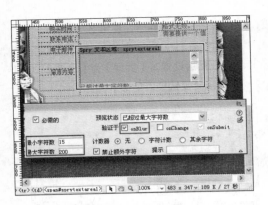

图 8-39　设置验证文本区域属性

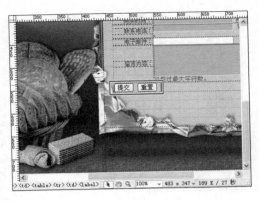

图 8-40　插入按钮

8.8　实验指导：设计用户注册页面

　　用户注册页面是互联网中最常见的用户交互页面类型。其与用户登录网站类似，都是提供一些表单供用户填写，通过网页获取用户填入的信息，再把用户信息写入到网站的数据库中。用户注册往往是网站用户系统中与用户交互的第一步，具有十分重要的作用。

　　在设计页面时，不仅需要使用之前章节介绍的文本字段和按钮等表单组件，还需要使用到项目列表选项，供用户选择项目填写。同时，还需要使用文本域的组件，获取用户输入的大量文本，用于用户的个人简介，如图 8-41 所示。

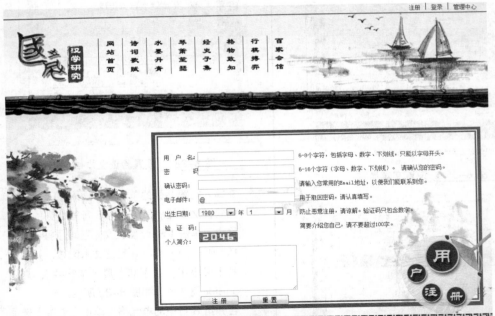

图 8-41　效果图

操作步骤：

1. 在 Dreamweaver 中打开素材网页，选中 ID 为 container 的 div 标签，然后执行【插入】|【表单】|【表单】命令，为其插入一个表单容器，如图 8-42 所示。

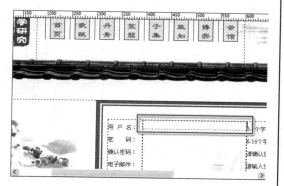

2. 在【属性】面板中设置表单的【表单 ID】为 regist，设置【动作】为"javascript:void(null);"，将表单容器的动作设置为空，如图 8-43 所示。

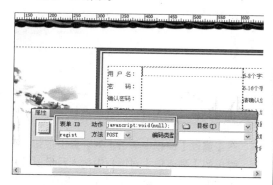

3. 将鼠标光标置于表单中，执行【插入】|【表单】|【文本域】命令，在弹出的【输入标签辅助功能属性】对话框中设置【ID】为 userName，并单击【确定】按钮，插入文本域，如图 8-44 所示。

4. 选中用户名的文本域，执行【插入】|【HTML】|【文本对象】|【段落】命令，为文本域应用段落，如图 8-45 所示。

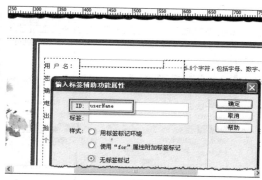

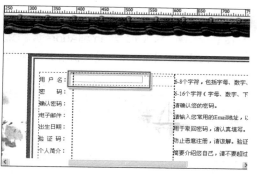

5. 在文本域右侧按 Ctrl+Shift+Space 组合键，插入一个全角空格，然后按 Enter 键，在新的行中再执行【插入】|【表单】|【文本域】命令，插入一个 ID 为 userPass 的文本域，并在【属性】面板中设置其【类型】为【密码】，如图 8-46 所示。

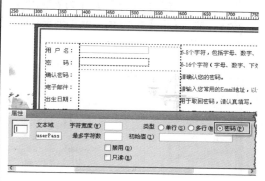

6. 用同样的方法，插入 ID 为"rePass"的重复输入密码域，并设置域的类型，如图 8-47

所示。

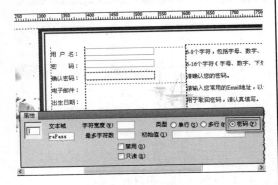

图 8-47 插入重复输入密码域

7 在重复输入密码域的右侧插入全角空格，再按 Enter 键，插入 ID 为 emailAddress 的文本域，在【属性】面板中设置其初始值为"@"，如图 8-48 所示。

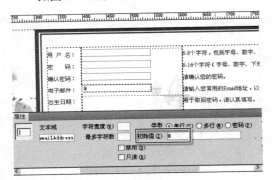

图 8-48 设置文本域初始值

8 在电子邮件域右侧插入全角空格，再按 Enter 键，执行【插入】|【表单】|【列表/菜单】命令，插入【ID】为 bornYear 的列表菜单，如图 8-49 所示。

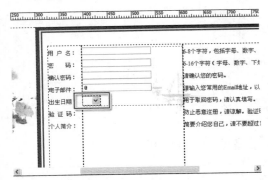

图 8-49 插入列表菜单

9 选中列表菜单，在【属性】面板中单击【列表值】按钮，在弹出的【列表值】对话框中输入年份列表的值，如图 8-50 所示。

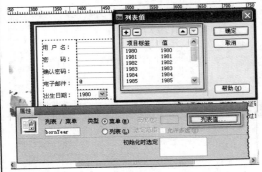

图 8-50 输入列表值 X

10 在列表菜单右侧输入一个"年"字，然后用同样的方法插入一个 ID 为 bornMonth 的列表菜单，如图 8-51 所示。

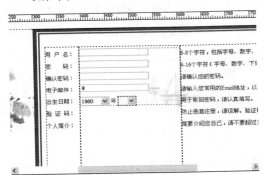

图 8-51 插入月份的列表菜单

11 在【属性】面板中单击【列表值】按钮，在弹出的【列表值】对话框中输入月份以及月份的值等菜单内容，如图 8-52 所示。

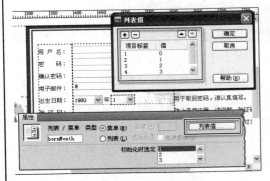

图 8-52 设置月份的列表

12 在列表菜单右侧输入一个"月"字，完成列表菜单的制作，并按 Enter 键，在新的行中插入 ID 为 checkCode 的验证码文本域，并在其右侧插入一个全角空格，如图 8-53 所示。

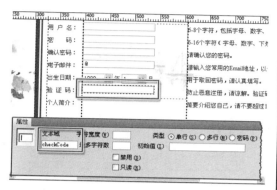

图 8-53 插入验证码文本域

13 按 Enter 键，在新的行中执行【插入】|【表单】|【文本区域】命令，设置文本区域的 ID 为 introduction，然后设置字符宽度为 0，行数为 6，如图 8-54 所示。

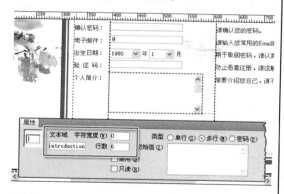

图 8-54 设置文本区域属性

14 在文本区域右侧按 Enter 键，在新的行中执行【插入】|【表单】|【按钮】命令，插入 ID 为 regBtn 的按钮，并设置按钮的【值】为"注册"，如图 8-55 所示。

15 在注册按钮右侧插入两个全角空格，然后用同样的方式再插入一个 ID 为 resetBtn 的按钮，在【属性】面板中设置按钮的值为"重置"，【动作】为【重设表单】，即可完成表单

项目的制作，如图 8-56 所示。

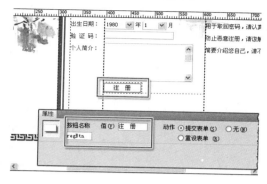

图 8-55 插入按钮并设置按钮值

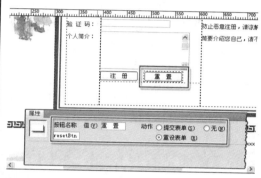

图 8-56 制作重置按钮

16 分别选中 ID 为 userName、userPass、rePass、emailAddress 和 instruction 的表单，在【属性】面板中设置其类为"widField"，将其宽度加大，如图 8-57 所示。

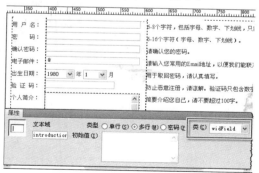

图 8-57 增加表单宽度

17 分别选中 bornYear、bornMonth 以及 checkCode 等 3 个表单，在【属性】面板中设置其类为 narrowField，将其宽度定义为

80px，如图 8-58 所示。

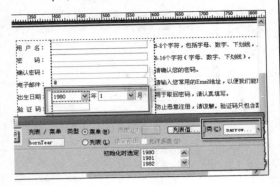

图 8-59 插入验证码图像

图 8-58 设置表单宽度

18 在验证码的表单右侧插入 12 个全角空格，然后插入验证码的图像，如图 8-59 所示。

19 单击【注册】按钮，然后在【标签选择器】栏中单击按钮所在的段落（p）标签，将其选中，然后在【属性】面板中设置其 ID 为 btnsParaph，应用预设的样式，即可完成注册页面的制作，如图 8-60 所示。

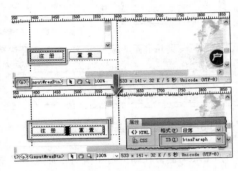

图 8-60 应用段落样式

8.9 实验指导：设计问卷调查页面

问卷调查活动是各种商业活动或社会活动中最常见的反馈信息收集方式。其往往可以帮助活动的组织者获得第一手的反馈资料，了解用户、民众对某一些事务的观感和感受。问卷调查页是通过网页进行问卷调查的一种方式，相对传统的问卷调查，使用网页可以降低调查活动的成本，同时也节省了用户填写调查表的时间，如图 8-61 所示。

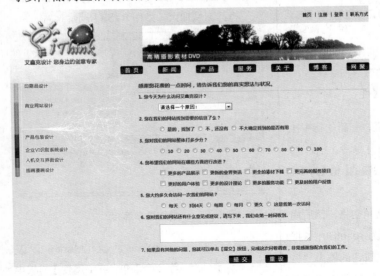

图 8-61 效果图

操作步骤:

1 在 Dreamweaver 中打开素材网页,将鼠标光标放置在已经添加的表单元素中,如图 8-62 所示。

图 8-62　打开素材网页

2 在表单第一行中输入第一个问题的文本,然后在【属性】面板中设置【格式】为"段落",如图 8-63 所示。

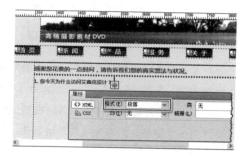

图 8-63　设置段落格式

3 在第一个问题的文本右侧按 Enter 键,在自动创建的段落标签中执行【插入】|【表单】|【列表/菜单】命令,在弹出的【输入标签辅助功能属性】对话框中设置 ID 为"list",单击【确定】按钮插入列表菜单,如图 8-64 所示。

图 8-64　插入列表菜单

4 选中列表菜单所在的行,在【属性】面板中设置【类】为 labels,如图 8-65 所示。

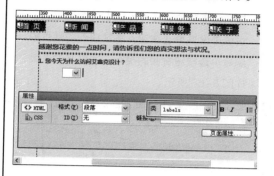

图 8-65　设置段落的类

5 选中列表菜单,在【属性】面板中单击【列表值】按钮,在弹出的【列表值】对话框中设置列表/菜单类表单中的列表内容,即可完成列表项目制作,如图 8-66 所示。

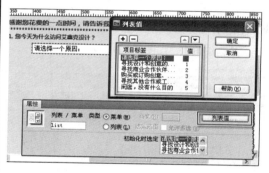

图 8-66　设置列表项目值

6 在列表/菜单表单的右侧按 Enter 键插入段落,在【属性】面板中设置【类】为"无",然后即可输入第二个问题的文本,如图 8-67 所示。

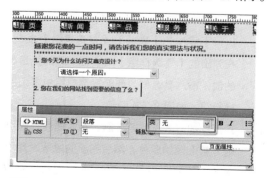

图 8-67　输入第二个问题

7 在第二个问题的文本右侧按 Enter 键插入段落标签，然后执行【插入】|【表单】|【单选按钮组】命令，在弹出的【单选按钮组】对话框中设置单选按钮，将其插入到网页中，删除单选按钮右侧的换行，并为其设置类，如图 8-68 所示。

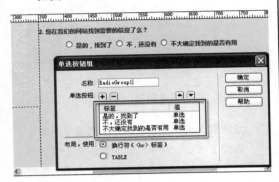

图 8-68　　插入单选按钮

8 用同样的方式，输入第三题的题目，并插入单选按钮组，如图 8-69 所示。

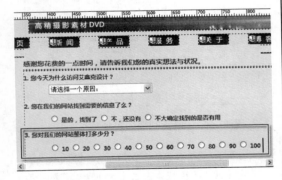

图 8-69　　插入第三题的题目与选项

9 在新的段落中输入第四题的题目，然后换行，执行【插入】|【表单】|【复选框组】命令，在弹出的【复选框组】对话框中添加复选框的值，插入复选框，删除复选框组中多余的换行符，如图 8-70 所示。

10 用同样的方式制作第五题、第六题后，即可输入第七题的题目，然后在新的段落设置段落的【类】为 buttonsSet，插入提交按钮和重置按钮，如图 8-71 所示。

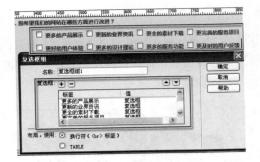

图 8-70　　插入复选框

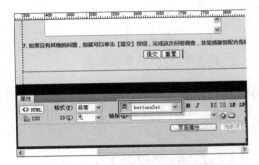

图 8-71　　设置段落类并插入按钮

11 分别选中提交按钮和重置按钮，在【属性】面板中设置其 ID 为"acceptBtn"和"resetBtn"，为其应用样式，再将按钮的值设置为一个空格，即可完成表单的制作，如图 8-72 所示。

图 8-72　　设置按钮的 ID 和值

> **提　示**
>
> 在默认情况下，按钮的值就是按钮上的文本，如果需要使按钮显示空值，则可以将其值设置为空格。

一、填空题

1. 用来输入密码的表单域是_____。

2. 当表单以电子邮件的形式发送，表单信息不以附件的形式发送，应将【MIME 类型】设置为_____。

3. 表单对象的名称由_____属性设定；提交方法由_____属性指定；若要提交大数据量的数据，则应采用_____方法；表单提交后的数据处理程序由_____属性指定。

4. 表单是_____和_____之间实现信息交流和传递的桥梁。

5. 表单实际上包含两个重要组成部分：一是描述表单信息的_____，二是用于处理表单数据的服务器端_____。

二、选择题

1. 下列哪一项表示的不是按钮。（   ）
   A. type="submit"
   B. type="reset"
   C. type="image"
   D. type="button"

2. 如果要表单提交信息不以附件的形式发送，只要将表单的"MTME 类型"设置为（   ）。
   A. text / plain   B. password
   C. submit   D. button

3. 若要获得名为 login 的表单中名为 txtuser 的文本输入框的值，以下获取的方法中，正确的是（   ）；
   A. username=login.txtser.value
   B. username=document.txtuser.value
   C. username=document.login.txtuser
   D. username=document.txtuser.value

4. 若要产生一个 4 行×30 列的多行文本域，以下方法中，正确的是（   ）。
   A. <Input type="text" Rows="4" Cols="30" Name= "txtintrol">
   B. <TextArea Rows="4" Cols="30" Name= "txtintro">
   C. <TextArea Rows="4" Cols="30" Name= "txtintro"></TextArea>
   D. <TextArea Rows="30" Cols="4" Name= " txtintro"></TextArea>

5. 用于设置文本框显示宽度的属性是（   ）。
   A. Size   B. MaxLength
   C. Value   D. Length

三、简答题

1. 概述文本字段与文本区域的区别。
2. 简单介绍复选框的作用。
3. 简单介绍文件域的作用。
4. 概述 Spry 表单验证的功能。

第 9 章

ASP 及数据库基础

动态网站正是基于互联网的 B/S 结构应用程序，用户通过网页浏览器向服务器请求数据，而服务器则会根据请求，将相应的信息内容传输到用户的网页浏览器上。

动态网站的制作技术有很多种，如 ASP、JSP、PHP、ASP.NET 等。其中，ASP 具有操作简单、容易上手等优点，已经深受广大网页制作者的喜爱。

本章主要介绍 ASP、数据库和 ADO 的基础，以及如何使用 ASP 脚本命令连接数据库。

本章学习要点：

➢ 了解 ASP 文件结构
➢ 了解 ASP 指令
➢ 掌握 ASP 语法及控件语句
➢ 掌握 ASP 内置对象
➢ 了解 ADO 概述
➢ 掌握 ADO 对象

9.1 ASP 基础

ASP（Active Server Page）是一种服务器端的网页设计技术，可以将 Script 语法直接加入到 HTML 网页中，从而轻松读取数据库的内容，也可以轻易集成现有的客户端 VBScript 和 DHTML，输出互动、具有动态内容的网页。

9.1.1 ASP 文件结构

ASP 程序文件其实是以扩展名为 asp 的纯文本形式存在于 Web 服务器上，用户可以用任何文本编辑器打开它，ASP 程序文件中可以包含纯文本、XHTML 标记以及脚本命令。

一个简单的 ASP 文件可以包括 3 个部分。

❏ 普通的 XHTML 文件，也就是普通的 Web 的页面内容。

❏ 服务器端的 Script 程序代码，位于<%...%>内的程序代码。

❏ 客户端的 Script 程序代码，位于<Script>...</Script>内的程序代码。

ASP 文件的约定如下。

❏ 所有的 Script 程序代码均须放在<%与%>符号之间。

❏ 在 ASP 里面，VBScript 是默认的脚本语言，如果要在 ASP 网页中使用其他的脚本语言，可以用以下方法在文件开头申请：

```
<%@Language=VBScript%>
'脚本语言为 VBScript，可以申请也可以不用申明。
<%@Language=Javascript%>
'申明所用的脚本语言为 JavaScript
```

提 示

本教材范例和实例均使用默认的脚本语言 VBScript。

在编写 ASP 代码时要注意以下几点。

❏ ASP 代码中，字母不分大小写，不过使用小写更方便阅读。

❏ ASP 代码中，所有标点符号均为英文状态下所输入的标点符号，这点请大家一定要注意。当然，字符串中的中文标点符号例外，例如：

```
<%a="Web 程序设计技术最简单易学的语言是：ASP"%>
```

代码里的冒号即是中文标点符号。

❏ ASP 代码中，可以在适当位置加入注释语句，这样方便程序的阅读。注释语句一般由 "'" 开始，例如：

```
<%
response.write "hello!  Mr.wang"  '输出显示
%>
```

其中的 "' 输出显示" 即是注释语句，运行时 ASP 不执行该句。

❑ ASP 代码中，定界符 "<%" 和 "%>" 的位置比较随便，可以与 ASP 语句放在一行，也可以单独成行。例如：

```
<%response.write "hello! Mr.wang "%>
```

也可以写成：

```
<%
response.write "hello! Mr.wang "
%>
```

❑ ASP 代码中，不能将一条语句分行写，也不能将多条语句写在一行内。例如下面的写法都是错误的。

```
<%a=1 b=2%>
```

和

```
<%
a=
1
%>
```

9.1.2 ASP 指令

ASP 中，除了脚本语言中的指令外，还提供了一些数据输入输出、处理的指令，主要有输出指令、处理指令和包含指令（#include）。

1. ASP 输出指令

ASP 的输出指令<%=expression %>显示表达式的值，这个输出指令等同于使用 Response.Write 显示信息。例如，输出表达式<%=sport%>将文字 sport(变量当前的值)传送到浏览器。

2. 处理指令

ASP 处理指令<% @ keyword%>将有关如何处理.asp 文件的信息发送给 IIS(注意在@和 keyword 之间必须有一个空格)。在 IIS 4.0 中，Active Server Pages(ASP)支持以下五条@指令。

@ CODEPAGE 指令

可以使用@ CODEPAGE 指令为.asp 文件设置代码页。代码页是一个字符集，包括数字、标点符号及其他字符。不同的语言用不同的代码页。例如，ANSI 代码页 1252 为美国英语和大多欧洲语言所使用，而 OEM 代码页 932 为日本汉字所使用。

代码页可表示为一个字符到单字节值或多字节值的映射表。许多代码页都共享在 0x00-0x7F 之间的 ASCII 字符集。@ CODEPAGE 指令的语法格式如下所示。

```
<%@ CODEPAGE=codepage%>
```

参数 codepage 无符号整数，代表正在运行 ASP 脚本引擎系统的有效代码页。

@ ENABLESESSIONSTATE 指令

可以使用@ ENABLESESSIONSTATE 指令关闭网页会话跟踪。会话跟踪维护由单个客户端发布的一组请求信息。如果网页不依赖会话信息，则关闭会话跟踪可减少 IIS 处理脚本的时间，其语法格式如下所示。

```
<%@ ENABLESESSIONSSTATE=True|False %>
@ LANGUAGE 指令
```

用户可以用@ LANGUAGE 指令设置用于解释脚本中的命令语言，可以将脚本语言设置为任何一种已安装在 IIS 中的脚本引擎。默认设置为 VBscript。因此，如果用户在脚本中未包括@ LANGUAGE，脚本将由 VBscript 引擎解释。其语法格式如下所示。

```
<%@ LANGUAGE=scriptengine %>
```

其中参数 scriptengine 指编译脚本的脚本引擎。IIS 装有两个脚本引擎，VBscript 和 Jscript。

@ LCID 指令

可以使用@ LCID 指令为脚本设置现场标识(LCID)。LCID 的数据类型是 DWORD，低字为语言标识，高字保留。LCID 标识以国际标准的数字缩写表示。LCID 有唯一标识已安装的系统定义现场所需的组件。有两个预定义 LCID 值，LOCALE_SYSTEM_ DEFAULT 是系统默认现场，LOCALE_USER_DEFAULT 是当前用户现场，其语法格式如下所示。

```
<%@ LCID=localeidentifier %>
```

其中参数 localeidentifer 指有效的现场标识。

❑ **@ TRANSACTION 指令**

可以使用@ TRANSACTION 指令指出脚本应被当作事务来处理。若脚本被当作事务处理时，Microsoft Transaction Server (MTS)将创建一个事务来协调资源的更新，其语法格式如下所示。

```
<%@ TRANSACTION=value %>
```

其中参数 value 指事务支持类型的字符串，其值见表 9-1。

表 9-1 事务支持类型

名 称	解 释
Required	脚本将初始化一个事务
Requires_New	脚本将初始化一个事务
Supported	脚本将不会初始化一个事务
Not_Supported	脚本将不会初始化一个事务

提 示

若脚本包含@ TRANSACTION 指令，则它必须位于.asp 文件中的第一行，否则将出错。必须将该指令加到要在某个事务下运行的每一页中。当脚本处理完成之后，当前事务也就结束了。

3. 应用#include 包含指令

#include 指令使用非常广泛，能最大限度地实现代码重用。当执行到该指令时，会把#include 指令所包含的内容插到当前 ASP 页内一起执行，这也就意味着调用函数、过程等可以由它来实现。#include 的语法如下。

```
<!-- include VIRTUAL|FILE="filename"-->
```

❏ **VIRTUAL** 代表使用一个虚拟的相对或绝对路径，例如，一个文件名为 Myfirstfile. inc，位于虚拟路径 / MyDirectory 下。

```
<!--#include VIRTUAL=" /MyDirectory/Myfirstfile. inc"-->
<!--#include VIRTUAL="../ / ../MyOther/Myfirstfile.inc"-->
```

❏ **FILE** 代表相对或全路径与文件名的组合，相对路径以一个目录开始并包含一个文件名。

```
<!--#include FILE= "Mysecondfile.inc"-->
```

使用 include 文件的优点如下。

❏ 可以使网页有一个连贯一致的外观，如菜单。若在每一个网页上使用菜单，通常当菜单内容变化时，必须修改每一页。在 include 文件里并没有 HTML 的起点或是终点标识，例如<html>或<body>。这是因为当#include 语句被处理的时候，这个 include 的文件内容会"融入"调用文件中，而成为它内容的一部分。一般来说，这部分的内容是在这个调用文件中间的某一段落，所以没有起点或是终点的标识。运用 include 文件，不论是菜单或是任何共同的 XHTML 内容的变动，只需修改相关的 include 文件即可，而不用去改动许多文件。

❏ include 文件可以包括一组被大多数 ASP 文件所使用的函数。include 文件是放置这些函数最理想的地方。例如，必须确认每个用户所输入的资料都是合法字符，在这种情况下，很多页面都需要使用到相同的判断合法字符的函数。但是利用 include 文件，只需要把相同的程序包含在每个文件里就可以了。

被包含的 XHTML 文件，可以包含任何 XHTML 标识，例如图片与超链接。被包含的#include 文件，还可再包含其他被包含的#include 文件。但是，这样的包含不应造成循环。例如，First.asp 包含 Second.inc，则 Second.Inc 不能再包含 First.asp。一个文件也不能包含它自己，否则的话，程序将产生错误，并停止执行 ASP 文件。

ASP 包含文件会在执行脚本命令之前被载入，因此不能使用脚本去创建包含文件。例如，下面脚本的调用将失败。

```
<!--调用失败的脚本-->
<%name=("hcadcr&. inc")%>
<!--#include file="<%name%>"-->
```

9.1.3 ASP 标点符号

很多 ASP 初学者都有可能在双引号、单引号以及&号上迷失方向。最关键的是不理解这三类符号的意思，当然也就不能很好地掌握它们的用法了。以下是作者对三类符号的看法，介绍如下。

1. 双引号""

在 ASP 中处在双引号中的可以是任意的字符、字符串、XHTML 代码。例如：

```
<%response.write ("<b>cnbruce here</b>")%>
```

在上述代码中，产生的页面效果分别是：默认文字和加粗文字"cnbruce here"。

下面再想想，如果要在输出的页面文字上加一颜色效果该怎么办？大家都知道，一般文字颜色的格式是这样写的：

```
<font color="#0000ff">cnbruce</font>
```

而 response.write 格式是这样的：

```
response.write("输入显示的内容")
```

如果要将上面文字颜色的代码放到 response.write 中，就会发现 write 方法中的双引号和 color 中的双引号形成嵌套效果，如下所示。

```
response.write("<font color="#0000ff">cnbruce</font>")
```

调试结果可想而知：不容乐观。因为 color 的前引号和 write 的前引号形成匹配，内容为<font color=；同样 color 的后引号也就和 write 的后引号匹配了，内容为：>cnbruce</font>。最终结果是：中间的#0000ff 被独立了出来，不被浏览器识别。

所以为了结果正确，可以将#0000ff 当成字符串放在双引号里面，然后该字符串与前字符串<font color=和后字符串>cnbruce</font>中间的连接就采用&号，最后结果如下：

```
<%
response.write("<font color=" & "#0000ff" & ">cnbruce</font>")
%>
```

2. 单引号"

正如学习语文课一样，继续放在双引号中的引号可以采用单引号。

那么上面输入语句

```
response.write("<font color="#0000ff">cnbruce</font>")
```

中的#0000ff就可以将其双引号变为单引号，结果如下：

```
response.write("<font color='#0000ff'>cnbruce</font>")
```

3. 连接字符&

ASP 中&号的主要作用是用来连接的，包括字符串—字符串、字符串—变量、变量—变量等混合连接。

例如下面语句：

```
<%
    mycolor="#0000ff"
    response.write ("<font color=' "&mycolor&" '>" & "cnbruce" & "</font>")
%>
```

在上述代码中，需要注意的是：color 的单引号中又采用了双引号。

首先是定义了一个变量 mycolor，按照原则，变量放在 response.write 里面是不需要加双引号的，因为加了双引号就表示是字符串，而非变量。如果使用 response.write 要输出变量时，可以直接这样写：

```
response.write(mycolor)
```

但是，如果变量一定要是放在双引号中（比如上面程序是放在单引中），那具体的 response.write 又该如何书写呢？将 ASP 中的变量添加左右的"&连接符，效果即为：

```
response.write(" "&mycolor&" ")
```

分析上述代码可以看出，其实就是前一空字符串连接 mycolor 变量再连接后一字符串。

9.2　ASP 编程基础

VBScript（Microsoft Visual Basic Scripting Edition）基于 Microsoft 公司的 Visual Basic 语言，使用 VBScript 可以编写服务器端脚本，也可以编写客户端脚本。服务器端脚本在 Web 服务器上运行，由服务器根据脚本的运行结果生成相应的 HTML 页面发送到客户端浏览器中显示；客户端脚本由浏览器解释运行。

9.2.1　ASP 语法介绍

语法是语言表达的规则，计算机语言同样需要根据该语言语法的规则来进行编程。

下面将介绍一下 ASP 脚本语言的语法规则。

1. 常量

常量是一般在整个代码的过程中，处于恒定、不可改变其值。在自然界中，常量有很多种，如圆周率 π 的值 3.14 等。在编写程序的过程中，如果遇到一些数据在整个过程中不允许改变，则可以将其声明为常量。声明常量的代码如下：

语法格式：

```
Const name = Value
```

其中，Const 语句的参数功能如下。

❑ **name**　表示符号常量名，一般使用大写字母表示。

❑ **Value**　该参数表示数值常数、字符串常数以及由运算符组成的表达式。

例如，声明常量 Conpi 代码如下：

```
Const Conpi=3.14
'声明一个常量 Conpi 的值为 3.14
```

在声明常量时，为防止常量和变量的混淆，通常在常量前加 vb 或 con 的前缀。除了用户自定义的常量外，VBScript 还有一些内置的常量供用户调用，例如，vbBlack，其值为&h00，用于表示颜色。

2. 变量

变量是一种使用方便的占位符，用于引用计算机内存地址，该地址可以存储脚本运行时可更改的程序信息。例如，可以创建一个名为 ClickCount 的变量来存储用户单击 Web 页面上某个对象的次数。使用变量并不需要了解变量在计算机内存中的地址，只要通过变量名引用变量就可以查看或更改变量的值。在 VBScript 中只有一个基本数据类型，即 Variant，因此所有变量的数据类型都是 Variant。

声明变量的一种方式是使用 Dim 语句、Public 语句或 Private 语句在脚本中显式声明变量。例如：

```
Dim DegreesFahrenheit
```

声明多个变量时，使用逗号分隔变量。例如：

```
Dim Top, Bottom, Left, Right
```

另一种方式是通过直接在脚本中使用变量名这一简单方式隐式声明变量。这通常不是一个好习惯，因为这样有时会由于变量名被拼错而导致在运行脚本时出现意外的结果。因此，最好使用 Option Explicit 语句显式声明所有变量，并将其作为脚本的第一条语句。变量命名必须遵循 VBScript 的标准命名规则。

❑ 第一个字符必须是字母。

❑ 不能包含嵌入的句点。

❑ 长度不能超过 255 个字符。

❏ 在被声明的作用域内必须唯一。

创建如下形式的表达式给变量赋值：变量在表达式左边，要赋的值在表达式右边。

例如：

```
Dim B
B = 200
```

3．数据类型

VBScript 脚本语言和其他脚本语言一样，其数据是按照数据类型分类运算的。在运算的过程中，必须设置运算符。VBScript 的运算表达式通常由变量、常量、函数，以及运算符等组成。

VBScript 的数据类型即 Variant，是一种特殊的数据类型，其根据使用方式的不同，可以包含各种信息。通常 Variant 数据类型可以分为两大类，即数字类型和字符串类型。在声明数字类型的数据时，不需要做任何特殊的标记。代码如下：

```
Dim BjZipCode
BjZipCode=100010
'声明一个变量 BjZipCode，并为其赋值为 100010
```

在声明字符串类型的数据时，需要在数据的值前后加双引号""""。代码如下：

```
Dim UniversityName
UniversityName="TsingHua"
'声明一个变量 UniversityName，并为其赋值为字符串"TsingHua"
```

除了这两大类数据类型外，在 VBScript 脚本代码执行的过程中，还存在一些 Variant 类型的子数据类型，见表 9-2。

::: 表 9-2　Variant 的子数据类型

数据类型	说　　明
Empty	未初始化的 Variant。对于数值变量，值为 0；对于字符串变量，值为零长度字符串""""
Null	不包含任何有效数据的 Variant
Boolean	包含"True"和"False"
Byte	字节变量，包含 0 到 255 之间所有整数
Integer	整型数据，包含-32,768 到 32,767 之间的整数
Currency	货币型数据，包含-922,337,203,685,477.5808 到 922,337,203,685,477.5807 之间的所有浮点数
Long	单精度整数，包含-2,147,483,648 到 2,147,483,647 之间的整数
Single	单精度浮点数，包含负数范围从-3.402823E38 到-1.401298E-45，正数范围从 1.401298E-45 到 3.402823E38 的所有浮点数
Double	双精度浮点数，包含负数范围从-1.79769313486232E308 到-4.94065645841247E-324，正数范围从 4.94065645841247E-324 到 1.79769313486232E308 的所有浮点数
Date (Time)	包含表示日期的数字，日期范围从公元 100 年 1 月 1 日到公元 9999 年 12 月 31 日
String	长字符串数据，最大长度为 20 亿位
Object	对象
Error	程序的错误号

4．运算符

运算符是标识表达式中各种变量或常量运算方式的符号。VBScript 的运算符主要包括 4 种，即算术运算符、比较运算符、连接运算符和逻辑运算符，见表 9-3。

表 9-3　VBScript 的运算符

运算符类型	符号	描　　述	运算符类型	符号	描　　述
算术运算符	^	求幂	比较运算符	<=	小于等于
算术运算符	-	负号	比较运算符	>=	大于等于
算术运算符	*	乘	比较运算符	Is	对象引用比较
算术运算符	/	除	连接运算符	&	强制字符串连接
算术运算符	\	整除	连接运算符	+	强制求和
算术运算符	Mod	求余	逻辑运算符	Not	逻辑非
算术运算符	+	加	逻辑运算符	And	逻辑与
算术运算符	-	减	逻辑运算符	Or	逻辑或
比较运算符	=	等于/赋值	逻辑运算符	Xor	逻辑异或
比较运算符	<>	不等于	逻辑运算符	Eqv	逻辑等价
比较运算符	<	小于	逻辑运算符	Imp	逻辑隐含
比较运算符	>	大于			

当乘号与除号同时出现在一个表达式中时，按从左到右的顺序计算乘、除运算符。同样当加与减同时出现在一个表达式中时，按从左到右的顺序计算加、减法运算符。

字符串连接(&)运算符不是算术运算符，但是在优先级顺序中，它排在所有算术运算符之后和所有比较运算符之前。Is 运算符是对象引用比较运算符。它并不比较对象或对象的值，而只是进行检查，判断两个对象引用是否引用同一个对象。

9.2.2　ASP 控制语句

VBScript 脚本语言的控制语句与其他编程语言的控制语句的作用和含义相同，都是用于控制程序的流程，以实现程序的各种结构方式。它们由特定的语句定义符组成。

1．条件语句

条件语句的作用是对一个或多个条件进行判断，根据判断的结果执行相关的语句。VBScript 的条件语句主要有两种，即 If Then…Else 语句和 Select…Case 语句。

❑ **If Then…Else 语句**

If Then…Else 语句根据表达式是否成立执行相关语句，因此又被称作单路选择的条件语句。使用 If Then…Else 语句的方法如下所示。

语法格式：

```
IF Condition Then
[statements]
End If
或者,
```

```
IF Condition Then [statements]
```

在 If…Then 语句中，包含两个参数，分别为 Condition 和 statements 参数。

- **Condition 参数**　为必要参数，即表达式（数值表达式或者字符串表达式），其运算结果为 True 或 False。另外，当参数 condition 为 Null，则参数 condition 将视为 False。
- **statements 参数**　由一行或者一组代码组成，也称为语句块。但是在单行形式中，且没有 Else 子句时，则 statements 参数为必要参数。该语句的作用是表达式的值为 True 或非零时，执行 Then 后面的语句块（或语句），否则不作任何操作。

If…Then…Else 语句的一种变形允许从多个条件中选择，即添加 ElseIf 子句以扩充 If…Then…Else 语句的功能，使可以控制基于多种可能的程序流程。详细的用户方法如下：

```
Sub ReportValue(value)
   If value = 0 Then
     MsgBox value
   ElseIf value = 1 Then
     MsgBox value
   ElseIf value = 2 then
     Msgbox value
   Else
     Msgbox "数值超出范围！"
   End If
```

可以添加任意多个 ElseIf 子句以提供多种选择。使用多个 ElseIf 子句经常会变得很累赘，在多个条件中进行选择的更好方法是使用 Select Case 语句。

提　示

除上述的常用的 If Then…Else 语句以外，还有 If Then…ElseIf　Then　　Else 语句。

- **Select…Case 语句**

Select…Case 语句的作用是判断多个条件，根据条件的成立与否执行相关的语句，因此又被称作多路选择的条件语句。使用 Select…Case 的格式如下。

语法格式：

```
Select Case testexpression
[Case expressionlist-n
[statements-n]] ...
[Case Else
[elsestatements]]
End Select
```

Select Case 语句的语法具有以下几个部分。

- **testexpression**　必要参数，任何数值表达式或字符串表达式。
- **expressionlist-n**　Case 语句的必要参数。其形式为 expression，expression To expression，Is comparisonoperator expression 的一个或多个组成的分界列表。To

关键字可用来指定一个数值范围。如果使用 To 关键字，则较小的数值要出现在 To 之前。使用 Is 关键字时，则可以配合比较运算符（除 Is 和 Like 之外）来指定一个数值范围。

❑ **statements-n**　可选参数。一条或多条语句，当 testexpression 匹配 expressionlist-n 中的任何部分时执行。

❑ **elsestatements**　可选参数。一条或多条语句，当 testexpression 不匹配 Case 子句的任何部分时执行。

在 Select…Case 语句中，每个 Case 语句都会判断表达式的值是否符合该语句后面条件的要求。如果条件值为 True 时，则执行相关的语句并自动跳出条件选择语句结构，否则继续查找与其匹配的值。当所有列出的条件都不符合表达式的值时，将执行 Case Else 下的语句然后再跳出条件选择语句结构。

2. 循环语句

使用循环语句可以重复执行一组语句。循环可以分为三类：一类是在条件变为假（False）之前重复执行语句；一类是在条件变为真（True）之前重复执行语句；一类是按照指定的次数重复执行语句。

❑ **使用 Do 循环**

使用 Do…Loop 循环语句可以多次（次数不定）执行语句块，在条件为真（True）时或条件为真（True）之前，重复执行指定的语句块，使用方法如下所示。

```
<%
Dim Num1,Num2
Num1=0
Num2=10
Do While Num2 > 1
'当变量 Num2 的值大于 1 时，执行循环
Num1=Num1 + 1
Num2=Num2 - 1
Loop   '返回到循环开始处
%>
```

另外，在 Do…Loop 循环语句中，还可以将 While 关键字放到循环语句的后面对条件进行判断。这样，该循环语句至少要执行一次指定的程序块，使用方法如下所示。

```
<%
Dim Num1, Num2
Num1 = 0
Num2 = 10
Do
Num1 = Num1 + 1
Num2 = Num2 - 1
Loop While Num1 < 10
'当变量 Num1 的值小于 10 时，继续执行循环
%>
```

使用 Until 关键字，可以用于检查 Do...Loop 语句中的条件。只要条件为假（False），就会一直进行循环，使用方法如下所示。

```
<%
Dim Num1, Num2
Num1 = 0
Num2 = 10
Do Until Num2 = 5
'当变量 Num2 的值不等于 5 时，执行循环
Num1 = Num1 + 1
Num2 = Num2 - 1
Loop   '返回到循环开始处
%>
```

另外，在 Do...Loop 循环语句中，同样可以将 Until 关键字放到循环语句的后面对条件进行判断。这样，该循环语句至少也要执行一次指定的程序块，使用方法如下所示。

```
<%
Dim Num1, Num2
Num1 = 0
Num2 = 10
Do
Num1 = Num1 + 1
Num2 = Num2 - 1
Loop Until Num1 = 5
'当变量 Num1 的值不等于 5 时，继续执行循环
%>
```

Exit Do 语句用来退出 Do...Loop 循环。通常，只有在某些特殊情况下才需要退出循环，所以可以在 IfThen...Else 语句的 True 语句块中使用 Exit Do 语句，使用方法如下所示。

```
<%
Dim Num1, Num2
Num1 = 0
Num2 = 10
Do Until Num1 = -1  '导致死循环
Num1 = Num1 + 1
Num2 = Num2 - 1
```

```
If Num1 =5 Then Exit Do
'如果变量 Num1 的值为 5，则强制退出循环
Loop
%>
```

在上面的脚本命令中，变量 Num1 的初始值将导致死循环。IfThen…Else 条件语句将检查此条件，防止出现死循环。

❑ 使用 **For…Next** 循环

For…Next 语句可以按照指定的次数来重复执行语句。在该循环中使用计数器变量，该变量的值会随每一次循环增加或减少。

例如，使用 For…Next 语句将程序块中的内容重复执行 100 次。其中，For 语句指定计数器变量 i 及其起始值与终止值；Next 语句使计数器变量每次增加 1，代码如下所示。

```
<%
Dim i
For i = 1 to 100
'指定计数器变量 i 的起始值与终止值
Response.Write ("For...Next 循环语句")
Next   '使计数器变量 i 的值增加 1
%>
```

在 For…Next 循环语句中使用 Step 关键字，可以指定计数器变量每次增加或减少的值。例如，将上例中计数器变量的值每次增加 2，这样，程序块中的内容会重复执行 50 次，代码如下所示。

```
<%
Dim i
For i = 1 to 100 Step 2
'指定计数器变量 i 的起始值、终止值和递增的值
Response.Write ("For...Next 循环语句")
Next    '使计数器变量 i 的值增加 2
%>
```

如果想使计数器变量递减，则可以将 Step 设置为负值。但是，计数器变量的终止值必须小于起始值。例如，将计数器变量 i 的值每次减少 2，代码如下所示。

```
<%
Dim i
For i = 100 to 1 step -2
'指定计数器变量 i 的起始值、终止值以及递减的值
Response.Write ("For...Next 循环语句")
Next    '使计数器变量 i 的值减少 2
%>
```

Exit…For 语句可以用于在计数器达到其终止值之前退出 For…Next 语句。通常，只有在某种特殊情况下才要退出循环，例如在发生错误时，所以可以在 IfThen…Else 语句

的 True 语句块中使用 Exit...For 语句强制退出循环，使用方法如下所示。

```
<%
Dim i
For i = 100 to 1 step -2
'指定计数器变量 i 的起始值、终止值以及递减的值
Response.Write ("For...Next 循环语句")
If Err.Number <> 0 Then Exit For
'如果产生错误，则强制退出循环
Next   '使计数器变量 i 的值减少 2
%>
```

❑ **For Each...Next 循环**

For Each...Next 循环与 For...Next 循环类似，但它不指定程序执行的次数，而是对于数组中的每个元素或对象集合中的每一项重复一组程序，这在不知道集合中元素的数目时非常有用，使用方法如下所示。

```
<%
Dim myArray(10),anyElement,Sum
Sum=0
For i = 0 To 10
myArray(i)=2*i
Next
'通过循环语句为数组中的每个元素赋值
For Each anyElement In myArray
'根据数组元素的个数进行循环
Sum=anyElement+Sum
Next
'读取数组中下一个元素
%>
```

9.3 ASP 内置对象

ASP（Active Server Pages）提供 6 种内置对象，这些对象可以使用户通过浏览器实现请求发送信息、响应浏览器以及存储用户信息等功能。

9.3.1 Request 对象

Request 对象用于访问用 HTTP 请求传递的信息，也就是客户端用户向服务器请求页面或者提交表单时所提供的所有信息，包括 HTML 表格用 POST 方法或 GET 方法传递的参数、客户端用户浏览器的相关信息、保存在这些域中浏览器的 Cookies、附加在页面 URL 后的参数信息。

1. Reuqest 对象成员

Request 对象的属性和方法分别各有一个，而且都不经常使用。但是，Request 对象还提供了若干个集合，这些集合可以用于访问客户端请求的各种信息。Request 对象成员

网页设计与网站组建标准教程（2013—2015 版）

介绍见表 9-4。

表 9-4 Request 对象成员

Request 对象成员	说　明
属性 TotalBytes	返回由客户端发出请求的字符流的字节数量，是一个只读属性
方法 BinaryRead(count)	当使用 POST 方法发送请求时，从请求的数据中获得 count 字节的数据，并返回一个数组
集合 QueryString	读取使用 URL 参数方式提交的名值对数据或者以 GET 方式提交表单 <form> 中的数据
集合 Form	读取使用 POST 方式提交的表单 <form> 中的数据
集合 ServerVariables	客户端请求的 HTTP 报头值，以及一些 Web 服务器环境变量值的集合
集合 Cookies	用户系统发送的所有 Cookies 值的集合
集合 ClientCertificate	客户端访问页面或其他资源时表明身份的客户证书的所有字段或条目的数据集合

在 Request 对象的所有集合中，最经常使用的 Form 集合和 QueryString 集合，它们分别包含客户端使用 POST 方法发出的信息和使用 GET 方法发出的信息。

2. 使用 Request 对象

当用户在浏览器地址栏中输入网页的 URL 地址访问网页，就是通过 GET 方法向服务器发布信息，而发送的信息可以从浏览器地址栏的 URL 地址中看到。POST 方法只有通过定义 <form> 标签的 method 属性为 "post" 时才会被使用。

❏ **访问 Request.QueryString 集合**

当用户使用 GET 方法传递数据时，所提交的数据会被附加在查询字符串（QueryString）中一起提交到服务器端。QueryString 集合的功能就是从查询字符串中读取用户提交的数据。访问 QueryString 集合中项的语句如下所示：

```
Value = Request.QueryString(Key)
```

其中，参数 Key 的数据类型为 String，表示要提取的 HTTP 查询字符串中变量的名称。如果该键值被设定，QueryString 集合将返回与该键值相关的项，否则将返回完整的查询字符串。

QueryString 集合包含有 3 个属性，即 Count、Item 和 Key，它们的功能及使用方法见表 9-5。

表 9-5 QueryString 集合的属性

名　称	功　能	使 用 方 法
Count	返回 QueryString 中键值的数量	Request.QueryString.Count([Variable])
Item	返回特定键对应的值	Request.QueryString.Item(Variant)
Key	返回相应项的键	Request.QueryString.Key(Index)

❏ **访问 Request.Form 集合**

GET 方法有一个缺点就是 URL 字符串的长度在被浏览器及服务器使用时有一些限制，而且会将某些希望隐藏的数据暴露出来。所以，为了避免以上问题，可以设置表单使用 POST 方法传递数据，代码如下所示：

```
<form name="form1" method="post" action="Check.asp">
```

在上面的语句中，键值被存储在 HTTP 请求主体内发送，这样就可以使用 Request.Form 集合获取 HTML 表单中的信息，其使用方法如下：

```
Value = Request.Form(name)
```

Form 集合同样包含有 3 个属性，即 Count、Item 和 Key，它们的功能及使用方法见表 9-6。

表 9-6　Form 集合的属性

名称	功　　能	使 用 方 法
Count	返回集合中项的数量	Request.Form.Count
Item	返回特定键或索引数确定的值	Request.Form.Item(Index)
Key	获取 Form 集合中只作为可读变量的对象的名称	Request.Form.Key(Index)

9.3.2　Response 对象

Response 对象用于向客户端浏览器发送数据，用户可以使用该对象将服务器的数据以 HTML 的格式发送到用户端的浏览器，Response 与 Request 组成了一对接收、发送数据的对象，这也是实现动态的基础。

1．Response 对象属性

Response 对象也提供一系列的属性，可以读取和修改，使服务器端的响应能够适应客户端的请求，这些属性通常由服务器设置。

❑ Buffer 属性

该属性用于指示是否是缓冲页输出，Buffer 属性的语法格式如下：

```
Response.Buffer = Flag
```

其中，Flag 值为布尔类型数据。若当 Flag 为 FALSE 时候，服务器在处理脚本的同时将输出发送给客户端；当 Flag 为 TRUE 时候，服务器端 Response 的内容先写入缓冲区，脚本处理完后再将结果全部传递给用户。Buffer 属性的默认值为 FALSE。

> **提　示**
>
> 设置 Buffer 属性为 TRUE 时，如果在中途调用了 Response 对象的 Flush 或者 End 方法则立即将已经处理的数据输出。

❑ CacheControl 属性

该属性指定了一个脚本生成的页面是否可以由代理服务器缓存。为这个属性分配的选项，可以是字符串 Public 或者是 Private。启用脚本生成页面的缓存和禁止页面缓存，可分别使用如下代码：

```
<%
Response.CacheControl="public"    '启用缓存
```

```
Response.CacheControl="Private"   '禁止缓存
%>
```

❑ **Charset 属性**

该属性将字符集名称附加到 Response 对象中的 Content-type 标题的后面，用来设置 Web 服务器响应给客户端的文件字符编码。其语法如下：

```
Response.Charset(字符集名称)
```

例如：

```
Response.Charset="GB2312"       '简体中文显示
```

❑ **ContentType 属性**

ContentType 属性用来指定响应的 HTTP 内容类型。如果未指定，则默认是 text/HTML。其语法格式如下：

```
Response.ContentType = 内容类型
```

一般来说，ContentType 都以"类型/子类型"的字符串来表示，通常有 text/HTML、image/GIF、image/JPEG、text/plain 等。

❑ **Expires 属性**

该属性指定浏览器上缓冲存储的页还有多少时间过期。如果用户在某个页过期之前又回到此页，就会显示缓冲区中的版本，这种设置有助于数据的保密。语法格式如下：

```
Response.Expires=分钟数
```

❑ **ExpiresAbsolute 属性**

该属性指定缓存于浏览器中的页的到期日期和时间。在未到期之前，若用户返回到该页，该缓存就显示；如果未指定时间，该主页当天午夜到期；如果未指定日期，则该主页在脚本运行当天的指定时间到期。语法格式如下：

```
Response.ExpiresAbsolute = 日期 时间
```

❑ **IsClientConnected 属性**

该属性为只读，返回客户是否仍然连接和下载页面的状态标志。有时候程序脚本要花比较长的时间去处理，如果客户端用户没有耐心等待而离去，服务器端将脚本执行下去显然没有任何意义，这时候就可以通过 IsClientConnected 属性判断客户端是否仍然与服务器连接来决定程序是否继续执行。该属性返回一个布尔值。

❑ **PICS 属性**

PICS 属性用来设置 PICS 标签，并把响应添加到标头（Response header）。PICS 是一个负责定义互联网网络等级及等级数据的 W3C 团队。该属性的语法格式如下：

```
Response.PICS （PICS 字符串）
```

❑ **Status 属性**

Status 属性用来设置 Web 服务器要响应的状态行的值。HTTP 规格中定义了 Status

值。该属性设置语法如下：

```
Response.Status = "状态描述字符串"
```

Expires 属性和 Status 属性必须把该属性放在<HTML>标签之前，否则将会出错。

2. Response 对象方法

Response 对象提供了一系列的方法，用于直接处理返回给客户端而创建的页面内容。

❑ **Write 方法**

Response.Write 是 Response 对象最常用的方法，该方法可以向浏览器输出动态信息，其语法格式如下：

```
Response.Write 任何数据类型
```

只要是 ASP 中合法的数据类型，都可以用 Response.Write 方法来显示。由于前面多次使用该方法，这里就不再详细介绍。

❑ **Redirect 方法**

Response.Redirect 可以用来将客户端的页面重定向到一个新的页面，有页面转换时候常用到的就是这个方法。具体语法格式如下：

```
Response.Redirect URL
```

URL 是指需要转到的相应的页面。例如下面的代码是一个简单的登录模块，当用户名和密码正确时候转向欢迎页面，否则转向错误信息页面。

```
If UName<>"Admin"Or PassWord<>"Admin"Then
Response.Redirect"Error.asp"
Response.End
Else
Response.Redirect"Welcome.asp"
Response.End
```

❑ **Flush 方法**

如果将 Response.Buffer 设置为 TRUE，那么使用 Response.Flush 方法可以立即发送 IIS 缓冲区中的所有当前页。如果没有将 Response.Buffer 设置为 TRUE，则使用该方法将导致运行时错误。

❑ **Clear 方法**

如果将 Response.Buffer 设置为 TRUE，那么使用 Response.Clear 方法可以删除缓冲区中的所有 HTML 输出。如果没有将 Response.Buffer 设置为 TRUE，则使用该方法将导致运行时错误。

❑ **End 方法**

Response.End 方法使 Web 服务器停止处理脚本并返回当前结果，文件中剩余的内容将不执行。

当 Buffer 属性值为 True 时，服务器将不会向客户端发送任何信息，直到所有程序执行完成或者遇到 Response.Flush 或者 Response.End 方法，才将缓冲区的信息发送到客户端。

有时可能希望在页面结束之前的某些点上停止代码的执行，这可以通过调用 Response.End 方法刷新所有的当前内容到客户端并中止代码进一步的执行。

❑ **BinaryWrite 方法**

Response.BinaryWrite 方法主要用于向客户端写非字符串信息（如客户端应用程序所需要的二进制数据等）。语法格式如下：

```
Response.BinaryWrite 二进制数据
```

❑ **AppendTolog 方法**

Response.AppendTolog 方法将字符串添加到 Web 服务器日志条目的末尾。由于 IIS 日志中的字段用逗号分隔，所以该字符串中不能包含逗号（","），而且字符串的最大长度为 80 个字符。语法格式如下：

```
Response.AppendTolog "要记录的字符串"
```

提 示

要使指定的字符串被记录到日志文件中，必须启用站点 Extended Logging 属性页的 URL Query 选项，该站点是要登录的活动站点。

❑ **AddHeader 方法**

Response.AddHeader 方法用指定的值添加 HTTP 标题，该方法常常用来响应要添加新的 HTTP 标题。它并不代替现有的同名标题。一旦标题被添加，将不能删除，具体语法格式如下：

```
Response.AddHeader Name,Value
```

在该语句中，包含有两个参数内容，其含义如下。

❑ **Name**　新头部变量的名称。
❑ **Value**　新头部变量的初始值。

警 告

在定义 AddHeader 方法的时候，为了避免命名不明确，Name 中不能包含任何下划线字符"_"。

3. Cookie 集合

在上述的 Request 对象中，已经介绍过通过 Cookie 集合，来读取存储在客户端的信息，然后，通过 Response 对象的 Cookie 集合送回给用户端浏览器。如果指定的 Cookie 不存在，则系统会自动在客户端的浏览器中建立新的 Cookie。使用 Response.Cookies 的语法如下：

```
Response.Cookies(name)[(key)|.attribute]=value
```

各参数的意义如下：

- **name** 表示 Cookie 的名称。为 Cookie 指定名称后就可以在 Request.Cookie 中使用该名称获得相应的 Cookie 值。
- **key** 表示该 Cookie 会以目录的形式存放数据。如果指定了 key，则 Cookie 形成了一个字典，而 key 的值将被设为 CookieValue。
- **attribute** 定义了与 Cookie 自身有关的属性。参数 attribute 定义的 Cookies 集合属性如见 9-7。

表 9-7　attribute 参数列表

名称	说　明
Domain	只写。若被指定，则 Cookie 将被发送到该域的请求中
Expires	只写。此属性用来给 Cookie 设置一个期限，在期限内只要打开网页就可以调用被保存的 Cookie，如果过了此期限，Cookie 就自动被删除。如果没有为一个 Cookie 设定有效期，则其生命期从打开浏览器开始，到关闭浏览器结束，下次打开浏览器将重新开始
HasKeys	只写。指定 Cookie 是否包含关键字
Path	只写。若定义该属性，则 Cookie 只发送到对该路径的请求中。如果未设置该属性，则使用应用程序的路径
Secure	只写。指定 Cookie 能否被用户读取

例如，创建了一个名为"firstname"的 Cookie 并为它赋值"Murphy"，可以使用如下代码：

```
<%
Response.Cookies("firstname")="Murphy"
%>
```

Cookie 其实是一个标签。当访问一个需要唯一标识的 Web 站点时候，会在用户的硬盘上留下一个标记，下一次访问该站点时，该站点的页面就会查找这个标记。以确定该浏览者是否访问过本站点。每个站点都可以有自己的标记 Cookie，并且标记的内容可以由该站点的页面随时读取。

使用 Response.Cookies 创建 Cookie 并设置其属性可以使用如下代码：

```
<%
Response.Cookies("LastVisitCookie") = FormatDateTime(Now)
Response.Cookies("LastVisitCookie").Domain="www..MyWeb.com"
Response.Cookies("LastVisitCookie").Path="/"
Response.Cookies("LastVisitCookie").Secure=True
Response.Cookies("LastVisitCookie").Expires=Date( )+20
%>
```

上述代码创建名为 LastVisitCookie 的 Cookie，值为代码运行时的当前系统时间；其有效期为 20 天，并且当客户端浏览器请求 www.MyWeb.com 站点时，该 Cookie 随同请求被发送到站点。

通常情况下，客户端浏览器只对创建 Cookie 的目录中的页面提出请求时，才将 Cookie 随同请求发往服务器。通过指定 Path 属性，可以指定站点中何处的 Cookie 合法，并且这个 Cookie 将随同请求被发送。如果 Cookie 随同对整个站点的页面请求发送，则应设置 Path 应设为 "/"。

如果设置了 Domain 属性，则 Cookies 将随同对域的请求被发送。域属性表明 Cookie 由哪个网站创建和读取，默认情况下，Cookie 的域属性设置为创建 Cookie 的网站。

有时在一个页面中可能需要定义很多个 Cookie 变量，为了更好地管理，在 Cookie 集合中常引入一个概念"子键"。引用它的语法如下：

```
Request.Cookies("CookieName")("KeyName")=CookieValue
```

例如，下面创建一个名为"Information"的 Cookie，其中保存了两个子键值：

```
Response.Cookies("Information")("User")="Admin"
Response.Cookies("Information")("Password")="Admin"
```

如果没有指定"子键"名而直接引用 Cookie 中的数据，将会返回一个包含所有的"子键"名及值的字符串。例如，上面这个例子包含两个"子键"：User 和 Password。当用户没有指定其"子键"名，而直接通过 Request.Cookies("Information")来引用其值时，则会得到下列字符串：

```
Information=User=Admin&Password=Admin
```

正确获取其中数据的方法为：

```
Name=Requset.Cookies("Information").("User")
Password=Requset.Cookies("Information").("Password")
```

9.3.3　Application 对象

Application 对象是一个应用程序级的对象，在同一虚拟目录及其子目录下的所有.asp 文件构成了 ASP 应用程序。使用 Application 对象可以在给定的应用程序的所有用户之间共享信息，并在服务器运行期间持久地保存数据。而且，Application 对象还有控制访问应用层数据的方法和可用于在应用程序启动和停止时触发过程的事件。

1．Application 对象成员

Application 对象没有属性，但是提供了一些集合、方法和事件。Applicatin 对象成员介绍见表 9-8。

表 9-8　Application 对象成员

Application 对象成员	说　明
集合 Contents	没有使用<object>元素定义的存储于 Application 对象中的所有变量的集合
集合 StaticObject	使用<object>元素定义的存储于 Application 对象中的所有变量的集合
方法 Content.Remove()	移除 Contents 集合中的某个变量
方法 Content.RemoveAll()	移除 Contents 集合中的所有变量
方法 Lock()	锁定 Application 对象，只有当 ASP 页面对内容能够进行访问，解决并发操作问题

Application 对象成员	说　　明
方法 Unlock()	解锁 Application 对象
事件 OnStart	当 ASP 启动时触发，在网页执行之前和任何 Session 创建之前发生
事件 OnEnd	当 ASP 应用程序结束时触发

2. 使用 Application 对象

在改变 Application 对象中的变量之前，需要使用 Lock()方法阻止其他用户修改存储在 Application 对象中的变量，以确保在同一时间只有一个用户可以修改和存取 Application 对象。

例如，通过将 Application 对象中变量 OnLine_Num 的值加 1 并返回给原变量，可以实现一个简单的网页计数器功能，代码如下所示。

```
<%
Application.Lock()
Application("OnLine_Num")=Application("OnLine_Num")+1
Application.Unlock()
%>
本网页共访问了<%=Application("OnLine_Num")%>次！
```

当用户浏览包含以上代码的页面时，首先锁定 Application 对象，然后将 Application 对象中变量 OnLine_Num 的值加 1，最后解除对 Application 对象的锁定，以便让其他用户访问此变量。

9.3.4　Server 对象

Server 对象提供对服务器上的方法和属性进行访问，最常用的方法是创建 ActiveX 组件的实例。其他的方法用于将 URL 或 HTML 编码成字符串、将虚拟路径映射到物理路径以及设置脚本的超时时限。

1. Server 对象成员

Server 对象只提供了一个属性，但是它提供了 7 种方法用于格式化数据、管理网页执行、管理外部对象和组件执行以及处理错误，这些方法为 ASP 的开发提供了很大的方便。Server 对象成员介绍见表 9-9。

表 9-9　Server 对象成员

Server 对象成员	说　　明
属性 ScriptTimeout	脚本在服务器退出执行和报告一个错误之前执行的时间
方法 CreateObject()	创建组件、应用程序或脚本对象的一个实例，使用组件的 ClassID 或者 ProgID 为参数
方法 Mappath()	将虚拟路径映射为物理路径，多用于 Access 数据库文件
方法 HTMLEncode	将输入字符串值中所有非法的 HTML 字符转换为等价的 HTML 条目

Server 对象成员	说　明
方法 URLEncode("url")	将 URL 编码规则，包括转义字符，应用到字符串
方法 Execute("url")	停止当前页面的执行，把控制转到 URL 指定的网页
方法 Transfer("url")	当新页面执行完成时，结束执行过程而不返回到原来的页面
方法 GetLastError	返回 ASPError 对象的一个引用，包含该页面在 ASP 处理过程中发生的最近一次错误的详细数据

2．使用 Server 对象

ScriptTimeout 属性用于 ASP 页面超时的时间限制。当一个 ASP 页面在脚本超时期限之内仍然没有执行完毕，则 ASP 将终止执行并显示超时错误。默认脚本超时时限为 90s，通常该期限值足够让 ASP 页面执行完毕。

例如，通过 ScriptTimeout 属性设置脚本超时期限为 10s，然后创建一个持续 20s 的循环，这显然超出了脚本运行的时间期限，因此执行该页面时会出现脚本超时错误，代码如下所示。

```
<%
Server.ScriptTimeout=10
Dim myTime
mtTime=time()
Do while DateDiff("s",myTime,time()) < 10
Loop
Response.Write "对不起，该页面的脚本程序已经超过 20 秒的时间限制"
%>
```

9.3.5　Session 对象

使用 Session 对象可以存储特定的用户会话所需的信息。当用户在应用程序的不同页面之间切换时，存储在 Session 对象中的变量不被清除，而用户在应用程序中访问页时，这些变量始终存在。也可以使用 Session 方法显式地结束一个会话和设置空闲会话的超时时限。

1．Session 对象成员

Session 对象拥有与 Application 对象相同的集合，并具有一些其他属性。Session 对象成员介绍见表 9-10。

表 9-10　Session 对象成员

Session 对象成员	说　明
集合 Contents	没有使用<object>元素定义的存储于 Application 对象中的所有变量的集合
集合 StaticObject	使用<object>元素定义的存储于 Application 对象中的所有变量的集合
属性 CodePage	定义用于浏览器中显示页内容的代码页
属性 SessionID	返回会话标识符，创建会话时由服务器产生

Session 对象成员	说　　明
属性 Timeout	定义会话超时周期（以分钟为单位）
方法 Content.Remove()	移除 Contents 集合中的某个变量
方法 Content.RemoveAll()	移除 Contents 集合中的所有变量
方法 Abandon()	网页执行完时结束会话并撤销当前的 Session 对象
事件 OnStart	当 ASP 启动时触发，在网页执行之前和任何 Session 创建之前发生
事件 OnEnd	当 ASP 应用程序结束时触发

Session 对象多用于保存用户会话级的变量。当一个未创建 Session 对象的用户访问 Web 站点的 ASP 页面时，ASP 就会自动生成一个新的 Session 对象，并指定唯一的 SessionID 编号。

2. 使用 Session 对象

Session 对象是附属于用户的，所以每位用户都可以拥有其专用的 Session 变量。虽然每位用户的 Session 变量名称相同，但是其值是不相同的，并且只有该用户有权对自己的 Session 变量进行读写操作。

例如，在 File1.asp 动态页面中使用 Session 对象创建 5 个变量，这 5 个变量用于存储商品的信息，包括商品的编号、名称、规格、数量、价格和类别，代码如下所示。

```
<%
Session("CNum") = "X001"
Session("CName") = "男式衬衫"
Session("CSpecification ") = "175"
Session("CTotal") = 100
Session("CType") = "衬衫"
%>
```

然后，在另一个动态页面 File2.asp 中，不需要使用 Request 对象即可获取 Session 变量中的值，就可以使用 Response.Write()方法将获取的值输出到浏览器上，代码如下所示。

```
商品介绍：
编号：<%= Session("CNum ")%>
名称：<%= Session("CName ")%>
规格：<%= Session("CSpecification ")%>
数量：<%= Session("CTotal ")%>
类别：<%= Session("CType ")%>
```

9.3.6 ObjectContext 对象

使用 ObjectContext 对象可以提交或放弃一项由 Microsoft Transaction Server（MTS）管理的事务。MTS 是以组件为主的事务处理系统，可用来进行开发、拓展及管理高效能、可伸缩及功能强大的服务器应用程序，所以 Microsoft 也在 ASP 中增加了新的内部对象 ObjectContext，以使编程人员在设计 Web 页面程序中直接应用 MTS 的形式。

1. ObjectContext 对象成员

ObjectContext 对象用于中止或者提交当前的事务，该对象没有属性，只有用于中止或提交事务的方法及所触发的事件。ObjectContext 对象成员介绍见表 9-11。

表 9-11　ObjectContext 对象成员

ObjectContext 对象成员	说　　明
方法 SetAbort	将当前的事务标记为中止，当脚本结束时将取消参与此事物的全部操作
方法 SetCommit	将当前事务标记为提交，在脚本结束时如果没有其他的 COM+ 对象中止事务，参与事务的操作将全部提交
事件 OnTransactionAbort	当脚本创建的事务中止后，将触发 OnTransactionAbort 事件
事件 OnTransactionCommit	当脚本所创建的事务成功提交后，将触发 OnTransactionCommit 事件

2. 使用 ObjectContext 对象

ObjectContext 对象提供的 SetAbort 方法将立即终止目前网页所进行的事务处理，但该次事务处理被声明为失败，所有处理的数据都无效；SetComplete 方法将终止目前网页所进行的事务处理，如果事务中的所有组件都调用 SetComplete 方法，事务将完成，所有处理的数据都有效。SetComplete 方法和 SetAbort 方法的使用方法如下所示。

```
ObjectContext.SetComplete
'SetComplete 方法
ObjectContext.SetAbort
'SetAbort 方法
```

ObjectContext 对象提供了 OnTransactionCommit 和 OnTransactionAbort 两个事件处理程序，前者是在事务完成时被激活，后者是在事务失败时被激活，其使用方法如下所示。

```
Sub OnTransactionCommit()
'处理程序
End Sub
Sub OnTransactionAbort()
'处理程序
End Sub
```

9.4　数据库基础

ASP 是编写数据库应用程序的杰出语言，它提供了方便访问数据库的技术。利用 ADO 组件技术，用户能方便地开发不同的应用程序，对数据进行管理和维护操作。本章将以 Access 数据库为例，使用 ADO 组件技术对数据库进行管理和维护操作。

9.4.1　ADO 概述

ActiveX Data Objects（ADO）是一项容易使用，并且可扩展的将数据库访问添加到

Web 页的技术。可以使用 ADO 去编写紧凑简明的脚本以便连接到 Open Database Connectivity (ODBC) 兼容的数据库和 OLE DB（OLE DB 是一种技术标准，目的是提供一种统一的数据访问接口）。

1. ASP 与数据库

ASP 程序对数据库的整个访问过程：客户端的浏览器向 Web 服务器提出 ASP 页面文件请求，服务器对该页面进行解释，并在服务器端运行，完成数据库的操作，再把数据库操作的结果生成的网页返回给浏览器，浏览器再将该网页内容显示在客户端，如图 9-1 所示。

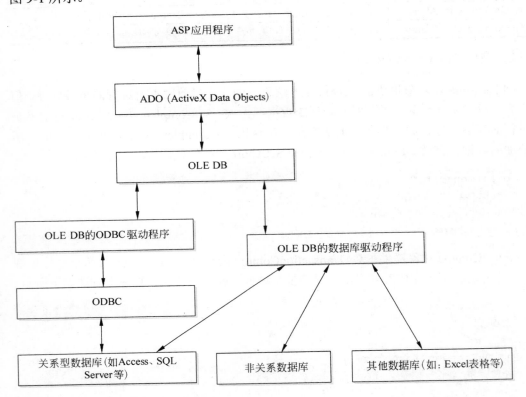

图 9-1　ASP 访问数据库流程图

ASP 是通过一组被称为 ADO（ActiveX Data Objects，ActiveX 数据对象）的对象模块来访问数据库的，而 ADO 是在 OLE DB 技术的基础上实现的，在 OLE DB 中，数据的交换是在数据使用者（Data Consumers）和数据提供者（Data Provider）之间进行的。

连接应用程序和 OLE DB 的桥梁就是 ADO 对象。ADO 是一个 OLE DB 的使用者，它提供了对 OLE DB 数据源的应用程序级访问。

2. ADO 组件简介

ADO 组件主要由 Connection 对象、Command 对象、Parameter 对象、Recordset 对象、Field 对象、Property 对象及 Error 对象等 7 个对象与 Fields 数据集合、Properties 数据集

合、Parameters 数据集合及 Error 数据集合等 4 个数据集合组成，如图 9-2 所示。

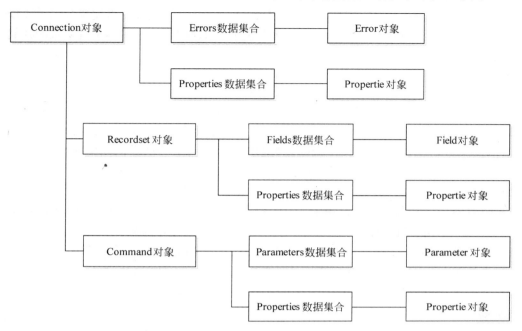

图 9-2 ADO 组件简介

ADO 组件的具体功能简述如下所示。

- ❑ **Connection**　对象负责与指定的数据源进行连接，还可以通过一些方法对数据源进行事务管理。
- ❑ **Command**　对象负责对数据库提出请求，传递指定的 SQL 命令。
- ❑ **Parameter**　对象负责传递 Command 对象所需要的命令参数。
- ❑ **Recordset**　对象负责浏览从数据库取出的数据。
- ❑ **Field**　对象指定 Recordset 对象的数据字段。
- ❑ **Property**　对象表示 ADO 的各项对象属性值。
- ❑ **Error**　对象负责记录连接过程所发生的错误信息。

虽然 ADO 组件提供了 7 个对象和 4 个数据集合，但是从实际的应用中，最常用的对象只有 3 个，那就是 Connection 对象、Recordset 对象和 Command 对象，这些对象涵盖了数据库连接、简单查询、控制查询数据、增加记录、修改记录和删除记录等主要功能的使用。

9.4.2　ADO 对象

ADO 被设计来继承微软早期的数据访问对象层，包括 RDO（Remote Data Objects）和 DAO（Data Access Objects）。ADO 包含一些顶层的对象，如连接、记录集、命令、记录等。

1. Command 对象

ADO Command 对象用于执行面向数据库的一次简单查询，此查询可执行诸如创建、添加、取回、删除或更新记录等操作。

使用 Command 对象查询数据库并返回 Recordset 对象中的记录，以便执行大量操作或处理数据库结构。Command 对象的主要特性是有能力使用存储查询和带有参数的存储过程，其创建方法如下所示：

```
set objCommand=Server.CreateObject("ADODB.Command")
```

使用 Command 对象的集合、方法和属性可以进行下列操作。

❑ 使用 CommandText 属性定义命令（例如，SQL 语句）的可执行文本。

❑ 通过 Parameter 对象和 Parameters 集合定义参数化查询或存储过程参数。

❑ 可使用 Execute 方法执行命令并在适当的时候返回 Recordset 对象。

❑ 执行前应使用 CommandType 属性指定命令类型以优化性能。

❑ 使用 Prepared 属性决定提供者是否在执行前保存准备好（或编译好）的命令版本。

❑ 使用 CommandTimeout 属性设置提供者等待命令执行的秒数。

❑ 通过设置 ActiveConnection 属性使打开的连接与 Command 对象关联。

❑ 设置 Name 属性将 Command 标识为与 Connection 对象关联的方法。

❑ 将 Command 对象传送给 Recordset 的 Source 属性以便获取数据。

提 示

如果不想使用 Command 对象执行查询，请将查询字符串传送给 Connection 对象的 Execute 方法或 Recordset 对象的 Open 方法。但是，当需要使命令文本具有持久性并重新执行它，或使用查询参数时，则必须使用 Command 对象。

2. Connection 对象

ADO Connection 对象用于创建一个到达某个数据源的开放连接。通过该连接，可以对一个数据库进行访问和操作。

如果需要多次访问某个数据库，则应当使用 Connection 对象建立一个连接。当然，也可以由一个 Command 或 Recordset 对象传递一个连接字符串来创建某个连接。不过，此连接仅仅适合一次具体的简单查询。Connection 对象创建方法如下所示：

```
set objConnection=Server.CreateObject("ADODB.Connection")
```

使用 Connection 对象的集合、方法和属性可以执行下列操作。

❑ 在打开连接前使用 ConnectionString、ConnectionTimeout 和 Mode 属性对连接进行配置。

❑ 设置 CursorLocation 属性以便设置或返回游标服务的位置。

❑ 使用 DefaultDatabase 属性设置连接的默认数据库。

❑ 使用 IsolationLevel 属性为在连接上打开的事务设置隔离级别。

❑ 使用 Provider 属性指定 OLE DB 提供者的名称。

❑ 使用 Open 方法建立到数据源的物理连接。使用 Close 方法将其断开。

❑ 使用 Execute 方法执行对连接的命令，并使用 CommandTimeout 属性对执行进行配置。

- 可使用 BeginTrans、CommitTrans 和 RollbackTrans 方法以及 Attributes 属性管理打开的连接上的事务（如果提供者支持则包括嵌套的事务）。
- 使用 Errors 集合检查数据源返回的错误。
- 通过 Version 属性读取使用中的 ADO 执行版本。
- 使用 OpenSchema 方法获取数据库模式信息。

提 示

如果不使用 Command 对象执行查询，则可以向 Connection 对象的 Execute 方法传送查询字符串。但是，当需要使命令文本具有持久性并重新执行，或使用查询参数时，则必须使用 Command 对象。

3. Recordset 对象

ADO Recordset 对象表示来自基本表或命令执行结果的记录全集。无论何时，Recordset 对象所指的当前记录均为集合内的单个记录。一个 Recordset 对象由记录（行）和字段（列）组成。

在 ADO 中，Recordset 对象是最重要且最常用于对数据库的数据进行操作的对象，其创建方法如下所示：

```
set objRecordset=Server.CreateObject("ADODB.Recordset")
```

当首次打开一个 Recordset 时，当前记录指针将指向第一个记录，同时 BOF 和 EOF 属性为 False。如果没有记录，BOF 和 EOF 属性为 True。Recordset 对象能够支持两种更新类型。

- **立即更新** 一旦调用 Update 方法，所有更改被立即写入数据库。
- **批更新** provider 将缓存多个更改，然后使用 UpdateBatch 方法把这些更改传送到数据库。

在 ADO 中，定义了 4 种不同的游标类型。

- **动态游标** 用于查看其他用户所作的添加、更改和删除。
- **键集游标** 类似动态游标，不同的是无法查看有其他用户所做的添加，并且会禁止访问其他用户已删除的记录，其他用户所做的数据更改仍然是可见的。
- **静态游标** 提供记录集的静态副本，以查找数据或生成报告。此外，由其他用户所做的添加、更改和删除将不可见。这是打开客户端 Recordset 对象时唯一允许使用的游标类型。
- **仅向前游标** 只允许在 Recordset 中向前滚动。此外，由其他用户所做的添加、更改和删除将不可见。

提 示

在打开 Recordset 之前设置 CursorType 属性可以选择游标类型，或使用 Open 方法传递 CursorType 参数。另外，部分提供者不支持所有游标类型。如果没有指定游标类型，ADO 将默认打开仅向前游标。

4. Field 对象

ADO Field 对象包含有关 Recordset 对象中某一列信息。每个 Field 对象对应于

Recordset 中的一列。Field 对象的创建方式如下所示：

```
set objField=Server.CreateObject("ADODB.Field")
```

使用 Field 对象的集合、方法和属性可进行如下操作。

❑ 使用 Name 属性可返回字段名。

❑ 使用 Value 属性可查看或更改字段中的数据。

❑ 使用 Type、Precision 和 NumericScale 属性可返回字段的基本特性。

❑ 使用 DefinedSize 属性可返回已声明的字段大小。

❑ 使用 ActualSize 属性可返回给定字段中数据的实际大小。

❑ 使用 Attributes 属性和 Properties 集合可决定对于给定字段哪些类型的功能受到支持。

❑ 使用 AppendChunk 和 GetChunk 方法可处理包含长二进制或长字符数据的字段值。

❑ 如果提供者支持批更新，可使用 OriginalValue 和 UnderlyingValue 属性在批更新期间解决字段值之间的差异。

在打开 Field 对象的 Recordset 前，所有元数据属性（Name、Type、DefinedSize、Precision 和 NumericScale）都是可用的，在此时设置这些属性将有助于动态构造其格式。

5．Error 对象

ADO Error 对象包含与单个操作（涉及提供者）有关的数据访问错误的详细信息。

ADO 会因为每次错误产生一个 Error 对象，每个 Error 对象包含具体错误的详细信息，且 Error 对象被存储在 Errors 集合中。当另一个 ADO 操作产生错误时，Errors 集合将被清空，并在其中存储新的 Error 对象集。通过 Error 对象的属性可获得每个错误的详细信息，其中包括以下内容。

❑ Description 属性，包含错误的文本。

❑ Number 属性，包含错误常量的长整型整数值。

❑ Source 属性，标识产生错误的对象。在向数据源发出请求之后，如果 Errors 集合中有多个 Error 对象，则将会用到该属性。

❑ SQLState 和 NativeError 属性，提供来自 SQL 数据源的信息。

ADO 支持由单个 ADO 操作返回多个错误，以便显示特定提供者的错误信息。如果要在错误处理程序中获得丰富的错误信息，可使用相应的语言或所在工作环境下的错误捕获功能，然后使用嵌套循环枚举出 Errors 集合的每个 Error 对象的属性。

```
<%
For Each objErr In objConn.Errors
Response.Write("<p>")
Response.Write("Description: ")
Response.Write(objErr.Description & "<br />")
Response.Write("Help context: ")
Response.Write(objErr.HelpContext & "<br />")
Response.Write("Help file: ")
Response.Write(objErr.HelpFile & "<br />")
Response.Write("Native error: ")
Response.Write(objErr.NativeError & "<br />")
```

```
Response.Write("Error number: ")
Response.Write(objErr.Number & "<br />")
Response.Write("Error source: ")
Response.Write(objErr.Source & "<br />")
Response.Write("SQL state: ")
Response.Write(objErr.SQLState & "<br />")
Response.Write("</p>")
Next
%>
```

6. Parameter 对象

ADO Parameter 对象可提供有关被用于存储过程或查询中的一个单个参数的信息。

Parameter 对象在其被创建时被添加到 Parameters 集合。Parameters 集合与一个具体的 Command 对象相关联，Command 对象使用此集合在存储过程和查询内外传递参数。

参数被用来创建参数化的命令，这些命令（在它们已被定义和存储之后）使用参数在命令执行前来改变命令的某些细节。例如，SQL SELECT 语句可使用参数定义 WHERE 子句的匹配条件，而使用另一个参数来定义 SORT BY 子句的列名称。使用 Parameter 对象的集合、方法和属性可进行如下操作。

❑ 使用 Name 属性可设置或返回参数名称。

❑ 使用 Value 属性可设置或返回参数值。

❑ 使用 Attributes 和 Direction、Precision、NumericScale、Size 以及 Type 属性可设置或返回参数特性。

❑ 使用 AppendChunk 方法可将长整型二进制或字符数据传递给参数。

7. Property 对象

ADO 对象有两种类型的属性，即内置属性和动态属性。ADO Property 对象用来代表由提供者定义的 ADO 对象的动态特征。

内置属性是在 ADO 中实现并立即可用于任何新对象的属性，此时使用 MyObject.Property 语法。它们不会作为 Property 对象出现在对象的 Properties 集合中，因此，虽然可以更改它们的值，但无法更改它们的特性。

动态属性由基本的数据提供者定义，并出现在相应 ADO 对象的 Properties 集合中。例如，指定给提供者的属性可能会指示 Recordset 对象是否支持事务或更新。这些附加的属性将作为 Property 对象出现在该 Recordset 对象的 Properties 集合中。动态 Property 对象有 4 个自己的内置属性。

❑ Name 属性是标识属性的字符串。

❑ Type 属性是用于指定属性数据类型的整数。

❑ Value 属性是设置或返回一个 Property 对象的值。

❑ Attributes 属性是指示特定于提供者的属性特征的长整型值。

9.4.3　连接数据库

动态网页最重要是后台数据库。更新网页信息，都需要从后台数据库调用。对于网页内容的添加、修改、删除等操作，都建立在网页与后台数据库连接的基础上。所以连接数据库在网站制作过程中占有很重要的位置。

1. ASP 脚本连接 Access 数据库

利用 ASP 可以非常容易地把 HTML 文本、脚本命令以及 ActiveX 组件混合在一起构成 ASP 页，以此来生成动态网页，创建交互式的 Web 站点，实现对 Web 数据库的访问和管理。下面使用 ASP 脚本命令连接名称为 data.accdb 数据库，代码如下所示。

```
<%
dim conn,connstr,db          '声明变量
db = "data.accdb"            '数据库文件地址
Set conn = Server.CreateObject("ADODB.Connection")
'创建 ADODB.Connection 对象
connstr = "Provider=microsoft.ACE.oledb.12.0;Data Source="& Server.
MapPath(""&db&"")
'声明变量 connstr 的值为数据库驱动程序和数据库文件地址
conn.Open connstr   '使用 Open 方法连接数据库
If Err Then
'如果连接数据库过程出现错误
    err.Clear                '将错误清除
    Call CloseConn           '调用 CloseConn 过程
    Response.Write "数据库连接出错，请检查 Conn.asp 中的数据库指向。"
    '在浏览器窗口中输出字符串
    Response.End()           '停止输出结果
End If
sub CloseConn()
'创建 CloseConn 过程
    conn.close               '关闭连接数据库
    set conn=nothing         '设置变量 conn 的值为空
end sub
%>
```

上面代码连接的 Access 数据库为 2007 版，因此，需要使用应用于该版本数据库的"microsoft.ACE.oledb.12.0"驱动程序。

2. ASP 脚本连接 SQL Server 数据库

ASP 脚本除了可以连接 Access 数据库之外，还可以连接大型的 SQL Server 数据库。与连接 Access 数据库的方法基本相同，只是改变了数据库的连接驱动。下面使用 ASP 脚本命令连接名称为 data 数据库，代码如下所示。

```
<%
dim conn,connstr,db
'声明变量
Set conn = Server.CreateObject("ADODB.Connection")
'创建 ADODB.Connection 对象
connstr = "driver={SQL Server};Server=MFJ;uid=sa;pwd=;database=bbs"
'声明变量 connstr 的值为数据库驱动程序、服务器名称、用户名、密码和数据库名称
conn.Open connstr
'使用 Open 方法连接数据库
%>
```

在 connstr 变量中存储的值是连接 SQL Server 数据库的重要信息，其各个参数如下所示。

- □ **Driver** 指定数据库连接驱动。
- □ **Server** 指定要连接 SQL Server 服务器的名称。
- □ **Uid** 输入服务器用户名。
- □ **Pwd** 输入服务器密码。
- □ **Database** 指定数据库名称。

9.5 实验指导：求最大公约数和最小公倍数

在编写 ASP 程序时，经常会遇到计算两个整数的最大公约数和最小公倍数。通过输入两个正整数，单击【提交】按钮后，将在网页中输出并显示最终结果。本例中，将介绍如何实现这个程序，浏览效果如图 9-3 所示。

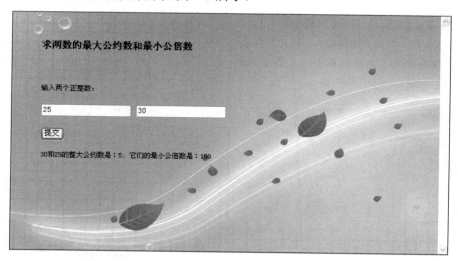

> 图 9-3   求最大公约数和最小公倍数

操作步骤:

1. 创建 index.html 页面,在其中插入两个表单,并分别在两个表单中输入相应的文本,如

图 9-4 所示。

2. 在第 2 行的表单的文本下方处,插入两个文本字段,并分别设置其【文本域】和【字符

宽度】，如图9-5所示。

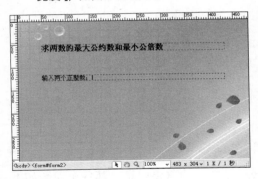

图 9-4　输入文本

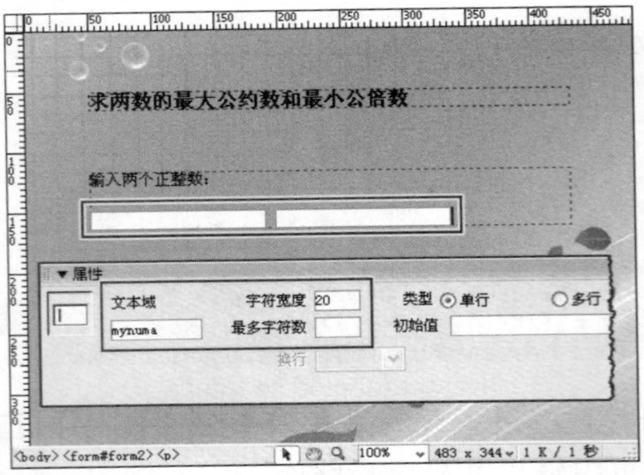

图 9-5　设置文本字段属性

3　单击【表单】选项卡，单击【隐藏域】按钮，在文本字段下方插入隐藏域，并在【属性】面板中设置其【隐藏区域】和【值】，如图9-6所示。

图 9-6　插入隐藏域

4　插入【提交】按钮，然后切换【拆分】视图，在其下方处插入代码，代码如下所示。

```
<%
cala=Request.form("cala")
'获取 cala 文本字段中的内容，并赋值给
cala 变量
a=request.Form("mynuma")
'获取 mynuma 文本字段中的内容，并赋值
给 a 变量
b=request.Form("mynumb")
'获取 mynumb 文本字段中的内容，并赋值
给 b 变量
if cala="y" then
'如果变量 cala 的值不为空
if a="" or b="" then
'且变量 a 或变量 b 的值不为空
    response.Write("<script>
    alert('请输入正整数');history
    .back()</script>")
'则网页中出现"请输入正整数"提示对话框
else
'否则
        if isnumeric(a) and
        isnumeric(b) then
'如果变量 a 和变量 b 的值均为数字
        if a<b then
        '如果变量 a 的值小于变量 b 的值
                t=a
            '将变量 a 赋值给变量 t
                a=b
        '将变量 b 赋值给变量 a
                b=t
        '将变量 t 赋值给变量 b
            end if
'结束判断语句
            aa=clng(a)
            '将变量 a 转换为长整型并赋值给
变量 aa
            bb=clng(b)
            '将变量 a 转换为长整型并赋值给
变量 bb
            Do
                temp=aa mod bb
            '将变量aa与变量bb相除的商值
赋值给变量 temp
                aa=bb
            '将变量 bb 赋值给变量 aa
                bb=temp
            '将变量 temp 赋值给变量 bb
            Loop while (bb<>0)
            '在变量 bb 不等于 0 的情况下，
```

```
          执行以上循环
              Response.Write a & "
              和" & b & "的整大公约数
              是: " & aa & ";  它们的
              最小公倍数是: " & a*b/aa
              & "<br>"
            '将指定字符串输出到网页中
    else
    '否则
    response.Write("<script>alert('
    请输入数字');history.back()
```

```
    </script>")
      '网页中出现"请输入数字"提示对话框
    end if
    '结束判断语句
    end if
    '结束判断语句
    end if
    '结束判断语句
    %>
```

9.6 实验指导：网页搜索引擎

通常，搜索引擎提供一个包含搜索框的页面，当用户在搜索框中输入关键词，通过浏览器提交给搜索引擎后，搜索引擎就会返回与用户输入的内容相关的信息列表。本例中将介绍一个网页搜索引擎的制作方法，浏览效果如图 9-7 所示。

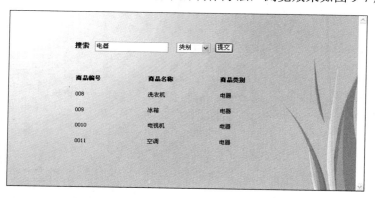

图 9-7　搜索引擎页面浏览效果

操作步骤：

1 在创建的表单中插入一个 1 行 × 4 列的表格，并在表格的单元格中输入文本，然后插入表单元素，如图 9-8 所示。

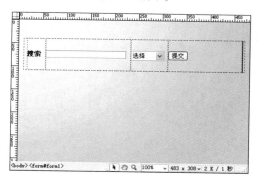

图 9-8　插入表单元素

2 分别选择各个表单元素，在【属性】面板中，为其设置名称并设置其他相应属性，如图 9-9 所示。

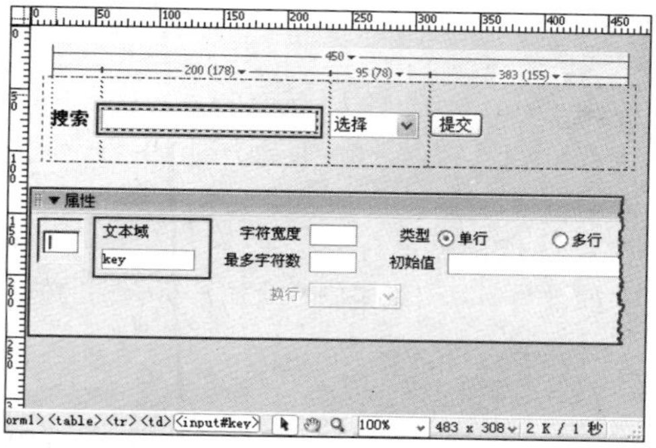

图 9-9　设置表单元素属性

3 指定数据库的物理路径，并建立数据库与页面的连接。然后切换【代码】视图，在文档的顶端输入代码，代码如下所示。

```
<%
set conn = Server.CreateObject
("ADODB.Connection")
'创建 connerction 对象
connstr = "provider=Microsoft
.ACE.OLEDB.12.0;data source=
"&Server.MapPath("data/mdb.accd
b")&""
```

```
'设置连接数据库的驱动程序，并指定数据
库的物理路径
conn.Open connstr
'连接数据库
%>
```

4 返回【设计】视图，在表单的下方创建一个 1 行×1 列且【宽】为 450px 的表格，并在其单元格中输入代码，判断数据库的记录集中是否含有用户所查询的信息，代码如下所示。

```
<%
If Request.QueryString("search")    = "ok" Then
'如果 url 地址栏中的 search 参数值为 ok
key = Request.Form("key")
'获取表单中 key 文本字段的参数值，并赋值给 key
keytype = Request.Form("keytype")
'获取表单中 keytype 文本字段的参数值，并赋值给 keytype
    Set rs = Server.CreateObject("ADODB.Recordset")
'创建 Recordset 对象
sql = "select * from product where "&keytype&" like '%"&key&"%'"
    '根据用户输入的关键字和查询方式，构成 sql 查询语句
rs.Open sql,conn,1,1
'连接数据库并开始查询
If rs.eof or rs.bof Then
'如果数据库记录集中没有用户所查询的信息
Response.Write("没有查询到您所要的信息！")
'网页则显示"没有查询到您所要的信息！"文本
Response.End()
'结束 Response 对象输出
Else
'否则
Response.Write("<table align=""center"" width=""450"">")
'输出指定的 Html 标签
Response.Write("<tr><td height=""30""><b>商品编号</b></td><td><b>商品名称
</b></td><td><b>商品类别</b></td></tr>")
'输出指定的 Html 标签和相关文本
Do While Not rs.eof
'如果数据库记录集中含有用户所查询的信息，则开始循环
 %>
<tr>
        <td height="30"><%=rs("Pnum")%></td>
        <td><%=rs("Pname")%></td>
        <td><%=rs("Ptype")%></td>
```

```
</tr>
<%
rs.movenext
'纪录指针向下移
Loop
'返回到循环的开始处
Response.Write("</table>")
'输出指定的 Html 标签
End If
'结束判断语句
End If
'结束判断语句
%>
```

9.7 实验指导：创建图书折扣数据库

制作一个动态网站，不仅要用 ASP 进行动态网页设计，还要利用 ASP 进行动态数据查询。通常，使用 Access 类型数据库在网页中来进行查询。接下来将创建一个关于图书折扣的数据库，最终效果如图 9-10 所示。

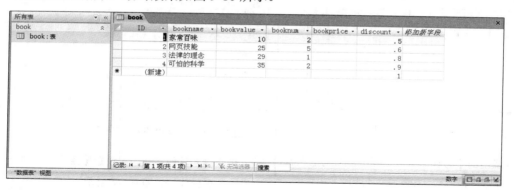

图 9-10 图书折扣数据库

操作步骤：

1　启动 Microsoft Access 数据库组件，在【开始使用 Microsoft Office Access】界面中选择【功能】选项，再选择【新建空白数据表】中的【空白数据库】图标，如图 9-11 所示。

2　在右侧单击【浏览】按钮 📂，选择数据库的保存路径。然后在【文件名】文本框中输入"book.accdb"，单击【创建】按钮，如图 9-12 所示。

图 9-11 选择空白数据库

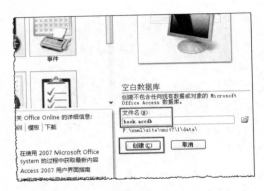

图 9-12 选择路径并输入文件名

3 在弹出 book 数据库时，同时也弹出【表 1】数据表。右击【表 1】标签，执行【设计视图】命令，如图 9-13 所示。

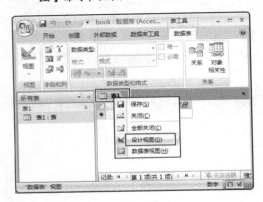

图 9-13 自动创建数据表

4 在弹出的【另存为】对话框中，输入【表名称】为 "book"，如图 9-14 所示。

图 9-14 设置表名称

5 单击【确定】按钮后，在弹出的【设计】视图中，在【字段名称】列的第 2 行中输入 bookname，则自动设置【数据类型】为 "文本"，如图 9-15 所示。

图 9-15 创建 bookname 字段

6 在第 3 行中，输入【字段名称】为 bookvalue，并设置其【数据类型】为 "数字"。然后在【常规】选项卡中，设置参数值，如图 9-16 所示。

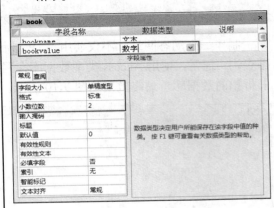

图 9-16 输入 bookvalue 字段

7 依次输入其他字段，并设置【常规】选项卡中的参数值，如图 9-17 所示。

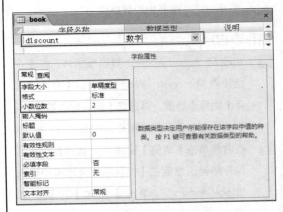

图 9-17 设置参数值

8 字段创建完后，右击【book】标签，执行【保存】命令，如图9-18所示。

图 9-18 保存表结构

9 再右击【book】标签，执行【设计视图】命令，如图9-19所示。

10 在数据表中，从 bookname 字段开始，依次输入纪录，如图9-20所示。

图 9-19 切换数据表视图

图 9-20 输入纪录

9.8 思考与练习

一、填空题

1. Response.Write()的功能是向浏览器输出信息，与 VBScript 中的_____的功能相近。

2. Request.Form 和 Request.QueryString 对应的是 Form 提交时的两种不同提交方法：_____方法和_____方法。

3. Application 提供两个事件：_____ ——Application 开始的时候，调用该事件。_____——Application 结束的时候，调用该事件。

4. Server.MapPath("/")或者_____获得的是网站的根目录。

5. 请求与响应中发生的信息可通过 ASP 中的两个内置对象来进行访问和管理，这两个对象是_____和_____。

6. Connection 对象具有两种数据集合，其中，包含了 Connection 对象所定义的相关属性的集合是_____集合。

二、选择题

1. 对于 Request 对象，如果省略获取方法，如 Request("user_name")，将按_____顺序依次检查是否有信息传入。

A. Form、QueryString、Cookies、Server Variables、ClientCertificate

B. QueryString、Form、Cookies、Server Variables、ClientCertificate

C. Cookies、QueryString、Form、Server Variables、ClientCertificate

D. Form、QueryString、Cookies、ClientCertificate、Server Variables

2. QuerySting、Form 获取方法获取的数据子类型分别是_____。

A. 数字、字符串

B. 字符串、数字

C. 字符串、字符串

D. 必须根据具体值而定

3. Session 对象的默认有效期为_____分钟。

A. 10   B. 15

C. 20   D. 30

4. 在同一个应用程序的页面 1 中执行 Session.Timeout=30，那么在页面 2 中执行 Response.Write Session.Timeout，则输出值

为_____。

    A．15   B．20

    C．25   D．30

5．Application 对象的默认有效期为_____分钟。

    A．10

    B．15

    C．20

    D．应用程序从启动到结束

6．如果设置 ScriptTimeOut 为 60 秒，实际的脚本最长执行时间为_____秒。

    A．30   B．60

    C．90   D．300

7．Request.Form 读取的数据是_____。

    A．以 POST 方式发送的数据

    B．以 GET 方式发送的数据

    C．超级链接后面的数据

    D．以上都不对

8．返回访问者的 IP 地址的语句是_____。

    A．Request.ServerVariables("REMOTE_ADDR")

    B．Request.ServerVariables("REMOTE_IP")

    C．Request.ClientCertificate("REMOTE_ADDR")

    D．Request.ClientCertificate("REMOTE_IP")

9．下列对象中，哪一个不是 ASP 内置对象_____。

    A．Response   B．Server

    C．Session   D．Recorderset

10．如要设置服务器执行 ASP 页面脚本运行的最长时间为 60 秒，下列语句正确的是_____。

    A．Server.Timeout=60

    B．Server.ScriptTimeout=6000

    C．Server.ScriptTimeout=60

    D．Server.Time=6000

11．下面说法正确的是_____。

    A．当客户从一个网页转到另一个网页时，保存在 Session 中的信息会丢失

    B．Session 对象的有效期默认为 40 分钟

    C．session 对象的有效期不能更改

    D．Session 对象到期前可以用 Abandon 方法强行清除

12．在 ADO 对象中，代表与一个数据源的唯一的对应关系的是下面的_____。

    A．Recordset 对象

    B．Connection 对象

    C．Command 对象

    D．Parameter 对象

13．下面的哪个对象没有提供执行 select 查询语句的方法_____？

    A．Recordset 对象

    B．Connection 对象

    C．Command 对象

    D．Parameter 对象

14．ADO 对象模型包含了 4 个集合，通过使用下面的哪个集合可以使错误处理程序更好地查找错误和处理错误_____？

    A．Fields 集合

    B．Parameters 集合

    C．Errors 集合

    D．Properties 集合

15．下面的哪个方法与 Connection 对象的事务管理无关_____？

    A．BeginTrans 方法

    B．CommitTrans 方法

    C．Execute 方法

    D．RollbackTrans 方法

16．在 SQL 语句中，能执行插入、删除和修改操作的是_____。

    A．数据定义语言

    B．数据操作语言

    C．数据查询语言

    D．数据维护语言

三、简答题

1．简述怎样使用 Recordset 对象提供的方法向数据库中添加数据以及怎样更新数据库中的数据。

2．简述 Connection 对象、Recordset 对象和 Command 对象之间的区别和联系。

3．简述在 ASP 程序中使用 Parameter 对象向存储过程传递参数的一般步骤。

4．简述 Request 对象的 5 个数据集合。

5．编写页面禁止缓存的 ASP 代码。

6．论述 Session 与 Application 对象的区别。

7．简述 Global.asp 文件的结构。

8．简述 Server 对象的方法及实现的功能。

网页设计与网站组建标准教程（2013—2015版）

第 10 章

新闻网站设计

在当今互联网时代，网络新闻得到了快速发展，网络新闻用户也随之逐年递增。新闻网站已经无可争议成为了舆论宣传的主阵地，其作为第四媒体的地位也由受群众规模的扩大和影响力的增强而得到进一步的巩固和拓展。面对处于信息海洋中的广大网民，如何有效地为他们提供丰富、便捷的新闻信息服务，是重点新闻网站发展战略规划的重中之重。

为了有效提升网民的注意力，提高信息体验实效，首先要准确把握网民的新闻信息需求心理、阅读习惯、行为模式等，结合网站的目标定位以及所提供的特色服务，以目标网民的需求为导向，按照一定的原则，有针对性地开展设计工作。本章将使用 CSS 技术与 XHTML 技术设计一个新闻网站。

本章学习要点：

➤ 了解网站设计构思
➤ 掌握网站首页及频道设计
➤ 掌握专题页及新闻页设计

10.1 网站设计构思

在设计新闻网站之前，首先要对网站进行一个整体的设计规划。新闻网站，顾名思义是以新闻资讯为主，这样网站不可避免会包含有大量的新闻内容，但是需要注意的是结构一定要清晰，使用户可以快速检索自己所需的内容。网站共设计了 4 个页面，包括首页、频道页、专题页和新闻页。下面就对这些页面的设计分析进行详细说明。

10.1.1 首页设计分析

在设计首页的时候，要力求整体简洁、朴素，色彩搭配顺畅、均衡、和谐；页面布局大方，过渡协调、合理，字间距、行间距适度。同时，要强化新闻信息本身的功能，不要让广告喧宾夺主，因此要去掉杂乱无章的广告、友情链接等，让网民在消费新闻信息时不会受到过多的干扰，高效、舒心地阅读新闻信息。

在首页的顶部占用了一行空间用于显示用户登录模块和网站功能链接，这样做的目的可以节省网站主体内容的空间，而且所处的位置非常醒目，能够方便用户快速登录网站、收藏网站等，如图 10-1 所示。

无论是新闻网站还是商业网站，LOGO 都是非常重要的。通过 LOGO 的展示，可以把网站的宗旨和理念有力地予以诠释。一个设计精巧的 LOGO，能够迅速吸引网民的眼球，加深对网站的影响，最终提升网站的影响力。LOGO 的设计方法很多，但是总得来说力求简单易记、生动形象、冲击力强、富有特色，如图 10-2 所示。

图 10-1　页面顶部

LOGO 图像的右侧为网站的导航条，用于对新闻信息及相关服务进行分类。由于新闻网站包含信息较多，所以一定要分类清晰，这样就能让用户在查询新闻信息及服务时一目了然，直奔主题，提高访问效率。导航条项目采用链接文字，并且以粗体显示，可以优化网站，方便搜索引擎收录，如图 10-3 所示。

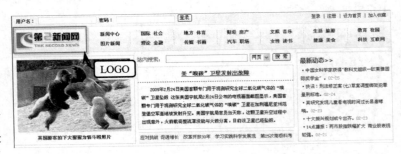

图 10-2　网站 LOGO

在网页主体的顶部分为 3 个版块，从左到右依次为图片新闻、热门新闻和最新动态。这些内容版块都包含有 1 像素的浅蓝色边框，使得内容区域划分得非常清晰。而且版块与版块之间具有 5 像素的距离，可以让页面看起来整齐有序、不拥挤。对于信息量大的网站来说，站内搜索是必不可少的，通常会将其设计到页面的顶部，如图 10-4 所示。

图 10-3　导航条

首页是新闻网站对所提供的重点新闻及特色服务精心设计与组合的载体，能有效引导网民快速查找到所需新闻或服务，并实施点击浏览行为。为了页面整体上的美观以及网民查找访问的方便，有必要对栏目进行清晰、合理、可行的规划。本实例中每一个单独的栏目都具有一条 1 像素的浅蓝色边框，使栏目分类看起来非常清晰。新闻标题均以列表形式显示，并且标题与标题之间的距离适中，使页面不会因为内容多而显得杂乱。文字以蓝色为主，与首页的整体色调相搭配，如图 10-5 所示。

图 10-4　首页顶部版块

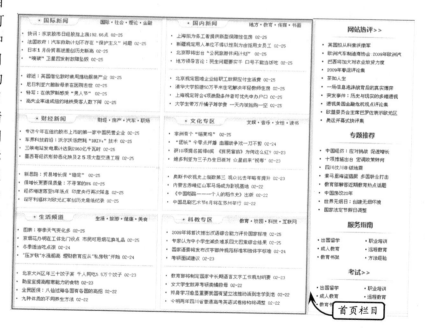

图 10-5　首页栏目

页面主体的右侧提供了新闻评论、新闻推荐及考试服务等内容，其栏目标题采用了较大的天蓝色字体，与左侧新闻栏目的标题颜色有所区别。栏目的内容同样以列表形式显示，但文字颜色由原来的浅蓝色变成了默认的黑色，这样做的目的使页面不会因为颜色单一而显得单调，如图 10-6 所示。

图 10-6　侧栏版块

页面的最底部包括了相关链接和版权信息等内容，这些内容采用一条较粗的直线与主体部分进行分隔。在"相关链接"栏目中，文字均以粗体显示，这样做的目的可以突出链接文字，如图 10-7 所示。

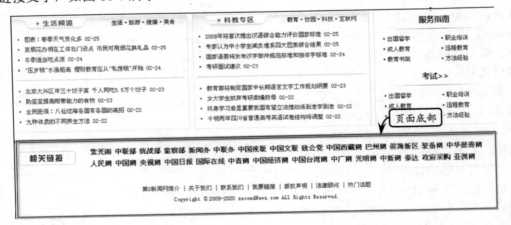

图 10-7　页面底部

10.1.2　频道页设计分析

频道页属于新闻网站的一个子页面，其与首页在整体布局、版块设计和颜色搭配上基本相同，只是在一些细节上有所变化，例如在页面导航条的下面增加了一个频道内的子导航条，这样对频道的信息又进行了一次分类，使新闻的类别更加精准细致，可以方便用户快速检索新闻信息。

频道导航条使用了一条浅灰色的边框线，且以淡黄色为背景颜色，使其在淡蓝色背景的页面中显得格外突出。淡黄色和淡蓝色的搭配，也使得页面表现得轻松舒适。导航条中的链接文字以黑色为主，当鼠标划过时变为网站的主色调——蓝色，不仅醒目而且与网站的色调相关联，如图 10-8 所示。

页面顶部的新闻栏目也发生了改变，将原来的热门新闻分为了"热点聚焦"和"今日关注"两个栏目，这样与频道主题的内容更加贴切。"今日关注"栏目的标题定义为红色，使其在以黑蓝为主的页面中显示得格外醒目，

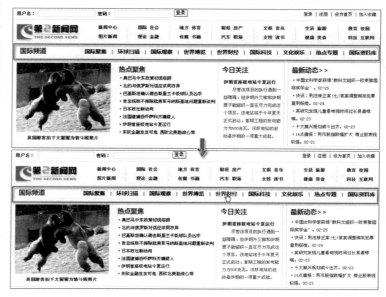

图 10-8　频道导航条

也算是该页面中的一个重点突出的内容，如图 10-9 所示。

从结构和样式来说，该页面主体中的栏目与首页基本相同，只是稍微改变了一下栏目标题的样式，文字颜色由原来的淡蓝色更改为暗红色，并且在标题前面添加了小图标，使版块更加突出。每一个单独的栏目仍然包含有一条淡蓝色的边框，且栏目之间具有适当的距离，如图 10-10 所示。

图 10-9　新增栏目

图 10-10　频道栏目

10.1.3　专题页设计分析

专题页是针对某一新闻专题而设计的网页，本实例为财经专题页。与频道页相比，该页面顶部的登录模块和导航条保持不变，只是将频道导航条改为专题导航条。专题导航条以蓝色为主色调，无论是左侧的专题标题，还是右侧的专题导航文字都采用了该颜色。每一组导航文字的前面均添加了一个小图标，起到了点缀页面的作用，从而避免了由于文字过多而显得单调的问题。当鼠标划过导航文字时，文字颜色由蓝色变成了黑色，如图 10-11 所示。

在专题页面中，主体顶部的新

图 10-11　专题导航条

闻栏目由原来的横向布局更改为不规则布局，并且大小版块混合排列，使网页结构变得自然轻松，同时为用户留下一种新的印象，页面不再是单一的结构和布局。文字仍然以蓝色为主色调，特别注意的是行与行之间的距离一定要适中，这样用户阅读起来更加轻松舒服，如图 10-12 所示。

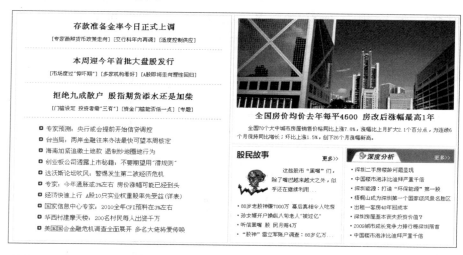

图 10-12　页面顶部栏目

　　为了使页面的布局结构整齐，主体底部的新闻栏目分为了 3 纵列，与上面的新闻栏目相对应，并且风格也保持不变，只是适应地改变了一些修饰的图片，如栏目标题图片、新闻标题图片等，如图 10-13 所示。

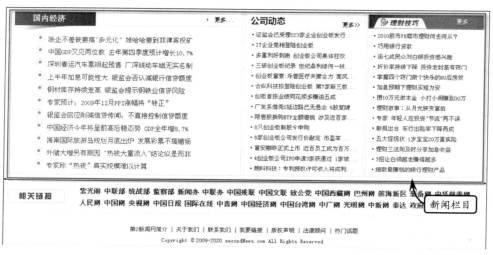

图 10-13　新闻栏目

10.1.4　新闻页设计分析

　　新闻页就是介绍新闻详细内容的页面，该页面以某条新闻为主要内容，因此其结构较为简单。与专题页相比，页面的顶部和底部没有改变。页面的主体左侧为新闻的详细内容，右侧为侧栏版块，与首页的侧版块内容相同。

在新闻内容区域中，标题采用了较大的字体，具有明显突出的作用。标题与下面的内容由一条灰色的点划线分隔，使结构更加清晰。由于新闻内容的文字过多，所以一定要注意行与行之间的距离，其中着重突出的文字可以加粗显示，如图 10-14 所示。

10.2 设计网站首页和频道页

首页是用户进入新闻网站后访问的第一个页面，网站的重点新闻通常都会在该页面中显示，起到新闻汇总和重点推荐的作用。首页包含了所有新闻分类和大量新闻内容，为广大访问者提供了第一步的服务。频道页是针对某一大类新闻而设计的页面，该页面的新闻主题较为突出，其所有新闻均是围绕这一主题。

10.2.1 设计网站首页

新闻网站首页设计是发展战略规划实施的第一步，也是至关重要的一步，因为首页是整个新闻网站提供新闻信息的总枢纽，起着重点推介和快速检索的功能。富有特色的首页能一下子抓住网民的心，引导他们体验快速、便捷的资讯服务，从而有效满足网民对新闻信息的需求。下面就通过 Div 和 CSS 来设计新闻网站的首页，如图 10-15 所示。

图 10-15 新闻网站首页

设计过程：

1 在站点的 CSS 目录下新建 style.css 文件，在文件中通过 CSS 规则定义网页边距、默认字体大小和文档宽度等属性，代码如下。

```
body{
  margin:0px;
       /*定义网页各边距为 0px*/
  font-size:12px;
       /*定义字体大小*/
  width:1003px;
       /*定义网页文档的宽度*/
}
```

2 新建空白文档，将其在根目录中保存为 index.html。然后，执行【格式】|【CSS 样式】|【附加样式表】命令，为网页文档链接外部的 style.css 样式表，如图 10-16 所示。

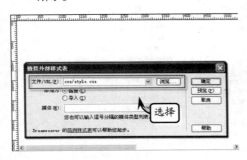

图 10-16　链接外部样式表

3 在文档的顶部插入一个 ID 为 topNav 的 Div 层，通过 CSS 规则定义其背景颜色、宽度和对齐方式，如图 10-17 所示。

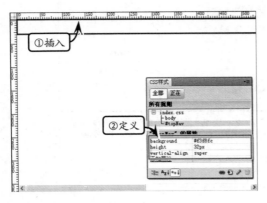

图 10-17　插入 Div 层

4 在该层中分别插入 ID 为 login 和 smallNav 的 Div 层，并在其中插入表单元素及文字，然后通过 CSS 规则定义其样式，如图 10-18 所示。

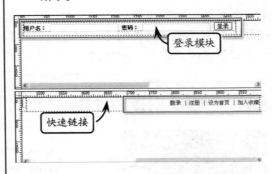

图 10-18　页面顶部

CSS 部分代码如下：

```
#topNav #login{
  color:#830606;
  font-weight:bold;
  float:left;     /*层对象向左浮动*/
  height:30px;
  margin-left:6px;
  padding-top:2px;
}
#topNav #smallNav{
  color:#830606;
  margin-right:6px;
  padding-top:8px;
  text-align:right;
              /*层中文字向右对齐*/
  height:24px;
  width:300px;
  float:right;    /*层对象向右浮动*/
}
```

5 在文档中继续插入一个 ID 为 navigator 的 Div 层，并在该层中插入 logoImg 和 nav 嵌套层。logoImg 为网站 LOGO 图像，nav 为导航文字链接，如图 10-19 所示。

6 在导航条下面插入 ID 为 topNews 的层，该层用于显示顶部新闻。在该层中插入 ID 为 newsPhoto 层，并制作图片新闻栏目，如图 10-20 所示。

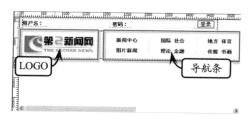

图 10-19 **LOGO** 和导航条

图 10-20 图片新闻

CSS 部分代码如下。

```
/*整个导航条*/
#navigator {
  height:68px;
  border:1px solid #dedede;
}
/*网站 LOGO*/
#navigator #logoImg{
  width:189px;
  height:68px;
  background-image:url(../images
  /logo.GIF);
  float:left;
}
/*右侧导航条*/
#navigator #nav{
  height:59px;
  width:760px;
  float:right;
padding:9px 8px 0px 44px;
  background-image:url(..
  /images/navbg1.gif);
  color:#005fa2;
  font-weight:bold;
}
```

CSS 部分代码如下。

```
/*顶部新闻*/
#topNews{
height:240px;
margin-top:10px;
}
/*图片新闻*/
#topNews #newsPhoto{
  width:320px;
  height:232px;
  border:1px solid #b9dafb;
  text-align:center;
  padding-top:8px;
  float:left;
}
/*图片新闻标题*/
#topNews #newsPhoto .newsphoto
Title{
  display:block;
  padding-top:10px;
}
```

7 在 topNews 层中插入 headNews 层,并在该层中依次插入 search、tNews 和 hotNews 3 个层,分别用来制作搜索条、头条新闻和热点新闻,并通过 CSS 规则定义其样式,如图 10-21 所示。

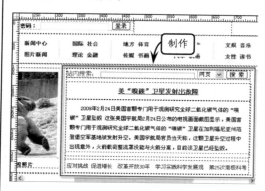

图 10-21 搜索和新闻

CSS 部分代码如下。

```
/*顶部新闻*/
#topNews #headNews{
  width:410px;
```

```
      height:240px;
      margin-left:8px;
      float:left;
    }
    /*头条新闻*/
    #topNews #headNews #tNews{
      margin-top:10px;
      width:410px;
      height:168px;
      border:1px solid #b9dafb;
    }
    /*热点新闻*/
    #topNews #headNews #hotNews{
      margin-top:8px;
      padding-top:8px;
      height:20px;
      border-top:1px solid #badbfb;
      border-bottom:1px solid #badbfb;
      background-color:#f2f9ff;
      text-align:center;
    }
```

8 　在 topNews 层中插入 ID 为 scrollNews 的 Div 层，然后在该层中插入 ID 为 scrollNews Title 的层和无序列表 ul，用来制作最新动态，如图 10-22 所示。

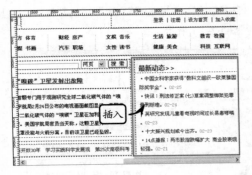

图 10-22　最新动态

CSS 部分代码如下。

```
    /*最新动态*/
    #topNews #scrollNews{
      width:250px;
      height:240px;
      border:1px solid #badbfb;
      float:right;
```

```
    }
    /*栏目标题*/
    #topNews #scrollNews #scrollNews
    Title{
      text-align:left;
      padding-top:10px 0px 0px 8px;
      font-family:"微软雅黑","新宋体",
      "宋体";
      font-size:16px;
    }
    /*新闻列表*/
    #topNews #scrollNews ul{
      margin:0px;
      padding:4px 3px 0px 10px;
      list-style:none;
    }
    #topNews #scrollNews li{
      color:#333333;
      line-height:22px;
    }
```

9 　在文档中插入一个 ID 为 mainStyle 的 Div 层，并在该层中插入 leftStyle 层。然后，通过 CSS 规则定义这两个层的大小、边距等属性，如图 10-23 所示。

图 10-23　插入层

CSS 代码如下。

```
    #mainStyle{
      height:770px;
      margin-top:10px;
    }
    #mainStyle #leftStyle{
      width:745px;
      float:left;
```

```
     }
```

10 在 leftStyle 层中插入 ul 无序列表,每一个 li 元素中用于一行两个新闻栏目,HTML 代码如下。

```
<div id="leftStyle">
  <ul>
<li></li>
<li></li>
<li></li>
</ul>
</div>
```

CSS 代码如下。

```
#mainStyle #leftStyle ul{
  margin:0px;
  padding:0px;
  list-style:none;
}
```

11 在第一组 li 元素中插入类名称为 newsList 的 Div 层,并在该层中插入 newsListTop 层及 ul 无序列表,用于显示国际新闻,如图 10-24 所示。

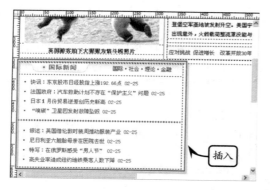

图 10-24 国际新闻

CSS 部分代码如下。

```
/*新闻栏目类样式*/
#mainStyle #leftStyle .newsList{
  margin-bottom:10px;
  width:364px;
  height:240px;
  border:1px solid #badbfb;
  float:left;
```

```
}
/*新闻标题类样式*/
#mainStyle #leftStyle .newsList
.newsListTop .newsListClass{
  float:right;
  padding-right:24px;
  padding-top:6px;
  text-align:right;
  color:#247308;
}
/*新闻列表*/
#mainStyle #leftStyle .newsList ul{
  margin:0px;
  padding:12px 0px 5px 8px;
  list-style:none;
  color:#006699;
}
#mainStyle #leftStyle .newsList li{
  padding-top:0px;
  height:22px;
}
```

12 使用相同的方法,在第一组 li 元素中再插入一个类名称为 newsList 的 Div 层,并为该层定义 ID 为 newsList1,通过 CSS 规则使其与"国际新闻"栏目间隔 10 像素,如图 10-25 所示。

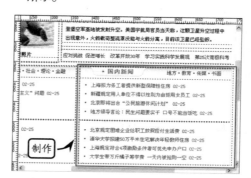

图 10-25 国内新闻

CSS 代码如下。

```
#mainStyle #leftStyle #newsList1{
  margin-left:10px;
}
```

13 根据上述步骤,在其他 li 元素中插入类名称为 newsList 的 Div 层,并制作财经新闻、文化专区、生活频道和科教专区栏目，如图 10-26 所示。

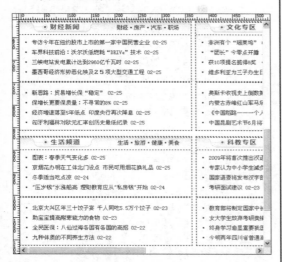

图 10-26　其他新闻栏目

14　在 mainStyle 层中插入一个 ID 为 rightStyle 的 Div 层，并通过 CSS 规则定义其大小、内外边距、浮动方向等，如图 10-27 所示。

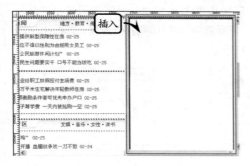

图 10-27　插入 Div 层

CSS 代码如下。

```
#mainStyle #rightStyle{
    margin-top:0px;
    padding-top:0px;
    width:250px;
    height:759px;
    float:right;
    border:1px solid #badbfb;
}
```

15　在 rightStyle 层中插入类名称为 comment 的

Div 层，并在该层中插入类名称为 rightStyle、rightVline 的 Div 层及 ul 无序列表，用于制作网站热评。然后，通过 CSS 规则定义其样式，如图 10-28 所示。

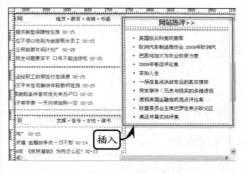

图 10-28　网站热评

CSS 部分代码如下。

```
#mainStyle #rightStyle .comment{
    margin-top:10px;
}
/*栏目标题*/
#mainStyle #rightStyle .comment
.rightStyleTitle{
text-align:center;
    font-family:"微软雅黑";
    font-size:16px;
    font-weight:bold;
    color:#261cdc;
}
/*分隔线*/
#mainStyle #rightStyle .comment
.rightVline{
    text-align:center;
    height:2px;
    margin:6px 0px 10px 0px;
    padding:0px;
}
/*新闻列表*/
#mainStyle #rightStyle .comment ul{
    margin:0px;
    padding:0px 0px 0px 10px;
    list-style:none;
}
#mainStyle #rightStyle .comment
li{
```

```
list-style:none;
height:22px;
}
```

16 使用相同的方法，在 rightStyle 层中继续插入类名称为 comment 的 Div 层，用于制作"专题推荐"、"服务指南"和"考试"栏目，如图 10-29 所示。

图 10-29 制作其他栏目

17 在文档的底部插入一个 ID 为 linkStyle 的 Div 层，通过 CSS 规则定义其高度、边框和背景图像等，如图 10-30 所示。

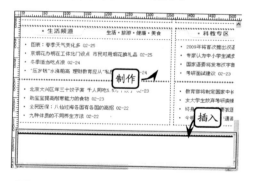

图 10-30 插入 Div 层

CSS 代码如下。

```
#linkStyle{
  height:68px;
  border:1px solid #e0e0e0;
  border-top:3px solid #000000;
```

```
  margin-top:10px;
  background-image:url(../images/
  linkbg.jpg);
}
```

18 在 linkStyle 层中插入 ID 为 linkButton 和 linkName 的 Div 层。linkButton 层用于插入"相关链接"图像；linkName 用于输入链接文字，如图 10-31 所示。

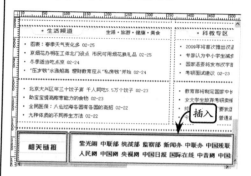

图 10-31 相关链接

CSS 部分代码如下。

```
/*链接图像*/
#linkStyle #linkButton{
  margin-left:4px;
  margin-right:28px;
  padding-top:20px;
  height:48px;
  width:118px;
  float:left;
}
/*链接文字*/
#linkStyle #linkName{
  padding-right:10px;
  padding-top:11px;
  height:57px;
  line-height:25px;
}
```

19 在文档的最底部插入一个 ID 为 copyright 的 Div 层，在其中输入快速链接文字及版权信息。然后，通过 CSS 规则定义层和文字的样式，如图 10-32 所示。

图 10-32　版权信息

CSS 代码如下。

```
#copyright{
```

```
    height:32px;
    margin-top:25px;
    padding-bottom:25px;
    color:#005fa2;
    text-align:center;
    line-height:22px;
}
#copyright a{
    color:#005fa2;
    text-decoration:none;
}
#copyright a:hover{
    text-decoration:underline;
}
```

10.2.2　设计频道页

从设计上来说，无论是结构布局还是色彩搭配，频道页与首页基本相同。不同的是频道页中增加了一个二级导航条，将该频道中的新闻类别分得更加细致。另外，顶部更改了新闻栏目，使其具有更强的针对性。页面主体中新闻栏目的标题也改变了样式，如图 10-33 所示。

图 10-33　新闻频道页

设计过程：

1 在站点的 CSS 目录下新建 worldNews.css 文件，并定义 body 标签的属性。然后，新建空白文档，并链接该外部样式表，如图 10-34 所示。

图 10-34 链接外部样式表

2 在文档中依次插入 ID 为 topNav 和 navigator 的 Div 层，并在其中插入内容，用于制作顶部版块和导航条，如图 10-35 所示。

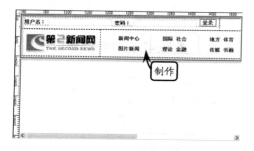

图 10-35 制作页面顶部版块

3 在文档中插入一个 ID 为 subNav 的 Div 层，并在其中输入频道标题和导航项目文字链接。然后，通过 CSS 规则定义层和文字链接的样式，如图 10-36 所示。

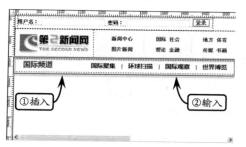

图 10-36 二级导航条

CSS 部分代码如下。

```
#subNav{
  margin-top:5px;
  width:1001px;
  height:30px;
  border:1px #EAEAEA solid;
  background-color:#fefbeb
}
/*频道标题*/
.channelTitle{
  font-family:"微软雅黑";
  font-size:18px;
  color:#C00;
  text-decoration:none;
  font-weight:bold;
  margin-left:20px;
  float:left;
}
/*导航项目文字*/
.subNavFont{
  float:right;
  margin-right:10px;
  margin-top:5px;
}
```

4 在文档中插入 ID 为 topNews 的 Div 层，该层分为两个部分：左侧为.topLeft 层，右侧为 topRight 层，HTML 代码如下所示。

```
<div id="topNews">
  <div id="topLeft"></div>
<div id="topRight"></div>
</div>
```

CSS 代码如下。

```
#topNews{
  height:240px;
  margin-top:10px;
}
#topNews #topLeft{
  float:left;
  width:740px;
  height:240px;
  border:1px solid #b9dafb;
}
#topNews #topRight{
  float:right;
  width:250px;
  border:1px #b9dafb solid;
}
```

5 在 topLeft 层中依次插入 ID 为 newsPhoto、newsCenter 和 newsRight 的 Div 层，并在其中插入图像及文字,用于制作"图片新闻"、"热点聚焦"和"今日关注"栏目。然后，通

过 CSS 规则定义层和内容的样式，如图
10-37 所示。

图 10-37 顶部新闻

CSS 部分代码如下。

```
/*图片新闻*/
#topNews #topLeft #newsPhoto{
  float:left;
  width:280px;
  height:235px;
  padding-top:5px;
  text-align:center;
}
/*热点聚焦*/
#topNews #topLeft #newsCenter{
  float:left;
  width:280px;
  height:240px;
}
/*今日关注*/
#topNews #topLeft #newsRight{
  float:left;
  width:175px;
  height:230px;
  margin-top:5px;
  margin-bottom:5px;
  border-left:1px #CCC dotted;
}
```

6 在 topRight 层中插入 ID 为 topRight 的 Div
层，并在其中输入栏目标题和新闻标题，该
层用于制作"最新动态"栏目。然后，通过
CSS 规则定义层和文字的样式，如图 10-38
所示。

7 频道页主体中的新闻栏目和侧边栏目与首页
相同，不同的是修改了栏目标题的类样式，
如图 10-39 所示。

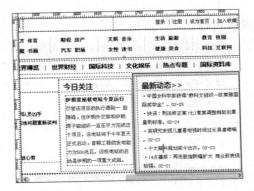

图 10-38 最新动态

图 10-39 新闻栏目

类样式代码如下：

```
/*新闻标题栏*/
.newsListTop{
  margin-top:1px;
  height:30px;
  width:96%;
  border-bottom:1px #CCC dashed;
  margin-left:5px;
}
/*标题图标*/
.titleIcon{
  float:left;
  margin-top:7px;
  margin-left:10px;
}
/*标题文字*/
.newsListTitle{
  padding-left:5px;
  float:left;
  line-height:30px;
}
/*右侧更多*/
.newsListClass{
  float:right;
```

```
padding-right:3px;
padding-top:10px;
text-align:right;
color:#247308;
}
```

图 10-40 相关链接和版权信息

⑧ 在文档的底部分别插入 ID 为 linkStyle 和 copyright 的 Div 层，并在其中输入文字，这两个层用于制作"相关链接"和"版权信息"栏目，如图 10-40 所示。

10.3 设计专题页和新闻页

在新闻网站中，通常都会针对某一热点主题建立专门的页面，也就是专题页。专题页与频道页类似，但是为了避免视觉的重复性，可以根据专题的内容来设计页面的风格和布局。新闻页的主要功能就是显示新闻内容，其结构布局通常较为简单。

● 10.3.1 设计专题页

本实例设计的是财经专题页，在结构布局上与首页和频道页已经有明显的区别，具有了自己独特的风格，但是色调还是以蓝色为主。另外，页面的顶部和底部依然采用首页相同的模块，如图 10-41 所示。

图 10-41 财经专题页

设计过程:

1 在站点的 CSS 目录下新建 financeNews.css 文件,并定义 body 标签的属性。然后,新建空白文档,并链接该外部样式表,如图 10-42 所示。

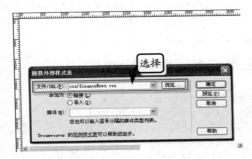

图 10-42 链接外部样式表

2 在文档中依次插入 ID 为 topNav 和 navigator 的 Div 层,并在其中插入内容,用于制作顶部版块和导航条,如图 10-43 所示。

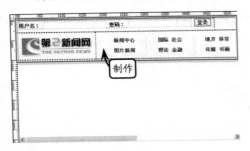

图 10-43 制作页面顶部版块

3 在导航条下面插入 ID 为 subNav 的 Div 层,并在该层中插入专题标题图像及 ID 为 subNavs 的 Div 层,用于制作二级导航条,如图 10-44 所示。

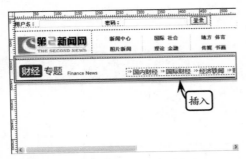

图 10-44 专题二级导航条

CSS 部分代码如下。

```css
/*二级导航条*/
#subNav{
  width:1003px;
  height:50px;
  border-top:2px solid #69F;
  border-bottom:3px solid #339;
  background-color:#F5F8FF;
}
/*专题标题*/
#subNav #financeImg{
  float:left;
  margin-left:10px;
}
/*二级导航条项目*/
#subNav #subNavs{
  float:right;
  margin-right:10px;
  margin-top:25px;
}
```

4 在文档中插入 ID 为 topNews 的 Div 层,并在该层中插入 ID 为 leftNews 和 rightNews 的 Div 层。然后,通过 CSS 规则定义这两个层的大小、边距等属性,HTML 代码如下。

```html
<div id="topNews">
  <div id="leftNews"></div>
  <div id="rightNews"></div>
</div>
```

CSS 代码如下。

```css
#topNews{
  width:1003px;
  height:522px;
  margin-top:10px;
}
#topNews #leftNews{
  float:left;
  width:480px;
  height:520px;
  margin-left:5px;
  border:1px solid #b9dafb;
}
#topNews #rightNews{
  float:right;
  margin-right:2px;
  width:500px;
  height:520px;
}
```

网页设计与网站组建标准教程(2013—2015版)

5 在 leftNews 层中插入 3 个类样式为 newsA 的 Div 层，并在其中输入推荐新闻。然后，通过 CSS 规则定义层和文字的样式，如图 10-45 所示。

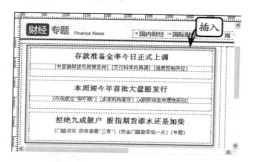

图 10-45 推荐新闻

CSS 部分代码如下。

```
/*推荐新闻类样式*/
.newsA{
  width:440px;
  height:60px;
  margin-left:20px;
  margin-top:10px;
  padding-top:10px;
  border-bottom:1px dashed #999;
  text-align:center;
}
/*小标题类样式*/
.newsA .sTitle{
  margin-top:12px;
}
```

6 在 leftNews 层的底部插入 ul 无序列表，并在其中输入新闻标题。然后，通过 CSS 规则定义列表的样式，如图 10-46 所示。

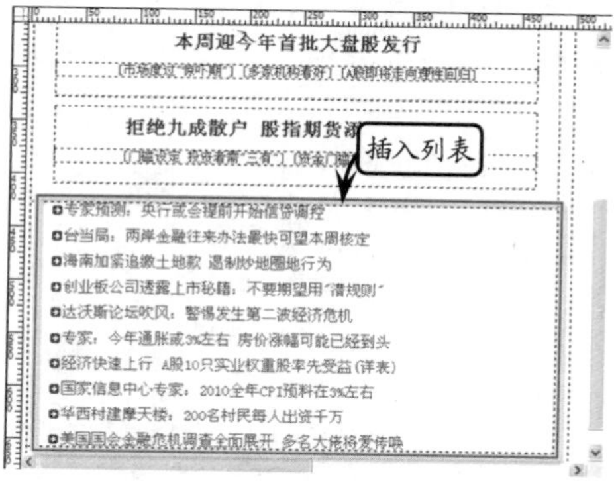

图 10-46 新闻列表

CSS 部分代码如下。

```
#leftNews ul{
  display:block;
  padding-left:30px;
}
#leftNews ul li{
  list-style-image:url(../images/
  listIcon.gif);
  /*定义列表的项目符号*/
  margin-top:10px;
}
```

7 在 rightNews 层中插入 ID 为 picNews、story 和 analyse 的 Div 层，并通过 CSS 规则定义其大小、边距等属性，HTML 代码如下。

```
<div id="rightNews">
  <div id="picNews"></div>
  <div id="story"></div>
  <div id="analyse"></div>
</div>
```

CSS 代码如下。

```
/*图片新闻*/
#rightNews #picNews{
  width:500px;
  height:300px;
  border:1px solid #b9dafb;
}
/*股民故事*/
#rightNews #story{
  float:left;
  width:247px;
  /*兼容 IE6、IE7 浏览器*/
  height:213px!important;
  height:224px;
  margin-top:5px;
  border:1px #b9dafb solid;
}
/*深度分析*/
#rightNews #analyse{
  float:right;
  width:245px;
  height:213px!important;
  height:224px;
  margin-top:5px;
```

```
border:1px #b9dafb solid;
/*定义标题背景图像*/
background-image:url(../images/
analyse.jpg);
background-repeat:no-repeat;
background-position:top center;
}
```

⑧ 在 picNews 层中插入新闻图片，并输入新闻标题和简介。然后，通过 CSS 规则定义其样式，如图 10-47 所示。

图 10-47　图片新闻

CSS 代码如下。

```
/*新闻图片*/
#rightNews #picNews img{
  margin-top:5px;
  margin-left:8px;
}
/*新闻标题*/
#rightNews #picNews a{
  display:block;
  text-align:center;
  margin-top:10px;
  font-size:18px;
  font-weight:bold;
  color:#004576;
  text-decoration:none;
}
#rightNews #picNews a:hover{
  color:#000;
  text-decoration:none;
}
/*新闻简介*/
```

```
#rightNews #picNews span{
  display:block;
  margin-top:8px;
  padding-left:10px;
  text-align:left;
  text-indent:2em;
  line-height:20px;
}
```

⑨ 在 story 层中分别插入类样式为 columen Title 的 Div 层、ID 为 storyPic 的 Div 层及 ul 无序列表。然后，在其中输入内容，并通过 CSS 规则定义其样式，如图 10-48 所示。

图 10-48　股民故事

CSS 部分代码如下。

```
/*栏目标题*/
.columnTitle{
  width:237px;
  height:30px;
  padding:5px 0px 0px 10px;
}
/*图片新闻*/
#story #storyPic{
  width:227px;
  height:80px;
  padding:0px 10px 0px 10px;
  margin-top:10px;
}
/*新闻列表*/
#story ul{
  list-style:none;
  margin:0px 0px 0px 10px ;
  padding:0px;
```

```
}
#story ul li{
    margin-top:8px;
}
```

10　在 analyse 层中插入类样式为 ulLink 的 ul 无
序列表，并输入新闻标题。然后，通过 CSS
规则定义无序列表及链接文字的样式，如图
10-49 所示。

输入

图 10-49　深度分析

CSS 代码如下。

```
/*新闻列表*/
#analyse ul{
    list-style:none;
    margin:45px 0px 0px 10px ;
    padding:0px;
}
#analyse ul li{
    margin-top:8px;
}
/*新闻标题链接*/
.ulLink a{
    font-family:"宋体";
    font-size:12px;
    color:#006699;
    text-decoration:none;
}
.ulLink a:hover{
    color:#000;
    text-decoration:underline;
}
```

11　在文档中插入 ID 为 centerNews 的 Div 层，

在该层中插入 ID 为 economy、company 和
skill 的 Div 层。然后，通过 CSS 规则定义各
个层的大小、边距的属性，HTML 代码如下。

```
<div id="centerNews">
    <div id="economy"></div>
    <div id="company"></div>
    <div id="skill"></div>
</div>
```

CSS 代码如下。

```
#centerNews {
    width:1003px;
    height:350px;
    margin-top:10px;
}
/*国内经济*/
#centerNews #economy{
    float:left;
    width:480px;
    height:350px;
    margin-left:5px;
    border:1px solid #b9dafb;
    background-image:url(../images/
    economy.jpg);
    background-repeat:no-repeat;
    background-position:top center;
}
/*公司动态*/
#centerNews #company{
    float:left;
    width:247px;
    height:350px;
    margin-left:10px!important;
    margin-left:5px;
    border:1px #b9dafb solid;
}
/*理财技巧*/
#centerNews #skill{
    float:right;
    width:245px;
    height:350px;
    margin-right:3px;
    border:1px #b9dafb solid;
    background-image:url(../images/
```

```
    skill.jpg);
    background-repeat:no-repeat;
    background-position:top center;
}
```

12 在 economy 层中插入 ul 无序列表，并输入新闻标题文字。然后，为 ul 元素添加类名称为 ulLink2 的 CSS 规则，如图 10-50 所示。

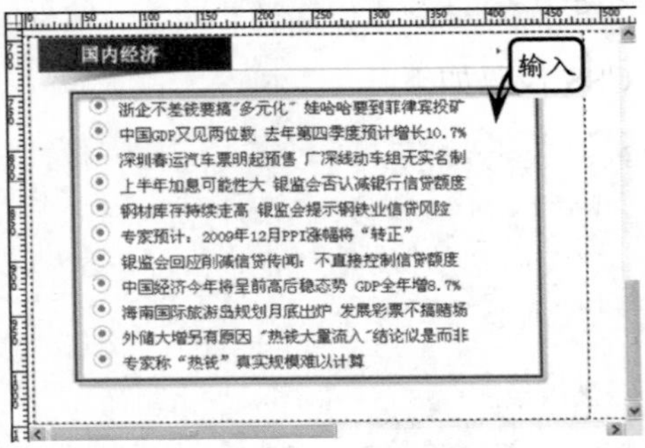

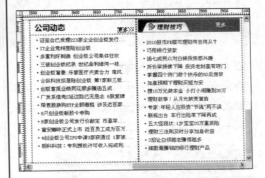

定义列表的位置，如图 10-51 所示。

图 10-51 公司动态和理财技巧

CSS 部分代码如下。

```
#company ul{
    list-style:none;
    margin:5px 0px 0px 10px;
    padding:0px;
}
#company ul li{
    margin-top:8px;
}
#skill ul{
    list-style:none;
    margin:43px 0px 0px 10px;
    padding:0px;
}
#skill ul li{
    margin-top:8px;
}
```

图 10-50 国内经济

CSS 代码如下。

```
/*无序列表样式*/
#economy ul{
    margin:50px 0px 0px 70px ;
    padding:0px;
}
#economy ul li{
    list-style-image:url(../images/
    listIcon2.gif);
    margin-top:5px;
}
/*新闻标题链接文字*/
.ulLink2 a{
    font-family:"宋体";
    font-size:14px;
    color:#006699;
    text-decoration:none;
}
.ulLink2 a:hover{
    color:#000;
    text-decoration:underline;
}
```

14 在文档的底部插入 ID 为 linkStyle 和 copyright 的 Div 层，用于制作"相关链接"和"版权信息"栏目，如图 10-52 所示。

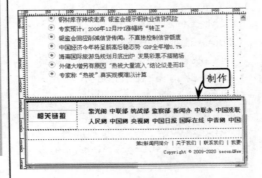

13 在 company 和 skill 层中分别插入 ul 无序列表，并输入新闻标题。然后，通过 CSS 规则

图 10-52 相关链接和版权信息

10.3.2 设计新闻页

新闻页是显示新闻详细内容的页面。本实例中的新闻页为财经专题页的一个子页面，因此其顶部设计与专题页相同，包括登录模块、导航条和二级导航条。主体部分分为了左右两块内容，左侧为新闻详细内容，右侧为侧边栏目，与首页的侧边栏目相同，整体结构较为简单，如图 10-53 所示。

图 10-53 新闻页

设计过程：

1 在站点的 CSS 目录下新建 showNews.css
文件，并定义 body 标签的属性。然后，新
建空白文档，并链接该外部样式表，如
图 10-54 所示。

图 10-54　链接外部样式表

2 新建空白文档，在文档中插入 ID 为 topNav、
navigator 和 subNav 的 Div 层，并输入内容。
然后，通过 CSS 规则定义其样式，与频道页
的制作方法相同，如图 10-55 所示。

图 10-55　页面顶部

3 在文档中插入 ID 为 main 的 Div 层，并在其
中插入 ID 为 news 和 sideBar 的 Div 层。然
后，通过 CSS 规则定义层的大小和位置等属
性，HTML 代码如下。

```
<div id = "main">
  <div id = "news"></div>
  <div id = "sideBar"></div>
</div>
```

CSS 代码如下。

```
#main{
  width:1003px;
  height:1000px;
  margin-top:5px;
}
```

```
#main #news{
  float:left;
  width:730px;
  height:1000px;
  margin-left:3px;
  border:1px solid #b9dafb;
}
#main #sideBar{
  float:right;
  width:250px;
  height:1000px;
}
```

4 在 news 层中插入一个 ID 为 position 的 Div
层，在该层中插入图像及文字。然后，通过
CSS 规则定义层大小、位置等样式，如图
10-56 所示。

图 10-56　页面位置

CSS 部分代码如下。

```
/*页面位置栏目*/
#main #news #position{
  width:730px;
  height:42px;
  background-image:url(../images/
  titleBg.jpg);
  border-bottom:1px solid #b9dafb;
}
/*定义小图标位置*/
#main #news #position #icon{
  float:left;
  margin-left:10px;
  margin-top:13px;
  width:10px;
  height:16px;
}
/*定义文字位置*/
#main #news #position span{
  display:block;
```

网页设计与网站组建标准教程（2013—2015 版）

```
    float:left;
    margin-top:10px;
    margin-left:10px;
}
```

5　在 news 层中再插入 ID 为 newsTitle 和
　　newsInfo 的 Div 层，并在其中输入标题和相
　　关信息。然后，通过 CSS 规则定义层的位置
　　及文字样式，如图 10-57 所示。

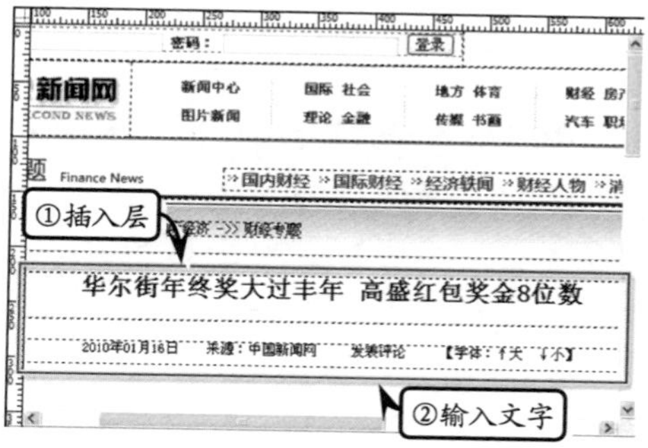

图 10-57　新闻标题和相关信息

CSS 部分代码如下。

```
/*新闻标题*/
#main #news #newsTitle{
    width:670px;
    height:40px;
    margin:20px auto 0px auto;
    text-align:center;
    font-size:22px;
    font-weight:bold;
    border-bottom:1px #999 dotted;
}
/*相关信息*/
#main #news #newsInfo{
    width:670px;
    height:20px;
    margin:20px auto 0px auto;
    text-align:center;
}
```

6　在"相关信息"的下面插入 ID 为 newsContent
　　的 Div 层，并在其中输入新闻详细内容。然
　　后，通过 CSS 规则定义层的大小、边距和文
　　字样式，如图 10-58 所示。

7　在 sideBar 层中插入多个嵌套层，分别制作
　　"最新动态"、"网站热评"、"专题推荐"、"服
　　务指南"和"考试"栏目，其方法与其他页
　　面相同，如图 10-59 所示。

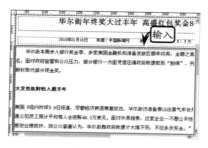

图 10-58　新闻内容

CSS 代码如下。

```
#main #news #newsContent{
    width:680px;
    margin:10px auto 0px auto;
    font-size:14px;
    line-height:28px!important;
    line-height:30px;
}
```

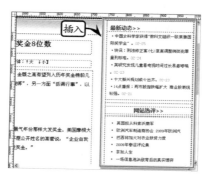

图 10-59　侧边栏目

8　在文档的底部分别插入 ID 为 linkStyle 和
　　copyright 的 Div 层，用于制作"相关链接"
　　和"版权信息"栏目，其方法与其他页面相
　　同，如图 10-60 所示。

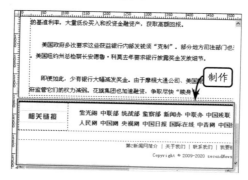

图 10-60　相关链接和版权信息